全国大学生电子设计竞赛优秀作品设计报告选编

（2017年江苏赛区）

胡仁杰　堵国樑　黄慧春　主编

东南大学出版社
SOUTHEAST UNIVERSITY PRESS
·南京·

内容提要

全国大学生电子设计竞赛是面向大学生的群体性科技活动,近年来受到了高校和社会的广泛关注,已成为我国电子信息及电气工程类专业极具影响力的学科竞赛。本书是在 2017 年全国大学生电子设计竞赛江苏赛区获奖作品的基础上,经过编委会认真遴选、参赛者和指导教师后期整理的,以期更加全面、详细地展现出参赛作品的设计思路、技术方法、软硬件设计、总结分析等方面的创新点及闪光点。同时也将部分方案最终的制作成品照片以及完整的软硬件设计资料等,通过二维码及网址链接的方式,更全面、更直观地展现给读者。

本书内容丰富实用、工程性强,不仅可以作为高等院校电子信息、通信工程、自动化及电气控制类等专业学生参加全国大学生电子设计竞赛的培训教材,也可以作为参加各类电子制作、课外研学、课程设计和毕业设计的教学参考书,以及电子工程技术人员进行电子产品和电路设计与制作的参考书。

图书在版编目(CIP)数据

全国大学生电子设计竞赛优秀作品设计报告选编.
2017 年江苏赛区 / 胡仁杰等主编. — 南京 : 东南大学
出版社,2018.5

ISBN 978 - 7 - 5641 - 7723 - 2

Ⅰ.①全… Ⅱ.①胡… Ⅲ.①电子电路-电路设计-
竞赛-高等学校-自学参考资料 Ⅳ. ①TN702

中国版本图书馆 CIP 数据核字(2018)第 067579 号

全国大学生电子设计竞赛优秀作品设计报告选编(2017 年江苏赛区)

出版发行	东南大学出版社
社　　址	南京市四牌楼 2 号(邮编:210096)
出 版 人	江建中
责任编辑	姜晓乐(joy_supe@126.com)
经　　销	全国各地新华书店
印　　刷	兴化印刷有限责任公司
开　　本	787mm×1092mm　1/16
印　　张	20.5
字　　数	544 千字
版　　次	2018 年 5 月第 1 版
印　　次	2018 年 5 月第 1 次印刷
书　　号	ISBN 978 - 7 - 5641 - 7723 - 2
定　　价	56.00 元

本社图书若有印装质量问题,请直接与营销部联系,电话:025 - 83791830。

前　言

全国大学生电子设计竞赛是面向大学生的群体性科技活动,近年来受到了高校和社会的广泛关注,已成为我国电子信息及电气工程类专业极具影响力的学科竞赛。本书精选了2017年全国大学生电子设计竞赛江苏赛区部分获奖作品较为完整的设计方案和设计思路。

由于电子设计竞赛是学生在有限时间内完成的,竞赛提交的设计报告在内容的全面性、行文的规范性以及设计的详尽性等方面可能存在不足之处。本书所选的案例是经过编委会遴选、参赛者和指导教师后期整理的,以期更加全面、详细地展现参赛作品在设计思路、技术方法、软硬件设计、总结分析等方面的创新点及闪光点,对读者的指导更具实用价值。

另外,电子设计竞赛的题目包括"理论设计"和"实际制作"两部分,我们会将部分方案最终的制作成品照片以及完整的软硬件设计资料通过二维码及网址链接的方式,提供给读者参考。

《全国大学生电子设计竞赛优秀作品设计报告选编(2015年江苏赛区)》在发行后得到了读者的好评。在江苏省电子设计竞赛组委会组织下,编委会继续策划出版2017年优秀作品汇编,希望将江苏赛区竞赛丰硕成果更有力地展现、介绍给全国高校的同行及同学们,以期对已经参赛或即将参赛的同学起到思路上的开阔、技巧上的演练、实战上的引导。

本书内容丰富实用、工程性强,不仅可以作为高等院校电子信息、通信工程、自动化及电气控制类等专业学生参加全国大学生电子设计竞赛的培训教材,也可以作为参加各类电子制作、课外研学、课程设计和毕业设计的教学参考书,以及电子工程技术人员进行电子产品和电路设计与制作的参考书。

本书的编辑出版,得到了江苏省各高校参赛获奖队员、指导教师、竞赛专家组成员以及江苏省电子设计竞赛组委会的大力支持,特别是潘克修教授和肖建副教授,在百忙之中审阅了部分文稿,并提出了很好的修改意见,在此一并表示感谢。

由于汇编篇幅有限,未能将所有优秀作品收入本汇编,对提供作品文稿而未被录用的参赛队深表歉意。本汇编中还存在不足和错误之处,敬请读者批评指正。

编　者

2017 年 12 月 20 日

相关视频、作品照片、程序清单及参赛队员介绍网址:

http://www.seupress.com/default.php? mod=c&s=ssf845666

目 录

A 题　微电网模拟系统

一、任务

设计并制作由两个三相逆变器等组成的微电网模拟系统,其系统框图如图 A-1 所示,负载为三相对称 Y 连接电阻负载。

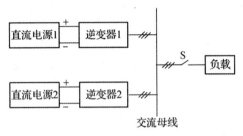

图 A-1　微电网模拟系统结构示意图

二、要求

1. 基本要求

(1) 闭合 S,仅用逆变器 1 向负载提供三相对称交流电。负载线电流有效值 I_o 为 2 A 时,线电压有效值 U_o 为 24 V±0.2 V,频率 f_o 为 50 Hz±0.2 Hz。

(2) 在基本要求(1)的工作条件下,交流母线电压总谐波畸变率(THD)不大于 3%。

(3) 在基本要求(1)的工作条件下,逆变器 1 的效率 η 不低于 87%。

(4) 逆变器 1 给负载供电,负载线电流有效值 I_o 在 0~2 A 间变化时,负载调整率 $S_{I1}\leqslant 0.3\%$。

2. 发挥部分

(1) 逆变器 1 和逆变器 2 能共同向负载输出功率,使负载线电流有效值 I_o 达到 3 A,频率 f_o 为 50 Hz±0.2 Hz。

(2) 负载线电流有效值 I_o 在 1~3 A 间变化时,逆变器 1 和逆变器 2 输出功率保持为 1:1 分配,两个逆变器输出线电流的差值绝对值不大于 0.1 A。负载调整率 $S_{I2}\leqslant 0.3\%$。

(3) 负载线电流有效值 I_o 在 1~3 A 间变化时,逆变器 1 和逆变器 2 输出功率可按设定在指定范围(比值 K 为 1:2~2:1)内自动分配,两个逆变器输出线电流折算值的差值绝对值不大于 0.1 A。

(4) 其他。

三、说明

(1) 本题涉及的微电网系统未考虑并网功能,负荷为电阻性负载,微电网中风力发电、太阳能发电、储能等由直流电源等效。

（2）题目中提及的电流、电压值均为三相线电流、线电压有效值。

（3）制作时须考虑测试方便,合理设置测试点,测试过程中不需重新接线。

（4）为方便测试,可使用功率分析仪等测试逆变器的效率、THD等。

（5）进行基本要求测试时,微电网模拟系统仅由直流电源1供电;进行发挥部分测试时,微电网模拟系统由直流电源1和直流电源2供电。

（6）本题定义:① 负载调整率 $S_{I1}=\left|\dfrac{U_{o2}-U_{o1}}{U_{o1}}\right|$,其中 U_{o1} 为 $I_o=0$ A 时的输出端线电压,U_{o2} 为 $I_o=2$ A 时的输出端线电压;② 负载调整率 $S_{I2}=\left|\dfrac{U_{o2}-U_{o1}}{U_{o1}}\right|$,其中 U_{o1} 为 $I_o=1$ A 时的输出端线电压,U_{o2} 为 $I_o=3$ A 时的输出端线电压;③ 逆变器1的效率 η 为逆变器1的输出功率除以直流电源1的输出功率。

（7）发挥部分(3)中的线电流折算值定义:功率比值 $K>1$ 时,其中电流值小者乘以 K,电流值大者不变;功率比值 $K<1$ 时,其中电流值小者除以 K,电流值大者不变。

（8）本题的直流电源1和直流电源2自备。

四、评分标准

	项 目	主 要 内 容	满分
设计报告	方案论证	比较与选择,方案描述	3
	理论分析与计算	逆变器提高效率的方法,两台逆变器同时运行模式控制策略	6
	电路与程序设计	逆变器主电路与器件选择,控制电路与控制程序	6
	测试方案与测试结果	测试方案及测试条件,测试结果及其完整性,测试结果分析	3
	设计报告结构及规范性	摘要,设计报告正文的结构,图标的规范性	2
	合 计		**20**
基本要求	完成第(1)项		12
	完成第(2)项		10
	完成第(3)项		15
	完成第(4)项		13
	合 计		**50**
发挥部分	完成第(1)项		10
	完成第(2)项		15
	完成第(3)项		15
	其他		10
	合 计		**50**
总 分			**120**

报　告　1

基本信息

学校名称	东南大学		
参赛学生 1	李一鸣	Email	1462313424@qq.com
参赛学生 2	吴　政	Email	847901746@qq.com
参赛学生 3	徐　阳	Email	2467873711@qq.com
指导教师 1	张　靖	Email	jzhang@seu.edu.cn
指导教师 2	黄慧春	Email	huanghuichun@seu.edu.cn
获奖等级	全国二等奖		
指导教师简介	张靖,男,1969年生,东南大学电气工程学院副教授,博士。曾参与或主持多项电力电子、智能检测等方面的科研与开发工作。担任电气检测技术、电子电路基础、微机测控系统、电力电子技术等本科生及研究生课程的教学工作。 黄慧春,女,副教授,在东南大学电工电子实验中心从事电工电子实验教学十余年,自2005年以来一直担任东南大学"全国大学生电子设计竞赛"的组织管理和竞赛辅导工作,指导的学生获得多个全国和省级奖项。		

1. 工作原理及设计方案

此次题目的主要任务为制作由两个三相逆变器等组成的转换效率较高的微电网模拟系统,要求线电压恒定,电流可调且频率固定为 50 Hz。在提高部分中,能够实现两个三相逆变器的均流和功率按指定比例分配等功能。

1.1 三相逆变器的 SPWM 控制波形产生方案评估

方案 1:采用分立式元器件电路产生,主要由三角波发生器、正弦波发生器和比较器组成,但由于其电路复杂、灵活性差、调试困难等缺点,因此一般很少采用。

方案 2:采用专有集成芯片 EG8030 产生,EG8030 是一款数字化的、功能完善的、自带死区控制的三相纯正弦波逆变发生器芯片,配置工作模式可应用于 DC-AC 变换架构,能产生高精度、失真和谐波都很小的三相 SPWM 信号。但芯片不方便调幅调相,并网有困难。

方案 3:通过 DSP 产生三相控制信号。DSP 具有强大的运算功能,用其产生的 PWM 波频率可达 50 kHz,逆变效率高,输出波形质量较高,电路简单可靠。输出正弦波的相位和幅值易于控制,便于并网。通过编程实现灵活的控制方法,从而方便实现系统状态监控、显示和处理。

鉴于上述分析,选用方案 3。

1.2 驱动和逆变电路方案评估

方案1： 利用半桥驱动芯片 IR2110 驱动每相桥臂，两套三相逆变器共需要 6 个 IR2110 芯片，电路较为复杂。

方案2： 采用 DRV8301 驱动每套三相逆变器，该芯片内部集成了三个半桥驱动器，每个驱动器能够驱动两个 MOS 管。同时，芯片集成了故障检测和过流保护等功能，用其作为逆变器，转换稳定，效率很高。

鉴于上述分析，选用方案2。

1.3 逆变器提高效率的方法

一方面，采用 SPWM 调制驱动逆变器，输出正弦电压波形好，谐波含量少，可以提高电能质量，减少运行损耗。此外，一定范围内提高驱动信号的开关频率，可以进一步减小输出电压谐波，从而降低损耗。另一方面，降低线路阻抗，比如使用导通电阻较小的 MOS 管和低电阻的滤波电感，从而提高效率。

1.4 并网策略（两台逆变器同时运行模式控制策略）

方案1： 利用锁相环 CD4046，使两个进行并网的正弦波频率相等，再利用单片机进行相位控制使二者相位相同，进行并网。但此种办法用于专用芯片上实现非常困难。

方案2： 并网时，需要逆变器 1 和逆变器 2 产生的三相交流电的相位一致。用 DSP 控制逆变产生的正弦波每相对应的相位相同，同时利用同一个电压控制环使得两个逆变器输出线电压同为 24 V，并采用两个电流控制器分别调节逆变器输出电流。

鉴于上述分析，选用方案2。

1.5 采样策略及均流和功率分配控制策略及实现

方案1： 利用电流互感器和电压互感器采集交流电流和电压信号，使用 AD636 得到交流电压和交流电流的有效值，利用单片机的 A/D 采集和 PI 算法控制，将两路逆变接成一路闭环恒压模式，另一路开环调压恒流模式，进行均流和功率分配。

方案2： 采集电压时，直接利用电阻分压采样；采集电流时，先利用放大器放大信号再将电平抬高，便于 DSP 采集，并进行坐标变换。两路逆变器的控制均采用双闭环 PI 控制，两套控制部分共用一个电压环。在进行均流操作时，利用电压外环使两路逆变器输出电压幅值相等，电压外环的输出作为电流内环参考值输入。将电流参考值与实时采集的电流信号做比较，利用 PI 控制使实时电流跟随电流参考值，令电流按预设比例进行分配。在进行功率分配操作时，利用功率分配比例计算出电流分配比例，得到电流参考值，再利用电流内环控制，令功率按预设比例分配。

鉴于以上分析，选用方案2较为合适。

本设计采用试凑法得到 PI 调节的比例系数 K_p 和积分系数 K_i 参数。经过不断的调整，得到了较为满意的控制效果。

本设计的系统框图如图 A-1-1 所示。

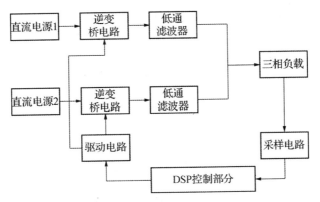

图 A-1-1　微电网模拟系统框图

2. 核心部件电路设计

2.1　SPWM波形发生及逆变电路设计

本电路PWM控制信号由DSP产生,设置开关频率为50 kHz。如图 A-1-2所示(图中只画出一个逆变器),利用DRV8301模块作为逆变器主电路。对于逆变器1,由DSP产生的6路PWM输入逆变器模块DRV8301中,在模块中产生6路两两互补的SPWM波,用来驱动芯片内部集成的三相全桥,将直流电源输出的直流电逆变成三相交流电。

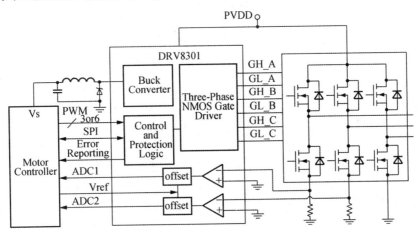

图 A-1-2　逆变器主电路设计

2.2　采样电路设计

采集电压信号时:直接利用电阻分压进行采样。

采集电流信号时:先利用放大器放大信号再将电平抬高,便于DSP采集,并进行坐标变换。

2.3　并网、均流及功率分配的方法

并网需要满足的条件为:两个逆变器的三相电压对应相的相位相同,两个逆变器输出三相线电压幅值相同。为了实现这两个条件,利用DSP输出PWM波相对相位可调,让逆变器输出的三相交流电压相位保持相同,两逆变器同时利用双闭环PI调节,使两路逆变输出三相线电压幅值相等,这样两路逆变之间不会形成环流,可以进行并网。

均流及功率分配:两路逆变器的控制均采用双闭环PI控制,两套控制部分共用一个电压环。在进行均流操作时,利用电压外环使两路逆变器输出电压幅值相等,电压外环的输出作为

电流内环参考值输入。将电流参考值与实时采集的电流信号做比较,利用 PI 控制使实时电流跟随电流参考值,令电流按预设比例进行分配。在进行功率分配操作时,利用功率分配比例计算出电流分配比例,得到电流参考值,再利用电流内环控制,令功率按预设比例分配。

3. 系统软件设计分析

主程序流程如图 A-1-3。

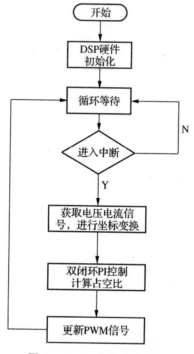

图 A-1-3 主程序流程图

程序设计思想:首先初始化 PWM 和 ADC 模块,用 PWM 触发中断,在中断中进行 ADC 采样,通过坐标变换将交流信号转换成直流信号,经过电压 PI 调节控制电流的给定,根据两个逆变器电流的比例分别计算两个电流环的给定及 PWM 的占空比,更新 PWM 信号,中断结束,等待进入下次中断。

4. 测试及分析

4.1 测量仪器

直流稳压电源、数字示波器、数字万用表、功率分析仪。

4.2 测量结果

（1）基本部分:

表 A-1-1 基本部分测试数据

线电流有效值	线电压有效值	频率	THD
2.002 A	23.96 V	50.02 Hz	1.0%

结果分析:线电压有效值和频率偏差均在允许范围内,畸变率小于 3%,满足题目要求。

表 A-1-2 在基本要求工作条件下,逆变器效率

输入电压	输入电流	输出电压	输出电流	效率
50.02 V	1.81 A	24.00 V	2.00 A	91.86%

结果分析:逆变器效率大于 87%,满足题目要求。

表 A-1-3 负载调整率

$U_o(I_o=2\ A)$	$U_o(I_o=0\ A)$	负载调整率(S_i)
23.96 V	24.02 V	0.24%

结果分析:负载调整率远小于要求值,满足题目要求。

(2) 提高部分:

表 A-1-4 两路逆变器共同供电后,频率测试

负载线电流有效值	频率
3.012 A	50.03 Hz

结果分析:负载线电流有效值可达 3 A,频率符合题目要求。

表 A-1-5 两路逆变器输出功率 1:1 时,电流分配测试

总电流	逆变器 1 输出线电流	逆变器 2 输出线电流	输出端线电压	负载调整率
1 A	0.512 A	0.498 A	24.02 V	0.12%
3 A	1.503 A	1.573 A	24.06 V	

结果分析:功率分配可以保持 1:1 分配,负载调整率满足题目要求。

表 A-1-6 两路逆变器功率可分配测试

总电流	逆变器功率分配比	逆变器 1 功率	逆变器 2 功率
1 A	1:2	13.72 W	27.85 W
	2:1	27.40 W	13.87 W
3 A	1:2	41.10 W	83.45 W
	2:1	82.20 W	42.35 W

结果分析:两逆变器的输出功率可以在 1:2~2:1 之间自动分配。

4.3 测试结果分析

经测试,所得数据均满足要求,较好地完成了题目。

报　告　2

基本信息

学校名称	河海大学		
参赛学生1	邓燕国	Email	329409599@qq.com
参赛学生2	孙　康	Email	2645546093@qq.com
参赛学生3	高金鑫	Email	2975697586@qq.com
指导教师1	王　冰	Email	icekingking@hhu.edu.cn
指导教师2	尹　斌	Email	hhyb3787547@163.com
获奖等级	全国二等奖		
指导教师简介	尹斌,1957年生,男,硕士,副教授,硕导,河海大学能源与电气学院自动化系教师,从事自动化技术、计算机应用技术、电力电子与电气传动技术等领域的研究。 王冰,1975年生,男,中共党员,博士,副教授,硕导,河海大学能源与电气学院副院长,从事非线性控制与新能源技术的研究,主讲"现代控制理论""鲁棒控制"等课程。		

1. 系统方案论证和比较

1.1 系统方案

本系统主要由 XS128 主控模块、三相逆变器模块、电压采集模块、电流采集模块、A/D 有效值转换模块构成,系统总体框图如图 A-2-1 所示。

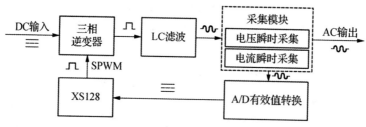

图 A-2-1　系统总体框图

1.2 方案论证与比较

(1)三相逆变器拓扑结构的选择

方案 1:全桥式结构。全桥式结构单相有 4 个功率器件,能够让变压器原边电流来回流动,在每半个周期都能传递能量。其要求开关管数量多,且参数一致性好,这种电路结构通常使用在 1 kW 以上超大功率开关电源电路中。

方案 2:半桥式结构。它将一个桥臂上的功率器件换成电容,节约了一半数量的功率器件,且功率器件上承受的电压也减半,结构简单,功率器件较少,利用电源端两个串联电容的中点作为输出的中点,可构成三相四线制的输出。适用于低压小功率的场合,如图 A－2－2 所示。

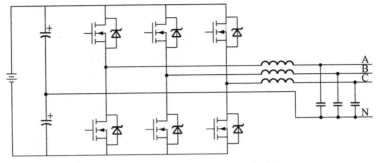

图 A－2－2　半桥式逆变器拓扑结构

经过论证,全桥式驱动电路复杂,半桥式结构在节省元器件的基础上,便于控制,且能够适应本题目所需功率,故采用半桥式拓扑结构。

（2）SPWM 调制方式的选择

方案 1：计算法。根据正弦波频率、幅值和半周期脉冲数,准确计算出各 PWM 波脉冲宽度和间隔,据此控制逆变电路开关器件的通断,就可得到所需 PWM 波形。

方案 2：调制法。当 SPWM 逆变器输出频率高时,采用同步调制方式;当 SPWM 逆变器输出频率低时,由于脉冲波之间的间距加大,谐波干扰加剧,负载在低频区的转矩脉动和噪声加大,采用异步调制方式。而分段同步调制方式是将两者结合,适用于变频。

经比较,计算法较烦琐,当输出正弦波的频率、幅值或相位变化时,结果都要变化。同时题目要求输出 50 Hz±0.2 Hz 的低频正弦波形,单片机运算速度无法达到要求。故选择调制法的异步调制方式。

2. 电路与程序设计

2.1　硬件设计

（1）三相逆变器主回路

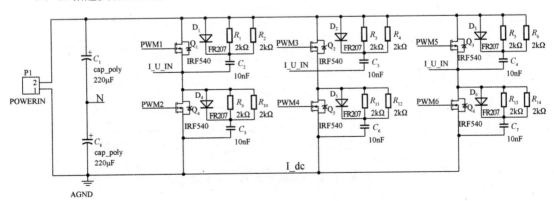

图 A－2－3　三相逆变器主电路

（2）光耦隔离模块

为了保护单片机,需要加入高速光耦 6N137（如图 A‐2‐4 所示）,转换速率高达 10 Mbit/s,隔离电压:2 500 V AC,V_{CC} 最大电源电压、输出:5.5 V。

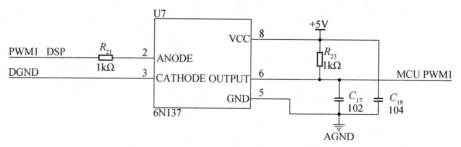

图 A‐2‐4　光耦隔离模块

（3）MOSFET 驱动电路（图 A‐2‐5）

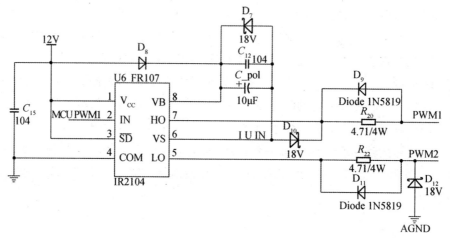

图 A‐2‐5　MOSFET 驱动电路

（4）电源模块（图 A‐2‐6）

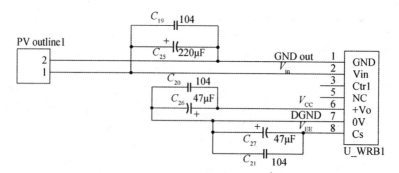

图 A‐2‐6　DC48 V 转 DC±5 V 模块

（5）A/D 有效值转换模块（图 A-2-7）

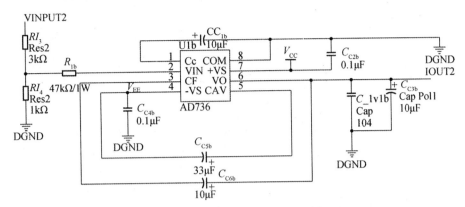

图 A-2-7　A/D 有效值转换模块

2.2　理论分析与参数计算

（1）效率提升方案

传统的 DC/AC 逆变器低次谐波含量高，滤波器笨重，器件开关损耗高，且易产生 EMI 干扰，参考文献[2]给出一种新颖的逆变电路，此电路拓扑由单 Buck 变换器和全桥电路组成。该新型逆变器是在直流变换电路基础上构建，因此能够应用直流变换电路中成熟的软开关技术。

（2）MOSFET 驱动电路

自举二极管（D8）：FR107 快恢复二极管，耐压 600 V，反向恢复时间为 150 ns。

自举电容（C_pol）：门极充电电荷 41nC，要求确保向门极充电后自举电容电压下降小于 1%，自举电容的最小值

$$C_{min} = Q_c \times 101 \approx 2\ \mu F$$

考虑电解电容自身的漏电，以及和下半桥稳压电容的对称，取 10 μF。

（3）LC 滤波电路

LC 滤波器的传递函数为

$$G(s) = \cfrac{1}{\cfrac{1}{\omega_L^2}s^2 + \cfrac{2\zeta}{\omega_L}s + 1}$$

其中：ω_L 为截止频率，$\omega_L = \dfrac{1}{\sqrt{LC}}$；$\zeta$ 为阻尼系数，$\zeta = \dfrac{1}{2R}\sqrt{\dfrac{L}{C}}$。

一般取 $10f_1 < f_L < f_{min}$，取 $f_L = 10$ kHz。

假设负载电阻为 10 Ω，为了避免谐波被放大，一般取 $\zeta = 0.4$，解方程得到 $L = 1$ mH，$C = 6.8\ \mu F$。

选用铁硅铝磁环作为磁芯，其较低的损耗，优于铁粉芯；高饱和度，优于间隙铁氧体；接近零的磁致伸缩，优于铁粉芯；无热老化现象，优于铁粉芯，软饱和。

选取磁环型号：77083-A7；电感系数 A_L：81；计算得 $N \approx 111$ 匝；漆包线电流密度取 3 A/mm²，选用直径为 0.8 mm 的漆包线绕制。

（4）软件主程序流程图（图 A-2-8）

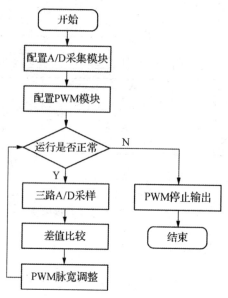

图 A-2-8　软件主程序流程图

3. 系统调试与结果分析

测试输出的电流电压时，采用近似对称的水泥电阻来模拟题目要求的对称负载，可调阻值为 10 Ω，15 Ω，20 Ω。

测试负载调成率时，在 $U_o=24$ V±0.1 V，$f_o=50$ Hz±0.2 Hz 条件下，改变负载阻值使输出电流在 0～2 A 变化，测量输出电压的变化。

测试微电网模拟系统的效率时，用数字万用表测量输入电压电流、输出电压电流，根据 $\eta=P_{OUT}/P_{IN}$，即可算出效率。

测试结果满足题目要求。

4. 参考文献

［1］Jiang J，Duan S，Chen Z. Research on control strategy for three-phase double mode inverter[J]. Diangong Jishu Xuebao/transactions of China Electrotechnical Society，2014，27（2）：52-58.

［2］王建元，俞红祥，王琦，等. 基于 DSP 新型 PWM 三相逆变器的研究[J]. 电力系统及其自动化学报，2003，15(4)：38-41.

［3］徐德鸿. 电力电子系统建模及控制[M]. 北京：机械工业出版社，2006.

［4］张文亮，汤广福，查鲲鹏，等. 先进电力电子技术在智能电网中的应用[J]. 中国电机工程学报，2010，30(4)：1-7.

报　告　3

基本信息

学校名称	南京航空航天大学		
参赛学生 1	孔 达	Email	Kd1997@nuaa.edu.cn
参赛学生 2	朱昕昳	Email	798192165@qq.com
参赛学生 3	冯志杰	Email	507426230@qq.com
指导教师	洪 峰	Email	hongfeng@nuaa.edu.cn
获奖等级	全国二等奖		
指导教师简介	洪峰,男,1979 年生,副教授,博士,南京航空航天大学电子信息工程学院院长助理。获江苏省教学成果二等奖 1 项、国防科技进步三等奖 1 项、江苏省科技进步三等奖 1 项、石化联合会科技进步三等奖 1 项。主持完成国家自然科学基金、江苏省科技支撑项目、教育部博士点基金等纵、横向课题多项。近年来发表 SCI/重要核心期刊学术论文 30 余篇,获发明专利授权 14 项。		

1. 设计方案工作原理

1.1 三相逆变器电路的选择

题目要求当系统中负载线电流有效值 I_o 为 2 A 时,单个逆变器能向负载提供线电压有效值 U_o 为 24 V±0.2 V,频率 f_o 为 50 Hz±0.2 Hz 的三相对称交流电,因此电路设计为两路三相逆变输出电路。

方案 1:使用三相桥式逆变电路实现三相逆变输出。三相桥式逆变器具有电路结构简单,电压利用率高,功率器件电压应力小等优点,但输出三相间相互耦合,负载端只能接平衡性负载。

方案 2:使用四桥臂三相逆变电路实现三相逆变输出。在三相桥式逆变器基础上发展而来的四桥臂三相逆变器保留了原逆变器电压利用率高的优点,能带不平衡性负载,但是开关频率低的特性限制了调节带宽,增加的桥臂也使得拓扑和控制的复杂度增加。

方案 3:使用三个单相半桥逆变器组合成三相逆变电路。组合式三相逆变器具有单相模块独立,能同时实现单相和三相四线制供电,可靠性高和带不平衡负载能力强等优点。但电压利用率较低,且直流侧需要分压电容控制电压均衡。

方案 1 虽然结构简单,但只能接平衡性负载,不适合生成三相对称交流电;方案 2 虽然解决了不只是接平衡负载的问题,但结构和控制过于复杂;方案 3 中电压利用率虽略有降低,但其具有极强的带不平衡负载能力,单相独立,实现简单,适合该课题的目标要求。综合考虑,主电路拓扑选择方案 3。

1.2　并联均流控制方案的选择

为满足题目中逆变器 1 和逆变器 2 能共同向负载输出功率且输出功率保持为 1 ∶ 1 分配的要求,系统选用两个逆变器并联均流控制。

方案 1:采用平均值均流算法处理均流误差信号,每个并联模块的电流通过相同的电阻接到公共母线上,形成平均值母线。当某模块电压比母线电压高时,输出电压下降,反之亦然。

方案 2:采用最大值均流算法处理均流误差信号,每路电流通过一个二极管连到公共母线上,电流最大的那个模块自动成为主模块,其他模块为从模块,从而形成"自动主从控制",若其中一个电源模块出现故障,在满载输出范围内,总电源系统会重新分配各输出电流继续正常工作而不会受到影响。

两个算法方案在母线断开或开路时都不会影响各个模块独立工作,且自动均流,均流精度较高,但方案 2 解决了突发故障问题,因此选择方案 2。

2. 核心部件电路设计

2.1　三相逆变电路

为实现题目需求与技术指标,主电路选择由三个单相半桥构成的组合式三相逆变器,电路如图 A-3-1 所示。采用的单相半桥逆变模块具有独立,能够自身形成正、负半波和两个开关互补导通的特点,得到的一路驱动信号经过芯片 IR2103 互补输出,加上芯片内置的死区可以直接控制桥臂的另一开关。因此两个逆变器 12 个开关只需 6 路驱动信号,简化了控制复杂度,也解决了单片机 12 路输出不足的问题。

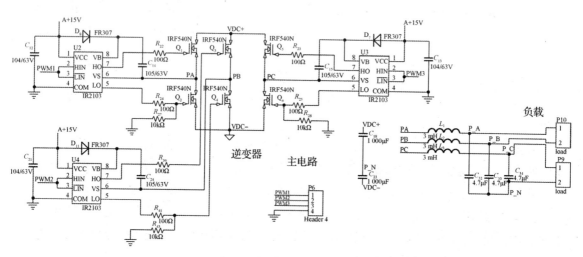

图 A-3-1　三相逆变电路

2.2　电压采样电路

电压有效值采样采用 TL082 双运放差值放大电路,电路如图 A-3-2 所示。前级电路将误差信号放大 0.1 倍,又由后级电路反向放大 0.5 倍并加上 1.65 V 直流偏置量,输入单片机

STM32F103ZET6 进行采样。增加的直流偏置量保证了单片机采样得到 0～3.3 V 有效电压，输出端两个二极管将电压钳位在 −0.7～4 V 来保护单片机输入，采用的 TL082 芯片具有输入偏置低，内置输出短路保护和频率补偿的优点，而双运放的应用简化了电路，提高了 PCB 板利用率。

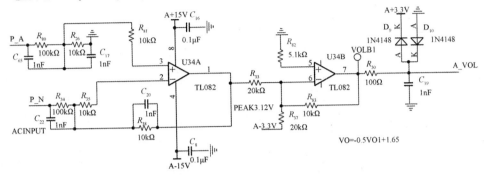

图 A‐3‐2　电压采样电路

2.3　电流采样电路

将通过霍尔传感器得到的电流波形接入使用 UPC844G 的四运放放大电路，电路如图 A‐3‐3 所示。其中一个运放由 3.3 V 基准电压转换为 1.65 V 电压，另三个运放将由霍尔传感器得到的电压量放大 3 倍并加上 1.65 V 直流偏置量，来保证单片机采样到 0～3.3 V 有效电压，输出端的三个二极管将电压最大值限定在 4 V 来保护单片机输入。

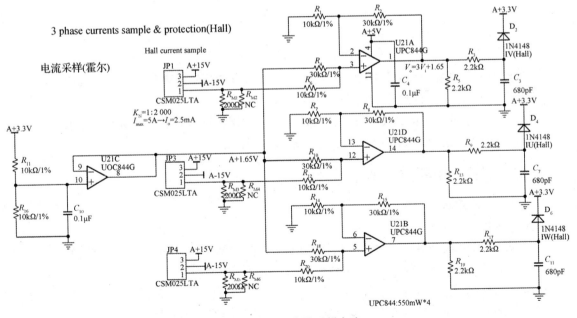

图 A‐3‐3　电流采样电路

3. 系统软件设计分析

系统主程序流程图如图 A-3-4 所示。

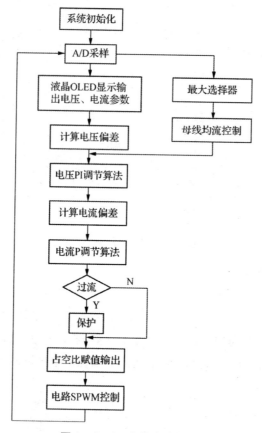

图 A-3-4　主程序流程图

参数测量计算程序部分包括 A/D 采样程序、OLED 液晶显示程序、电压环控制算法、电流环控制算法等,在获取有效采样值后计算并显示参数值。

主电路程序部分包括 A/D 采样程序、并联均流控制程序、电路 SPWM 驱动程序等,通过对输出电压电流的实时检测与采样,完成电路控制与驱动。

4. 竞赛工作环境条件

4.1　测试方案

(1)硬件测试

先进行辅助电源模块的测试,确认辅助电源供电正常后,对三相逆变主电路模块进行测试,检测设计原理与输出效果,最后将各个辅助模块进行级联调试。

(2)软件测试

对软件程序中的采样、控制等模块进行分模块调测,然后进行程序综合调试。

(3)软件硬件联调

将软件辅助部分与硬件电路部分结合,根据竞赛要求,完成整个系统的构建及调测。

4.2 测试仪器

本系统调试时使用数字示波器、数字万用表、可调稳压源、电能质量分析仪等仪器。

5. 作品成效总结分析

5.1 基础部分

(1)当只有一路逆变器工作时,电路可以输出三相对称交流电。输入电压保持 40 V,调节负载电阻,当负载线电流有效值 I_o 达到 2 A 时,实测得到的线电压有效值 $U_o=23.9$ V, $f_o=49.97$ Hz。

(2)在输入 40 V 直流电压,负载线电流有效值 $I_o=2$ A 时,实测得到的一路逆变器交流母线电压总谐波畸变率 $THD=1.3\%$。

(3)在输入 40 V 直流电压,负载线电流有效值 $I_o=2$ A 时,实测得到的一路逆变器的电路效率 $\eta=91\%$。

(4)当只有一路逆变器工作时,输入 40 V 直流电,负载线电流有效值 I_o 在 0~2 A 间变化时,负载调整率 $S_{I1}=0.13\%\leqslant0.3\%$,实测数据为:

表 A-3-1 负载调整率 S_{I1}

负载线电流 I_o/A	2.00	1.55	1.06	0.49	0.24	0.08
输出电压 U_o/V	23.92	23.92	23.93	23.94	23.94	23.95

5.2 发挥部分

(1)两路逆变器在测试均达到基础部分要求后,通过并联控制可以实现单路分别及两路共同向负载输出功率,当两路共同输出时,输入保持 40 V,调节负载电阻,负载线电流有效值 I_o 可以达到 3 A,频率 $f_o=50.01$ Hz。

(2)通过并联均流控制,两路逆变器在输出功率保持 1:1 均匀分配的状态下共同向负载输出,输入 40 V 直流电压,负载线电流有效值 I_o 在 1~3 A 间变化时,负载调整率 $S_{I2}=0.17\%\leqslant0.3\%$,实测数据为:

表 A-3-2 负载调整率 S_{I2}

负载线电流 I_o/A	3.00	2.41	2.03	1.44	1.20	0.99
输出电流 1 I_1/A	1.50	1.20	1.03	0.72	0.6	0.49
输出电流 2 I_2/A	1.50	1.21	1.00	0.72	0.6	0.50
输出电压 U_o/V	23.92	23.93	23.94	23.95	23.95	23.96

6. 参考资料

[1] 全国大学生电子设计竞赛组委会. 2013 年全国大学生电子设计竞赛获奖作品选编[M]. 北京:北京理工大学出版社,2014.

[2] 周志敏,周继海. 开关电源实用技术设计与应用[M]. 北京:人民邮电出版社,2009.

报 告 4

基本信息

学校名称	南京邮电大学		
参赛学生1	郭 健	Email	2270923383@qq.com
参赛学生2	刘正宇	Email	516813603@qq.com
参赛学生3	吴 倩	Email	710410376@qq.com
指导教师1	张 胜	Email	zhangsheng@njupt.edu.cn
指导教师2	陈建飞	Email	chenjf@njupt.edu.cn
获奖等级	全国一等奖		
指导教师简介	张胜,博士,南京邮电大学电子与光学工程学院教授,美国佐治亚理工大学访问学者。长期从事信号检测、嵌入式应用、智能信息处理、光纤传感与应用等方向的教学与研究工作。 陈建飞,博士,南京邮电大学电子与光学工程学院讲师。具有丰富的学科竞赛指导经验。		

1. 设计方案简介

1.1 技术方案分析比较

(1) 三相正弦波脉宽调制(SPWM)信号产生

方案1：使用 STM32F103 单片机生成 SPWM 信号。该单片机采用 Cortex-M3 内核,CPU 最高速度达 72 MHz;具有两个高级定时器,基于 DDS 技术,可产生三路互补的占空比可调、死区可配置的 PWM 波,波形好。

方案2：硬件电路产生 SPWM。硬件电路同样基于自然采样原理,在三角波和正弦波的自然交点时刻控制功率开关器件的通断。专有集成芯片 EG8030,可产生三路相位互差120°的三相 SPWM 波,输出波形质量较高,频率可调。

考虑到专用芯片外围电路的控制复杂,所以选择方案1。

(2) 驱动电路选择方案

方案1：IR2109 驱动。IR2109 是单输入 MOS、IGBT 功率器件专用栅极驱动芯片,通过自举电路提升电压,驱动高边 MOS 管。它集成了特有的负电压免疫电路,提高了系统耐用性和可靠性。

方案2：EG3012 驱动。EG3012 是一款高性价比的大功率 MOS 管、IGBT 管专用栅极驱动芯片,内部集成了逻辑信号输入处理电路、死区时控制电路、电平位移电路、脉冲滤波电路及输出驱动电路,输出采用半桥式达林顿管结构。

由于 IR2109 只需一路输入信号、外围元件少,并且本课题工作频率较低,所以选择 IR2109 为驱动电路。

（3）并联供电方案

方案 1：串联限流电感均流。抑制环流的较有效措施之一是在各交流并联电源的输出端串接限流电感。

方案 2：电压和频率下垂控制。下垂均流控制（Droop）就是调节开关变换器的外特性倾斜度（即调节输出阻抗）,以达到并联的逆变电源均流控制的目的。

方案 3：主从模式控制。主从式并联系统由一个主控 PWM 逆变器单元、数个从控 PWM 逆变器单元和功率分配中心（PDC）单元等模块组成。通过设定主电路电流和从电路电流比例来实现并联供电。

考虑到方案 3 有较好的同步控制性能,所以本系统选择方案 3。

1.2　系统结构工作原理

系统由三相逆变器、DC/DC 变换电路、直流电源模块、电路测量模块、单片机控制等部分组成。第一路为主逆变电路,第二路为从逆变电路,两逆变器可单独工作,也可以并联共同工作,驱动逆变器的 SPWM 波由单片机输出,在逆变输出端输出至 Y 形负载的同时进行电流、电压监测,将监测到的两组电流、电压数据送给单片机,单片机对得到的数据进行 PID 运算控制,通过控制 DC/DC 模块改变逆变器输入端的电压值,实现系统闭环调整,系统框图如图 A-4-1 所示。

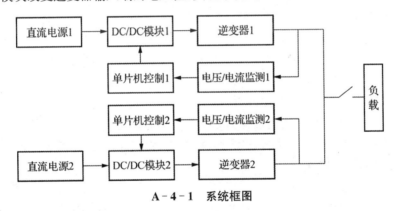

A-4-1　系统框图

1.3　功能指标实现方法

（1）稳压实现方法

如图 A-4-1 所示,主电路中的逆变器 1 的输出电压经过分压隔离后通过 AD637 反馈给主控电路（单片机 1）,主控电路将得到的电压值与目标值进行 PID 运算,调节输出 PWM 的占空比（调节 DC/DC 电路的输出电压）,实现逆变器 1 的 24 V 输出。

（2）并联供电实现方法

并联供电时,主电路通过调节第一路 DC/DC 输出电压大小,来保持逆变输出电压 24 V 不变。并联电路中的从逆变电路将 SPWM 波的占空比预设至相应的值,使得 DC/DC 的输出电压经过逆变器 2 后的电压有效值也在 24 V 左右[（24±1.5）V]。驱动逆变器 1 和逆变器 2 的 SPWM 波由各自的主控电路与辅助控制电路产生,逆变器 1 的输出端连接信号处理模块,负责向从逆变电路发送 SPWM 波同步信号,保证了两路逆变器可以实现并联输出。

(3)输出电流可调实现方法

两路逆变器的 A 相输出端均加入电流采样电路,测得的电流经 AD637 转换后将有效值反馈给辅助控制电路(单片机 2),单片机 2 通过比较两个逆变器的输出电流,调节第二路 DC/DC 电路 PWM 波的占空比,进而改变逆变器 2 的输出电压,使得逆变器 2 的输出电流改变;因为两路逆变器并联供电,逆变器 2 的电流变化会影响逆变器 1,但是在输出电压和负载不变的条件下,总输出电流基本不会变,进而实现两路输出电流大小的调节。

2. 核心部件电路设计

2.1 关键器件性能分析

(1)驱动芯片 IR2109 性能分析

IR2109 采用 8 脚封装,驱动级工作电压为 600 V,栅极驱动电压为 10~20 V,前级最高工作电压为 25 V,性能完全达到指标要求。

(2)MOS 管 IRF3205 性能分析

IR 的 HEXFET 功率场效应管 IRF 3205 采用先进的工艺技术制造,耐压值为 80 V,漏源电压为 55 V,漏极最大电流为 28 A,导通电阻为 8.0 mΩ,具有极低的导通阻抗。IRF 3205 这种特性,加上快速的转换速率和以坚固耐用著称的 HEXFET 设计,使得 IRF3205 成为极为高效可靠、应用范围超广的器件。

(3)电压采样芯片 AD637 性能分析

AD637 是一个完整的高精度单片 RMS-to-DC 转换器,它可以计算任何复杂波形的真有效值。精度高:0.02%最大非线性,0~2 V 有效值输入,2 V 有效值输入时的带宽为 8 MHz,100 mV 的有效值带宽为 600 kHz。

(4)电流采样芯片 INA282 性能分析

INA282 是 TI 公司专用高边电流采样芯片,具备大动态输入范围以及极高的共模抑制比,±1.4%的增益误差,0.3 μV/℃偏移漂移,精度高,稳定性好,满足所需要求。

2.2 核心电路设计仿真

(1)DC/AC 主回路

三相全桥逆变电路需要输入三组 SPWM 信号,IR2109 驱动电路输出高边和低边信号驱动后级 MOS 管工作,经匹配的电感和电容滤波后,电路输出单相交流电,设为 A 相,完成逆变。另两块驱动和滤波电路工作原理相同,分别输出 B 相、C 相交流电(如图 A-4-2 所示)。三相输出相位差为恒定的 120°,频率为 50 Hz。

(2)电压采样电路

AD637 是一款完整的高精度、单芯片均方根直流转换器,可计算任何复杂波形的真均方根值。采用有效值测量芯片 AD637,可以测量输出交流电压有效值,输入单片机进行采样分析。

(3)电流信号采集电路

电流采用 INA282 采样,外围电路简单,将 REF1(7 脚)和 REF2(3 脚)端同时接到地或 V+端,当给电流一个正确的方向时,输出电压值将会随电流的增加而基本上呈线性的增加。仅需给芯片正常供电和一个采样电阻。康铜丝电阻阻值根据理论计算采用 20 mΩ,电路图如图 A-4-4 所示。

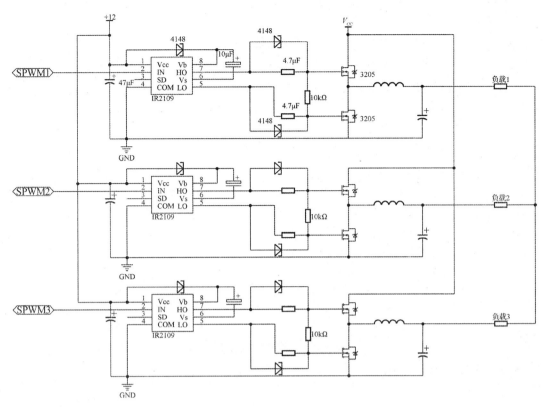

A－4－2　逆变主回路

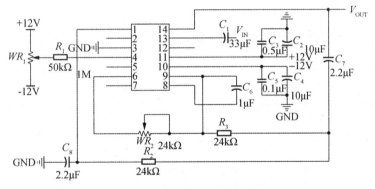

A－4－3　电压采样电路

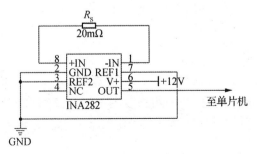

A－4－4　电流采样电路

（4）DC/DC 电路

双向 DC/DC 稳压电路如图 A－4－5 所示，该电路由开关管驱动器、BUCK 拓扑结构组成。单片机输出的 PWM 波通过半桥驱动器 IR2110 驱动场效应管 IRFP250。Q_1、L、C_2、C_3 和 Q_2 组成 BUCK 拓扑，场效应管 Q_2 代替传统的二极管用作同步整流。

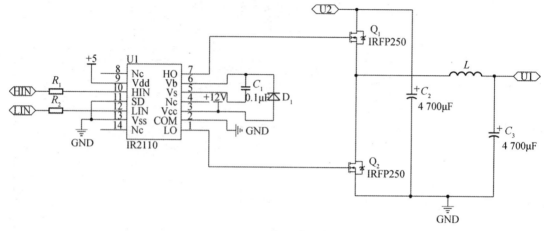

A－4－5　DC/DC 稳压电路

2.3　电路实现调试测试

（1）DC/DC 电路调试

首先，DC/DC 模块输出端悬空，单独给 DC/DC 上电，用示波器测量驱动芯片 IR2110 的 1 脚和 7 脚是否输出互补的 PWM 波，然后将台式万用表切换到电压挡，检测 DC/DC 输出端是否正常降压，若降压正常，将 DC/DC 输出端连接至逆变器输入端。

（2）逆变器调试

测试逆变器模块时，逆变器输出端不要接负载，给逆变器和 DC/DC 上电，用示波器观察三个驱动芯片 IR2109 的 5 脚跟 7 脚输出的 SPWM 波是否正常，然后再检测电感输出端输出电压波形是否正常，若输出电压波形为正弦波则说明逆变电路工作正常，将逆变器的三路输出端连接至负载。

（3）信号采集电路调试

通过将 AD637 输出脚（14 脚）、INA282 输出脚（5 脚）的输出电压与负载的有效电压值和流经负载的有效电流值进行比对，观察测量值与实际值之间是否存在线性关系，找到两者间存在的比例常数。

（4）逆变器并联工作调试

两逆变器并联工作时，输入电源电压一开始不要超过 15 V，防止电路有故障引起电流倒灌烧毁电路，同时加大负载阻抗，检测两组逆变器的每一路输出正弦波电压相位是否两两相同，在确定两组逆变器的输出波形同向的情况下，逐步提高输入的电源电压值，并实时观测电路输出波形是否正常。

3.　系统软件设计分析

3.1　系统总体工作流程

为了使线电压有效值为 24 V,采用闭环调节,根据 AD637 采样的输出电压有效值来调控 DC/DC 电路的输出电压,同时完成有效值的实时显示。程序流程图如图 A-4-6 所示。系统采用了 PID 算法,提高控制精度,使得逆变器输出线电压有效值稳定在 24 V 输出。

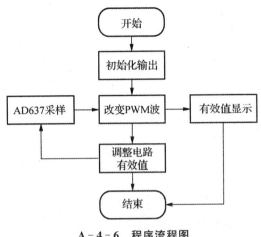

A-4-6　程序流程图

3.2　主要模块程序设计

(1) 查表法产生 SPWM 波

本项目依查表法产生 SPWM 信号。其过程是:依据脉宽调制原理,预先设置一个正弦表,单片机根据正弦表中的值来改变输出脉冲波形的占空比,这样单片机就可以输出一组占空比按正弦规律变化的脉冲波。该脉冲波通过驱动电路放大,再经滤波后即可输出正弦波。通过改变正弦表中的数据和单片机查表的时间可改变 SPWM 波的周期。

(2) PID 算法

根据 AD637 测量的输出电压有效值,经过增量式 PID 运算来调控 DC/DC 电路的输出电压,PID 增量式算法的离散化公式如下:

$$\Delta u(k)=u(k)-u(k-1) \tag{1}$$

$$\Delta u(k)=K_{\mathrm{p}}[e(k)-e(k-1)]+K_{\mathrm{i}}e(k)+K_{\mathrm{d}}[e(k)-2e(k-1)+e(k-2)] \tag{2}$$

进一步可以改写成:　$\Delta u(k)=Ae(k)-Be(k-1)+Ce(k-2)$ 　　　　　(3)

4.　竞赛工作环境条件

4.1　设计分析软件环境

(1) 仿真软件:Multisim12.0;

(2) 程序编写环境:IAR Embedded Workbench IDE, Code Composer Studio5.5.0;

(3) 电路 PCB 制作软件:Altium Designer15。

4.2　仪器设备硬件平台

(1) DPS-2030C 直流电源;

（2）Agilent 34401A 六位半万用表；

（3）UT58E 四位半万用表；

（4）10 Ω/5 A 滑动变阻器。

4.3　前期设计使用模块

（1）INA282 电流/电压检测模块；

（2）DC/DC 升降压模块。

5. 作品成效总结分析

5.1　系统测试性能指标

（1）基础部分

① 电流有效值为 2 A，线电压有效值为 24 V，频率为 50 Hz 的电路连接如图 A-4-7 所示，测得当输入为 41 V，负载为 7 Ω 时，负载线电流有效值为 2.01 A，线电压有效值为 24.1 V，示波器测得频率为 50 Hz，完全符合题目指标。

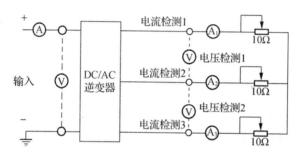

A-4-7　测量示意图

② 电压总谐波畸变率：用功率分析仪测输出波形，谐波畸变率为 2.3%，满足题目要求。

③ 逆变器 1 的效率：根据测量示意图连线，可以测出输入功率为 52.7 W，负载上电流有效值 $I_o = 2.01$ A，电压有效值 $U_o = 24.1$ V。根据公式：

$$\eta = \frac{U_o \times I_o}{U \times I}$$

计算得出效率达到了 92%，高于题目要求。

④ 逆变器 1 负载调整率：当 $I = 0$ A 时输出端线电压为 U_{o1}，当 $I = 2$ A 时输出端线电压为 U_{o2}。

I(A)	0	2
U_o(V)	24.10	24.16

负载调整率为 0.25%，达到了题目要求。

（2）发挥部分

① 并联供电，电流有效值为 3 A，频率为 50 Hz。并联逆变电路 1 和逆变电路 2，调整负载大小，负载线电流有效值为 3 A，线电压有效值为 24.1 V，示波器测得频率为 50 Hz，完全符合题目指标。

② 逆变器 1 和 2 输出功率保持 1：1。由于两路并联供电，输出功率比就是输出电流之

比。分别测量 $I_o = 1$ A、2 A、3 A 时的两路输出电流,并记录对应的输出电压 U_o。

I_o(A)	I_1(A)	I_2(A)	U_o(V)
0.98	0.49	0.50	24.01
2.01	0.98	1.03	24.0
2.98	1.49	1.48	24.98

负载调整率约为 0.27%,两逆变器的线电流差值小于 0.05 A。达到了题目的要求。

③ 逆变器 1 和 2 输出功率比值可调。同上步操作,设置逆变器 1 和逆变器 2 输出功率比值为 1∶2 和 2∶1,测得的数据如下:

K 取值	I(A)	I_1(A)	I_2(A)	电流误差	测试电压(V)
1∶2	3.06	1.06	2.00	0.06	24.07
2∶1	3.03	2.05	0.97	0.08	24.06

5.2　成效得失对比分析

经过测试可以得到,我们设计制作的微电网模拟系统的带载能力较好,输出波形总谐波畸变率较低,较好地实现了题目的各项指标。

5.3　创新特色总结展望

本作品以 MSP430、STM32 单片机为控制电路核心,采用电压和电流有效值闭环控制方式实现三相逆变输出和两个逆变器任意功率比并联输出,利用 PID 控制算法快速校准输出有效值,提高了电路的精度,畸变率为 2.3%,逆变器效率达 92%,误差调整率低于 0.3%。完成了任务要求的所有功能,各项指标均达到了任务要求,并且扩展了显示功能。

6.　参考资料

[1] 谭浩强. C 语言程序设计[M]. 北京:清华大学出版社,2012.

[2] 裴学军. PWM 逆变器传导电磁干扰的研究 [D]. 武汉:华中科技大学,2004.

[3] 姜艳姝,徐殿国,刘宇,等. PWM 驱动系统中感应电动机共模模型的研究 [J]. 中国电机工程学报,2004,24(12):149－155.

[4] 江春红. 逆变器并联运行的常用控制方式[A]. 安徽:合肥工业大学,2006.

[5] 李序葆,赵永健. 电力电子器件及其应用[M]. 北京:机械工业出版社,2000.

报 告 5

基本信息

学校名称	南京邮电大学		
参赛学生 1	张宇德	Email	1843412520@qq.com
参赛学生 2	张华鑫	Email	819161676@qq.com
参赛学生 3	邹 依	Email	2405553607@qq.com
指导教师 1	杜月林	Email	duyl@njupt.edu.cn
指导教师 2	王韦刚	Email	wangwg@njupt.edu.cn
获奖等级	全国二等奖		
指导教师简介	杜月林,男,博士研究生,中国电子学会会员,2005 年加入南京邮电大学,历任南京邮电大学电工电子实验教学中心教师、实验室建设与设备管理处实验室建设管理科科长等职务,2016 年 4 月起任自动化学院党委副书记。 王韦刚,男,副教授,博士学位,信号与信息处理专业。2006 年获南京邮电大学电路与系统硕士学位,2015 年获南京邮电大学信号与信息处理博士学位。		

1. 设计方案工作原理

1.1 预期实现目标定位

按照题目的要求,本文设计的微电网并联模拟系统的预期目标为学生电源供电 60 V、最大功率 150 W 左右的直流输入,输出两路线电压有效值为 24 V、频率稳定在 50 Hz 的三相交流电。输出正弦波形失真度小于 3%,负载调整率小于 0.3%,系统整体效率大于 88%。系统单路最大输出功率超过 125 W。最后通过电压外环,电流内环控制,使两路逆变共同输出功率可数控,且自由分配。

1.2 技术方案分析比较

本系统主要由单片机控制模块、DC/DC 降压模块、DC/AC 逆变器模块、电源模块组成,下面分别论证这几个模块的选择。

(1) 三相 SPWM 波产生方式的论证与选择

方案 1:采用三相 SPWM 逆变器专用芯片构成三相逆变器。优点:易于使用,控制方法简单,波形失真小。缺点:调制深度较低,逆变器需要的输入电压较大。

方案 2:采用单片机产生三相 SPWM 波。优点:调制深度可调,逆变器所需的输入电压较小。缺点:操作复杂。

通过比较,我们选择方案 2。

（2）逆变器输出控制方法的论证与选择

方案 1：通过改变 SPWM 波的调制深度控制逆变器的输出。优点：电路结构简单。缺点：改变调制深度会使得两路输出不同相位。

方案 2：通过改变逆变器的输入电压控制逆变器的输出。优点：易于控制且控制精度高。缺点：电路结构复杂。

通过比较，我们选择方案 2。

1.3　系统结构工作原理

本系统主要由两路 DC/DC 和 DC/AC 组成。单片机在提供两路固定调制深度 SPWM 波的同时，通过 AD673 模块采集输出功率数据，再通过 DC/DC 控制 DC/AC 输入电压来实现闭环，调节两路输出功率，最终实现功率可调。单片机及控制类芯片由辅助电源供电。系统总体框图由图 A-5-1 所示。

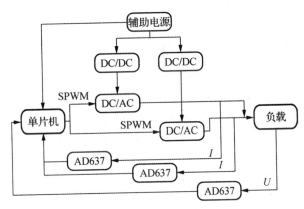

图 A-5-1　系统总体框图

1.4　功能指标实现方法

按照题目的要求，本系统主要实现的功能指标有输出两路线电压有效值为 24 V、线电流为 2 A，频率稳定在 50 Hz 的三相交流电，正弦波失真度小于 3%，负载调整率小于 0.3%，系统整体效率大于 88%，两路逆变输出功率比例可数控。

（1）输出 50 Hz 三相交流电，正弦波失真度小于 3%，整体效率大于 88% 实现方法

单片机精准输出基波为 50 Hz 的 SPWM 波，在驱动控制电路 IR2110 模块前加 PNP 三极管逻辑控制，避免前后级干扰。同时采用性能好的陶瓷电容为自举电容，使开关波形为完美方波，电感电流连续。因此系统整体效率高，输出功率大且输出波形失真度小。

（2）系统负载调整率小于 0.3% 实现方法

AD637 通过分压电路采集输出线电压，将输出的线电压有效值数据传输给单片机。单片机通过控制 DC/AC 的输入电压，以改变输出线电压实现闭环，从而实现对输出线电压的精准控制。

（3）两路逆变输出功率比例可数控实现方法

本系统通过电压外环控制，使输出线电压稳定在 24 V。同时用 INA282 和 AD637 模块检测两路输出电流，将输出电流有效值传输给单片机。单片机通过内环恒流控制，改变两路输出电流比例，实现两路输出功率可控。

27

1.5 测量控制分析处理

本系统的测量控制主要在 PID 闭环控制输出、输出线电压、线电流的 A/D 采样。

（1）PID 闭环控制输出实现方法

通过 AD1115 测量输出交流电压的有效值，与设定值比较大小之后，改变 D/A 输出，从而改变 MOS 管上面的电压，最终达到闭环的过程。

（2）输出线电压、线电流的 A/D 采样实现方法

用 AD1115 芯片来采集交流信号经过 AD637 电路处理之后的直流电压有效值。

2. 设计方案工作原理

2.1 关键器件性能分析

本系统采用的主要器件有单片机 STM32、MOS 管 IRF540、IR2110 驱动芯片等。

（1）单片机 STM32 性能分析

本系统消耗功率较大，MCU 模块所耗功率变化对于本系统整体功耗影响很小，所以最终选择了相比低功耗 MSP430 速度更快的 STM32，虽然消耗的功率稍微大了一些，但是在处理数据的时候可以明显地感觉出 STM32 在速度上的优势。

（2）MOS 管 IRF540 性能分析

IRF540 的最大漏源耐压 V_{ds} 为 100 V、最大漏级电流 I_d 为 8 A，满足本系统 60 V 输入，150 W 的极限要求。同时 IRF540 的导通电阻 $R_{ds(on)}$ 为 0.052 Ω，相对较小，能大大提高系统整体效率。

（3）IR2110 驱动芯片性能分析

IR2110 自带光耦隔离，外围电路简单，静态功耗低，一片 IR2110 能驱动两个 MOS 管。应用 IR2110 使电路结构简洁，抗干扰能力强。

2.2 电路结构工作机理

本系统主要由 DC/DC 降压子系统、DC/AC 逆变器子系统、辅助电源系统组成。

（1）DC/DC 降压子系统

DC/DC 降压子系统由 IR2111s 与 BUCK 电路组成，电路图如图 A-5-2 所示。

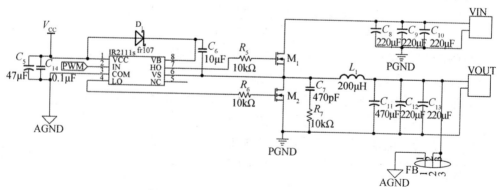

图 A-5-2 DC/DC 降压子系统电路图

（2）DC/AC 逆变器子系统

DC/AC 逆变器子系统由三片 IR2110 驱动 6 片 IRF540 组成，再加上电感、电容构成无源低通滤波滤去高频谐波，输出失真度很小的三相正弦信号。电路图如图 A-5-3 所示。

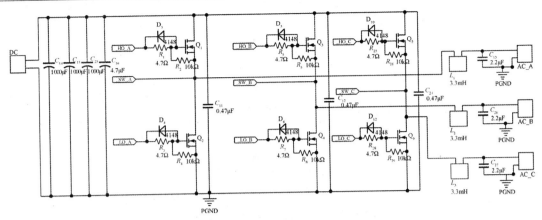

图 A-5-3　DC/AC 逆变器子系统

（3）辅助电源系统供电

本逆变器系统需要＋5 V，＋12 V，－12 V 电源，它们分别为单片机、IR2110 和 AD637 供电。输入电压较高（大于 50 V），普通稳压芯片无法工作。本设计采用如图 A-5-4 的方式接入，间接降低稳压芯片的输入电压，使其正常工作。

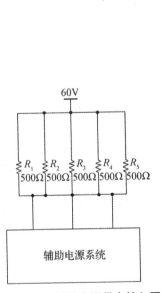

图 A-5-4　辅助电源供电接入图示

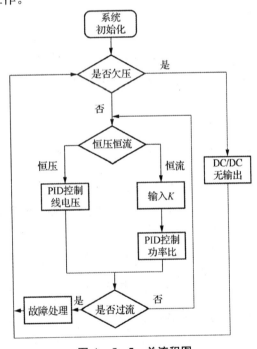

图 A-5-5　总流程图

3. 系统软件设计分析

3.1　系统总体工作流程

根据题目要求，软件部分主要实现三相 SPWM 的产生、基础部分 DC/AC 线电压有效值的恒定和输出功率自动分配时的两个 DC/DC 恒流模式。（1）键盘实现功能：比例系数的输入以及 DC/DC 恒压恒流模式的切换。（2）显示部分：显示线电压有效值、负载线电流有效值。总流程图如图 A-5-5 所示。

3.2 主要模块程序设计

SPWM波产生流程图如图A-5-6所示。

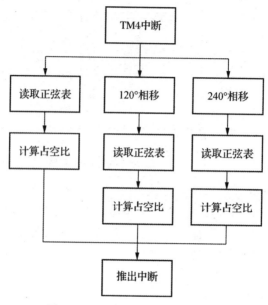

图A-5-6　SPWM波产生流程图

3.3 关键模块程序清单(见网站)

4. 竞赛工作环境条件

4.1 设计分析软件环境

软件编译环境:Keil5。

4.2 仪器设备硬件平台

测试条件:检查多次,仿真电路和硬件电路必须与系统原理图完全相同,并且检查无误,硬件电路保证无虚焊。

测试仪器:高精度的数字毫伏表,模拟示波器,数字示波器,数字万用表,功率分析仪。

5. 作品成效总结分析

5.1 系统测试性能指标

(1) 测试结果(数据)

闭合S,当负载线电流有效值为2 A时,测得$U_o=24.002$ V,$f_o=50$ Hz。

表A-5-1　输入/输出功率数据

U_{o1}	I_{o1}	U_1	I_1
24.002 V	2 A	50.5 V	1 A

此时逆变器1的效率 $\eta=\dfrac{U_{o1}\times I_{o1}}{U_1\times I_1}=95\%$。

交流母线电压总谐波畸变率:$THD=0.45\%$。

表 A-5-2　输出功率不同时,输出电压数据

I_o	0 A	U_{o1}	24.013 V
I_o	2 A	U_{o2}	24.025 V

负载调整率: $S_{I1} = \left| \dfrac{U_{o2} - U_{o1}}{U_{o1}} \right| = 0.05\%$

逆变器 1 和逆变器 2 共同向负载输出功率,测得负载线电流有效值 $I_o = 3$ A, $f_o = 50$ Hz。

负载线电流有效值在 1~3 A 间变化时,逆变器 1 和逆变器 2 输出功率保持 1:1 分配,其中 $|I_1 - I_2| = 0.003$ A。

表 A-5-3　两路逆变输出功率数据

I_o	1 A	U_{o1}	24.03 V
I_o	3 A	U_{o2}	24.056 4 V

负载调整率: $S_{I2} = \left| \dfrac{U_{o2} - U_{o1}}{U_{o1}} \right| = 0.11\%$。

负载线电流有效值在 1~3 A 间变化时,逆变器 1 和逆变器 2 输出功率按设定在指定范围内自动分配, $|I_1 - I_2| \leqslant 0.06$ A。

(2) 测试分析与结论

根据上述测试数据,由此可以得出以下结论:① 本系统逆变器产生的三相对称交流电可以达到题设要求。② 本系统的逆变器效率较高,THD 较小,完全满足所需要求。③ 改变负载线电流有效值,负载调整率很小,满足要求。④ 通过调节比例系数 K 来达到功率自动分配的目的,满足题目要求。

综上所述,本设计达到了设计要求。

5.2　创新特色总结展望

(1) 创新特色

① 创新性的在驱动控制电路 IR2110 模块前加 PNP 三极管逻辑控制,避免前后级干扰。使得系统输出精度高、失真和谐波都很小的纯正弦波。

② 采用电流内环-电压外环的双环路控制方式实现高精度、任意比例的功率分配功能。

(2) 总结展望

① 本系统可以加入欠压保护、过流保护、输出电压/电流显示等功能,使系统更为完善。

② 采用另一种功率分配控制方案。设置主从支路,控制主支路稳压在线电压 24 V,从支路与之并联,控制方式为恒流。通过改变从支路的输出电流即可实现两路输出功率数控。该方案比电流内环-电压外环的双环路控制方式简单高效。

报　告　6

基本信息

学校名称			无锡太湖学院
参赛学生1	王锦畅	Email	1079176341@qq.com
参赛学生2	王芳慧	Email	wfh2015401@163.com
参赛学生3	谭灿灿	Email	1297337801@qq.com
指导老师1	匡　程	Email	38476529@qq.com
指导老师2	朱　智	Email	395641375@qq.com
获奖等级			全国二等奖
指导老师简介			匡程,男,硕士,任职于无锡太湖学院物联网工程学院,一直从事实验室管理与竞赛指导工作,多年来指导学生多次获得国家级、省级各类比赛奖项。 朱智,男,学士,任职于无锡太湖学院物联网工程学院,从事实验室管理与竞赛指导工作,指导学生参加学科竞赛并多次获奖。

1. 设计方案工作原理

1.1 技术方案分析比较

(1) 控制系统方案选择

方案1：基于单片机的三相SPWM逆变器。利用带有3路PWM输出模块的单片机产生SPWM脉冲信号。SPWM信号驱动逆变电路逆变,再经电感电容滤波,实现正弦波交流输出。其逆变过程不受外部环境干扰,稳定性高。

方案2：基于DSP控制的三相逆变器。利用3个相互独立的单相逆变器模块,以及分别与3个单相逆变器模块相连的DSP控制模块和工频升压变压器,实现将直流电逆变成交流电。

与方案1相比,DSP处理模块较多,不便于系统控制。综上考虑,选择方案1。

(2) 系统控制芯片选择

方案1：采用EG8030芯片。EG8030是一款三相纯正弦波逆变发生器芯片,能产生高精度的三相SPWM信号。并具备完善的采样机构,但是本设计中还要加入运行模式控制,EG8030芯片功能过于单一。

方案2：采用STC15F2K60S2芯片。STC15F2K60S2芯片是STC生产的单时钟/机器周期的单片机。具有5个PWM控制输出模块,4个中断,完全可以满足本设计系统的逆变驱动和整个系统功能的控制。不用外接晶振电路和复位电路,这将节省电路板的空间。并且重量轻,集成度高。

综上考虑,选用方案2,以简化电路模块,达到只用一块芯片集中控制系统的高效设计。

1.2 系统结构工作原理

综合以上分析论证,本系统使用基于 STC15F2K60S2 单片机的三相 SPWM 逆变器。采用 STC15F2K60S2 单片机作为控制系统,通过自然数查表法控制内部的三路硬件 PWM 模块,采用双极性 PWM 调制方案,输出 3 个 120°相位差的 SPWM 脉冲信号。以 SPWM 作为输入信号,驱动三相全桥逆变电路。输出的交流电经 LC 低通滤波器滤波,最后在负载上得到稳定的正弦波交流电。系统结构框图如图 A‑6‑1 所示,整个系统无论从结构上还是性能上都能满足题目要求。

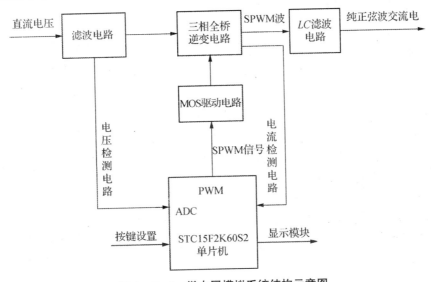

图 A‑6‑1　微电网模拟系统结构示意图

2. 核心部件电路分析

本系统核心模块是三相 SPWM 逆变电路,其包括硬件滤波电路、驱动电路、三相全桥逆变电路、电压检测电流检测电路、逆变器切换继电器电路 5 个部分。

2.1 电路结构工作机理

SPWM 逆变器的功能是使输出电压波形为正弦波,实现交流输出。本部分电路框图如图 A‑6‑2 所示。

图 A‑6‑2　三相逆变电路框图

直流电源所供直流电压先经过电容滤波器,将波动的直流量过滤成平展稳定的直流量。在 SPWM 信号的驱动下,直流电压经逆变器转化为交流电。后经过 LC 滤波器滤除高次谐波,得到正弦波交流电压。这里采用三相全桥式逆变电路,用 PWM 控制调节输出电压及频率的大小。

2.2 关键器件性能分析

(1) 三相 SPWM 逆变控制器

STC15F2K60S2 单片机内部集成高精度 R/C 时钟,5 MHz~35 MHz 宽范围可设置,使用晶振 24 MHz。在 STC‑ISP 编程烧录时选择“外部晶体或时钟”。由 PWM 控制输出模块,

4 个中断,一般都是 LQFN-44 封装。STC15F2K60S2 单片机控制全桥驱动电路、三相 SPWM 逆变器进行工作,在发挥部分通过控制逆变器切换继电器电路。

(2) 全桥驱动电路

全桥驱动电路采用 IR2104 作为驱动芯片,上电时,电压流过二极管 D 向电容(C_{11}、C_{12}、C_{13})充电,电容上的端电压很快升至接近 V_{cc},下 MOSFET 管(Q_4、Q_5、Q_6)导通,电容负级被拉低,形成充电回路。当 PWM 波形翻转时,下 MOSFET 管(Q_4、Q_5、Q_6)截止,上 MOSFET 管(Q_1、Q_2、Q_3)导通,电容负极电位被抬高到接近电源电压。此时电容正极电位超过 V_{cc} 电源电压,向芯片内部的高压侧悬浮驱动电路供电。

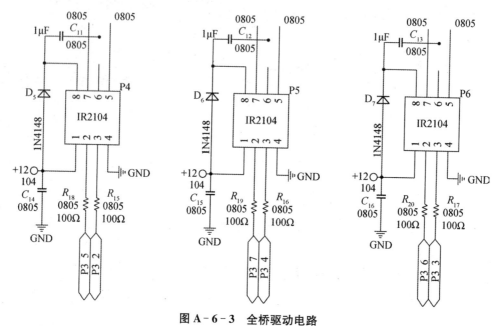

图 A-6-3　全桥驱动电路

(3) 三相全桥逆变电路

采用三相全桥逆变电路结构,$Q_1 \sim Q_6$ 是逆变桥的型号为 IRF540 的 MOSFET 管。工作原理:输入电压经过滤波后,送到桥式逆变电路,三个桥臂分别通以 SPWM 驱动波,经过逆变后再通过 IR2104 送到输出端,即可得到频率一定的正弦波。

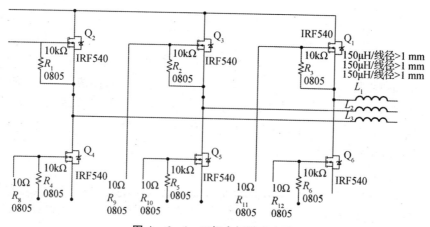

图 A-6-4　三相全桥逆变电路

2.3　核心电路设计仿真

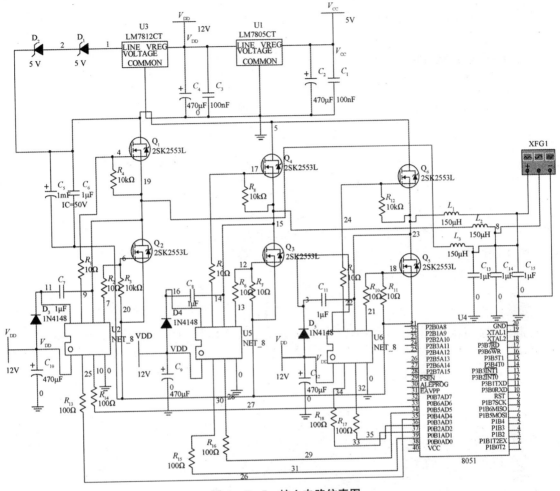

图 A-6-5　核心电路仿真图

输出仿真结果:能够形成 3 个 120°相位差的 SPWM 脉冲信号,驱动三相全桥逆变电路。输出的交流电经 LC 低通滤波器滤波,最后在负载上得到稳定的正弦波交流电。

(1) 逆变器提高效率的方法

① 选用低功耗电子器件

在硬件选择时,考虑到储能电感磁芯的损耗,我们采用损耗较小的铁氧体磁芯;对于 MOSFET 带来的导通损耗,选用超低导通电阻及低栅极电容的 MOSFET 晶体管来减小功率开关管的导通损耗,同时其超快的导通速度配合驱动芯片死区时间的设定使得半桥的开关损耗大幅度降低。以上措施使得系统在满载时效率高达 95% 以上。

② 引入闭环反馈控制

在软硬件不变的情况下,针对环境温度、电压点等易受波动的环节,引入双闭环 PI-PI 控制,采用带负载电流前馈的电感电流内环控制方法,在内环电流给定值处加入限幅环节可有效限制滤波电感电流,从而实现逆变器输出限流保护功能。对输出电流和电压进行采样反馈。

（2）两台逆变器同时运行模式策略

当两个逆变器同时工作时，通过单片机实现同一信号控制两台逆变器。采用恒功率控制（PQ 控制）来控制两个逆变器按最大功率跟踪（MPPT）输出功率或按照调度指令输出恒定有功功率和无功功率。

2.4 参数计算分析

（1）供电电压

为实现负载线电压 U_L 为 24 V，根据 $U_L = \sqrt{3} U_P$，得

$$U_{供} = 3 \times \frac{24}{\sqrt{3}} \approx 41.568 \text{ V}$$

（2）滤波电容

$$tk = CR_L \geqslant (3 \sim 5) \times (T/2) \tag{1}$$

其中，R_L 是等效电阻，$T = 1/f = 0.02$ s（f 按照 50 Hz 计算），取系数为 4，则 $R_L C = 2T = 0.04$，所以 $C = 0.04/R_L$，取等效电阻 $R = 40\ \Omega$，得 $C = 1\,000\ \mu\text{F}$。

（3）滤波电感

由 $U = I \cdot X_L$、$X_L = 2\pi f IL$ 得

$$L = \frac{U}{2\pi f I} \tag{2}$$

取 $f = 50$ Hz、输出电压 $U = 20$ V，$U = 1.414 U_o = 28$ V，$L_总 = 445\ \mu\text{F} = 3L$，解得 $L = 150\ \mu\text{F}$。

（4）交流母线电压 THD

$$THD = \sqrt{\frac{Q^2 - Q_1^2}{Q_1^2}} \leqslant 3\% \tag{3}$$

其中，Q_1 为基波有效值，Q 为总有效值，当 $Q = 24$ V 时，$Q_1 \geqslant 23.989$ V，所以 $U_{输入} \geqslant 23.989$ V。

（5）逆变器转换效率

$$\eta = \frac{P_{输出}}{P_{输入}} \geqslant 87\% \tag{4}$$

$$P_{输出} = \sqrt{3} \cdot U \cdot I \cdot \cos\varphi \tag{5}$$

得 $P_{输入} \leqslant 95.517$ W，式中：$\cos\varphi$ 代表线性负载功率因数，$\cos\varphi = 1$，$\sqrt{3} = 1.732$。

（6）负载调整率

$$S_{ll} = \left| \frac{U_{o2} - U_{o1}}{U_{o1}} \right| \leqslant 0.3\% \tag{6}$$

U_{o1} 为 $I_o = 0$ A 时的输出端线电压，U_{o2} 为 $I_o = 2$ A 时的输出端线电压；由此求出空载时，U_{o1} 在 23.928 ~ 24.072 V 范围内。

2.5 关键电路驱动接口

逆变器切换继电器电路如图 A - 6 - 6 所示。系统使用两个 SMI-12 VDC-SL-2C 8 脚继电器，与逆变器 2 相连接。由继电器 1 控制三相交流电 A、B 相的输出。由继电器 2 控制三相交流电 C 相的输出。接在单片机的 P2.0 端口。

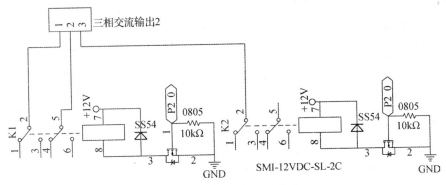

图 A-6-6　逆变器切换电路

3. 系统软件设计分析

3.1　系统总体工作流程(图 A-6-7)

(1) 键盘实现功能:设置逆变器的运行模式和输入电压及频率。

(2) 显示部分:显示电压、电流、工作状态等信息。

(3) 电路控制:利用单片机内置的 16 位定时器产生 PWM 波作为 MOSFET 栅极驱动器控制信号,PWM 占空比根据设置的电压电流给定值与实测值之差进行 PI 控制调节。

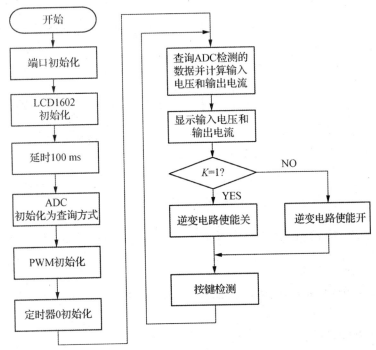

图 A-6-7　总流程框图

3.2　程序设计思路

本设计通过自然数查表法将一个正弦波分成 300 等分,计算余弦数值得到一系列数据,并将数据做成程序列表,存储进单片机的 ROM 里面。要使得其输出三个相位,相移 120°的正弦波形,所以三个波形的起始位距离为 $0,n/3\times1,n/3\times2$,即 $0,100,200$。

3.3 主要模块程序设计

设定正弦波输出频率为 50 Hz,分辨率为 300,每个占空比保持的时间为 t:

$$t=\frac{1}{50}\div300\approx66.667\ \mu s$$

设置定时器每 66.667 μs 中断一次,将对应数组的数据赋给硬件 PWM,给半桥输入 SPWM 控制信号。当次数超过 299,数组重新开始,三个半桥依次执行(起始数分别为 0,100, 200)。从而生成相移 120°的三相 SPWM 信号。

3.4 主要模块程序设计

中断流程框图如图 A‐6‐8 所示。中断主程序及 SPWM 算法见相应网站。

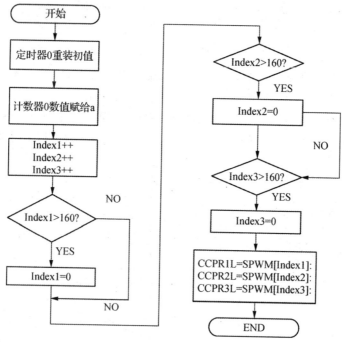

图 A‐6‐8 中断流程框图

4. 竞赛工作环境条件

4.1 设计分析软件环境

软件环境:Altium Designer 绘制 PCB,Keil4 编程开发,Multisim 14.0 仿真,STC‐ISP 下载软件。

4.2 仪器设备硬件平台

硬件仪器:直流电源、数字示波器、单片机仿真器、焊接台、打孔器等。

测试仪器:数字毫伏表、数字示波器、数字万用表。

4.3 配套加工安装条件

加工条件:PCB 电路板必须与系统原理图完全相同,并且检查无误,硬件电路保证无虚焊。

安装条件:保证实验台无干扰,选择适合的电源线进行连接,通过继电器电路来实现并网操作,继电器的端口要注意连接无错误。

4.4　前期设计使用模块

基础部分:模块 1:IR2014 型半桥驱动芯片可以驱动高端和低端两个 N 沟道 MOSFET,能提供较大的栅极驱动电流,并具有硬件死区、硬件防同臂导通等功能。IRF540N 的导通起控电压为 2～4 V,GS 极之间最高电压不能超过 20 V,质量较好的管子 GS 加 6～8 V 就已经饱和导通(内阻最小),所以使用时如果有脉动或尖峰电压时,最好在 GS 两极之间接入 12～15 V 的快速稳压管。

发挥部分:模块 2:在此基础上加上一个转换器,实行两个模块同时进行并网工作。

5.作品成效总结分析

5.1　系统测试性能指标

(1)基础部分

设定 $I_o = 2$ A,调整直流源输出电压,使 U_1 在 41.60～43.60 V 范围内步进可调,步进值不大于 0.1 V,测量负载端任意两个线电压,测试数据如表 A-6-1 所示。

表 A-6-1　逆变电压测试及转换效率

$U_{输入}$/V	41.73	41.93	42.64	42.54	42.8
$U_{输出}$/V	24.10	24.00	23.98	23.92	23.81
转换效率/%	0.933	0.925	0.910	0.897	0.883

(2)发挥部分

通过功率分析仪设定逆变器 1 和逆变器 2 输出功率保持为 1∶1 分配,调节负载线电流有效值 I_o 在 1～3 A 间变化,步进值不大于 0.2 A,测试两逆变器输出线电流,测试数据如表 A-6-2 所示。

表 A-6-2　逆变器输出电流数据

负载线电流/A	1.00	1.15	1.34	1.45	1.58	1.76
逆变器 1　$I_{输出}$/A	1.59	1.64	1.74	1.89	1.90	1.98
逆变器 2　$I_{输出}$/A	1.62	1.72	1.68	1.79	1.85	1.93

5.2　成效得失对比分析

经数据测量,该逆变器可以输出三相的 50 Hz 正弦波电流。负载线电压符合(24±0.2) V 的要求,并且 $THD \leqslant 3\%$。实现了基础部分和发挥部分 1、2 的要求。整个系统性能较完善,转换效率满足要求。经多次调试,发现转换器的相关元器件对转换效率的影响非常大,软件是硬件的灵魂,运用好的控制算法,会使系统变得更加稳定。

5.3　创新特色与展望

(1)设置两个 LED 显示灯,实时显示逆变器的运行模式。

(2)通过单片机实现同一输入信号控制两个逆变器的通断运行。

(3)通过按键设置,增强人机交互性。

（4）引入 PI—PI 双闭环控制，控制系统准确性、稳定性高。

（5）展望未来，随着清洁能源的发展，三相交流逆变器的发展迎来爆发期。我们将进一步研究突破。

6. 参考文献

［1］王兆安,刘进军.电力电子技术［M］.北京:机械工业出版社,2009.

［2］罗军.三相逆变器的单环与双环控制比较研究［J］.电力科学与工程,2014(10):1-5.

［3］张丽.微电网继电保护关键问题的研究［D］.北京:华北电力大学,2016.

［4］黎金英.微电网分层控制及其电能质量改善研究［D］.合肥:合肥工业大学,2011.

［5］黄智伟.全国大学生电子设计竞赛训练教程［M］.北京:电子工业出版社,2010.

［6］（美）Sanjaya Maniktala.精通开关电源设计［M］.2版.王健强,译.北京:人民邮电出版社,2015.

B 题　滚球控制系统

一、任务

在边长为 65 cm 光滑的正方形平板上均匀分布着 9 个外径 3 cm 的圆形区域,其编号分别为 1~9 号,位置如图 B-1 所示。设计一控制系统,通过控制平板的倾斜,使直径不大于2.5 cm 的小球能够按照指定的要求在平板上完成各种动作,并从动作开始计时并显示,单位为秒(s)。

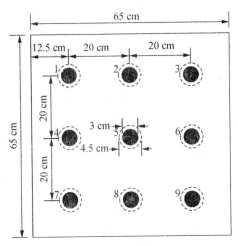

图 B-1　平板位置分布示意图

二、要求

1. 基本部分

(1) 将小球放置在区域 2,控制使小球在区域内停留不少于 5 s。

(2) 在 15 s 内,控制小球从区域 1 进入区域 5,在区域 5 停留不少于 2 s。

(3) 控制小球从区域 1 进入区域 4,在区域 4 停留不少于 2 s;然后再进入区域 5,小球在区域 5 停留不少于 2 s。完成以上两个动作总时间不超过 20 s。

(4) 在 30 s 内,控制小球从区域 1 进入区域 9,且在区域 9 停留不少于 2 s。

2. 发挥部分

(1) 在 40 s 内,控制小球从区域 1 出发,先后进入区域 2、区域 6,停止于区域 9,在区域 9 中停留时间不少于 2 s。

(2) 在 40 s 内,控制小球从区域 A 出发,先后进入区域 B、区域 C,停止于区域 D;测试现场用键盘依次设置区域编号 A、B、C、D,控制小球完成动作。

(3) 小球从区域 4 出发,作环绕区域 5 的运动(不进入),运动不少于 3 周后停止于区域 9,

且保持不少于 2 s。

（4）其他。

三、说明

1. 系统结构要求与说明

（1）平板的长宽不得大于图 B‑1 中标注尺寸；1～9 号圆形区域外径为 3 cm，相邻两个区域中心距为 20 cm；1～9 区域内可选择加工外径不超过 3 cm 的凹陷；

（2）平板及 1～9 号圆形区域的颜色可自行决定；

（3）自行设计平板的支撑（或悬挂）结构，选择执行机构，但不得使用商品化产品；检测小球运动的方式不限；若平板机构上无自制电路，则无需密封包装，可随身携带至测试现场；

（4）平板可采用木质（细木工板、多层夹板）、金属、有机玻璃、硬塑料等材质，其表面应平滑，不得敷设其他材料，且边缘无凸起；

（5）小球需采用坚硬、均匀材质，小球直径不大于 2.5 cm；

（6）控制运动过程中，除自身重力、平板支撑力及摩擦力外，小球不应受到任何外力的作用。

2. 测试要求与说明

（1）每项运动开始时，用手将小球放置在起始位置；

（2）运动过程中，小球进入指定区域是指小球投影与实心圆形区域有交叠；小球停留在指定区域是指小球边缘不出区域虚线界；小球进入非指定区域是指小球投影与实心圆形区域有交叠；

（3）运动中小球进入非指定区域将扣分；在指定区域未能停留指定的时间将扣分；每项动作应在限定时间内完成，超时将扣分；

（4）测试过程中，小球在规定动作完成前滑离平板视为失败。

四、评分标准

	项　目	主　要　内　容	满分
设计报告	系统方案	技术路线、系统结构、方案论证	3
	理论分析与计算	小球检测及控制方法分析	5
	电路与程序设计	电路设计与参数计算，小球运动检测及处理，执行机构控制算法与驱动	5
	测试结果	测试方法，测试数据，测试结果分析	4
	设计报告结构及规范性	摘要，设计报告结构及正文图表的规范性	3
	合　计		**20**
基本要求	完成第（1）项		10
	完成第（2）项		10
	完成第（3）项		15
	完成第（4）项		15
	合　计		**50**

	项　目	主 要 内 容	满分
发挥部分	完成第(1)项		15
	完成第(2)项		15
	完成第(3)项		10
	完成第(4)项		10
	合　计		**50**
总　分			**120**

报　告　1

基本信息

学校名称	东南大学		
参赛学生 1	邢永陈	Email	ycxing@seu.edu.cn
参赛学生 2	徐　浩	Email	haoxu@seu.edu.cn
参赛学生 3	张梦璐	Email	mlzhang@seu.edu.cn
指导教师	符影杰	Email	Seu80@126.com
获奖等级	全国二等奖		
指导教师简介	符影杰,博士,副教授,学科专业为检测技术与自动化装置,研究方向为检测技术应用、智能仪表与计算机控制系统的设计应用。		

1. 设计方案工作原理

1.1　预期实现目标定位

由 STM32F407 单片机 PWM 控制 42 步进电机的正反转,通过细绳的放收实现 x 轴和 y 轴的上下运动,从而控制小球滚动。利用摄像头检测小球位置,最终实现小球在平板上的定位和运动,并在小球通过固定位置或者完成某项动作后,进行声光提示。

1.2　技术方案分析比较

(1) 支撑结构的论证与选择

方案 1: 采用吊线悬挂的方式,优势有二,一是控制输出和端点高度基本上是线性关系,二是移动范围比较大,但是,绕线悬挂结构容易使平板晃动。

方案 2: 采用丝杆上顶的方式,电机上装一个螺纹杆,螺纹杆上套一个圆盘,电机带动螺纹杆转动使圆盘上下移动,从而平板就能上下移动,结构简单。

综上，考虑装置控制的时效性，选择方案 1。

（2）核心控制模块的论证与选择

方案 1： 采用 STM32 系列单片机。此单片机处理数据的速度较快，运算能力强，软件编程简单灵活，可控性大，兼容性强，能够对外围电路实现较理想的智能控制。

方案 2： 采用 FPGA 处理数据速度快并且资源丰富、开发周期短。但 FPGA 结构较复杂，比较适用于在逻辑功能及数据处理速度两方面要求比较高的系统方案里。

综上，考虑到编程的效率，选择方案 1。

（3）电机驱动模块的论证与选择

方案 1： 采用直流电机，利用直流电机的正反转来控制平板的升降。它在控制上简便、调速性能好，但是可靠性差、转速快，不利于平板的控制。

方案 2： 采用舵机来实现功能，其结构紧凑、易于安装、控制简单，但是相应周期必须大于 20 ms，不利于性能的调试。

方案 3： 采用步进电机来控制平板的升降。其特点如下：供电电压为 24 VDC～50 VDC，电流为 1 A～4 A，它便于自动化控制，定位精度高、转矩波动小，低速运行很平稳。

综上，为了定位的精准度和稳定性，选择方案 3。

（4）小球位置检测方案论证与选择

方案 1： 采用光电传感器，在平板上的关键位置安装光电传感器，当小球经过该点时反馈信号给主控芯片，该传感器灵敏度较高，体积小，可随意摆放，比较灵活。

方案 2： 采用摄像头，其检测视野大，获得的信息更全面，结构简单。

方案 3： 采用触摸屏，有电阻屏和电容屏两种，电阻屏通过轻触按压判断触点位置，电容屏无需接触就能感应触点位置，两者均能精确判断小球位置，但相对成本较高。

综上，使用摄像头检测小球的位置，选择方案 2。

1.3 技术路线实现说明

检测装置选择 OV2640 摄像头，固定在支架顶端，放置在平板正上方中央处。驱动机构采用 42 步进电机，通过滑轮绕线吊起平板相邻两边的正中间，即控制平板 x 轴和 y 轴的上下移动，从而实现小球在平板上的定位和运动。如图 B-1-1 为平板上标识区域 1～9 位置，图 B-1-2 为滚球控制系统结构简图。

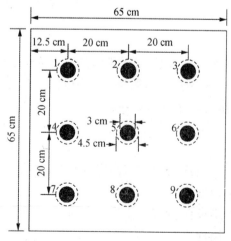

图 B-1-1 滚球控制系统平板标记示意图

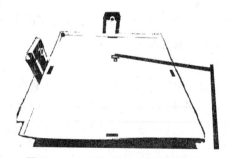

图 B-1-2 滚球控制系统结构简图

1.4　系统结构工作原理

本系统在设计中主要包括：核心控制模块 STM32F407 单片机、电机驱动模块、声光报警模块和按键开关等功能模块，系统组成框图如图 B-1-3 所示。

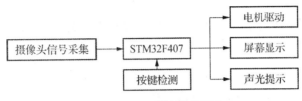

图 B-1-3　系统组成框图

1.5　功能指标实现方法

（1）水平调零

在小球运动控制前，首先对平板进行调零，即通过上、下按键，将平板调至水平位置，并在平板中心范围内放置小球验证是否水平，确定平板水平后，通过按键操作，记录当前步进电机的初始位置为零，在此后的控制运动中记录步进电机的偏移位置。

（2）位置检测

通过摄像头实时检测小球位置，计算小球当前位置和目标位置的偏差，进行闭环反馈控制，最终消除偏差。

1.6　测量控制分析处理

（1）摄像头数据处理

摄像头观测到的图像会存在畸变，故需对图像进行一定处理，消除图像的不准确性；或者通过实验对平板位置进行坐标标定，确保精确度。

（2）控制方法——二维解耦

因为小球的低速度和加速度运动使得两个方向之间的相互影响可以忽略，所以可将板上的 x 和 y 方向解耦，对两个方向单独进行控制，通过两个独立的控制回路控制球的运动，一个循环控制球的 x 位置，另一个控制 y 位置。

（3）控制方法——闭环 & PID 串级控制

板角度的任何小的变化将导致球的持续加速直到其离开板，因此，想要在板上实现稳定的球定位需要闭环控制。x 轴和 y 轴的每个闭环控制回路由两部分组成：内环控制回路和外环控制回路。内环驱动步进电机进行步进数控制，外环为内环提供步进电机的步进数，依据当前位置和目标位置之差驱动步进电机。外环采用比例微分（PD）控制，内环采用比例控制。

（4）路径规划

为使小球有效避开某区域，需进行路径规划，当小球由目标点 1 到目标点 2 时避免直线运动，而经第三点中转。

2. 核心部件电路设计

2.1 关键器件性能分析

（1）主控芯片 STM32F407VET6

基于 Cortex M4 内核,工作频率在 168 MHz,工作电压为 1.8～3.6 V,存储空间为512 kB Flash 和 192 kB SRAM,外设资源丰富,是性能很好的微控制器。

（2）摄像头 OV2640

OV2640 是一款 200 W 像素高清摄像头模块。该模块采用一颗 1/4 寸的 CMOS UXGA (1 632×1 232)图像传感器作为核心部件,集成有源晶振和 LDO,接口简单,使用方便。

（3）42 步进电机

42 步进电机特点如下:步距精度 5％,耐压 500 VAC/min,径向跳动最大 0.02 mm(450 g 负载),轴向跳动最大 0.08 mm(450 g 负载)。

（4）TB6600 步进电机驱动器

TB6600 步进电机驱动器是一款专业的两相步进电机驱动,可实现正反转控制。通过 S1、S2、S3 3 位拨码开关选择 8 挡细分控制,通过 S4、S5、S6 3 位拨码开关选择 6 挡电流控制。驱动器具有噪音小,震动小,运行平稳的特点。

2.2 电路结构工作机理

采用两块单片机通过蓝牙通信协同控制。一块进行摄像头数据的采集和处理,另一块根据图像处理结果进行步进电机的控制,电路结构工作机理如图 B-1-4 所示。

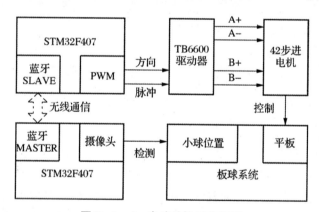

图 B-1-4 电路结构工作机理

2.3 核心电路设计

电路主板是自主设计绘制并进行 PCB 制板。主板集成常用外设,含电源模块、串口通信模块、摄像头模块、PWM 模块、按键模块、屏幕显示模块。

（1）电源模块电路图

为保障电源模块的可靠性,进行冗余设计,既可以通过直流电源供电,也可以通过电池供电,并进行防反接设计,采用 AMS1117 进行稳压,电路设计如图 B-1-5 所示。

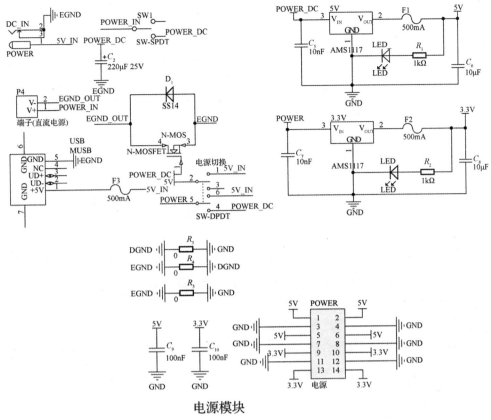

电源模块

图 B-1-5　电源模块电路图

（2）显示模块电路图

为提高人机交互的方便性，采用 LCD 和 OLED 实时显示数据和参数，电路设计如图 B-1-6 所示。

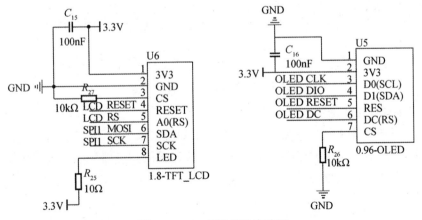

图 B-1-6　显示模块电路图

2.4　关键电路驱动接口

单片机、驱动器、步进电机与电机的接线如图 B-1-7 所示。

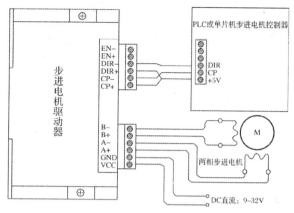

图 B‐1‐7 电机接法

2.5 参数计算

我们以静态方式操作步进电机,跟踪发送到电动机的步数,以便确定电机运动。在高速使用微步进时产生和计数时电机存在丢步问题。计算如下:典型的步进电机具有 200 步的全速旋转,如果使用 32 个微步控制器,则转换为 6 400 步。当以 300 RPM 运行电机时,每个电机需要每秒 32 000 步的输出。运行两个电机将导致每秒近 13 K 个逻辑更改,操作太过频繁,电机的 PWM 波频率应根据实际情况调整。

3. 系统软件设计分析

3.1 系统控制流程框图

系统基于 PID 的控制策略,通过摄像头采集图像,进行实际位置和目标位置的偏差反馈,STM32F407 对偏差进行补偿控制,进一步消除偏差。

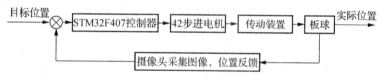

图 B‐1‐8 系统控制流程框图

3.2 系统软件工作流程

在主函数循环中不断进行按键检测,不同按键对应不同功能,摄像头信号采集处理通过帧中断实现,步进电机控制通过定时中断实现,主函数流程图和各部分功能流程图如下。

（1）系统总体工作流程（如图 B‐1‐9 示）

（2）调参模块（如图 B‐1‐10 所示）

（3）摄像头信号采集处理模块（如图 B‐1‐11 所示）

（4）步进电机控制模块（如图 B‐1‐12 所示）

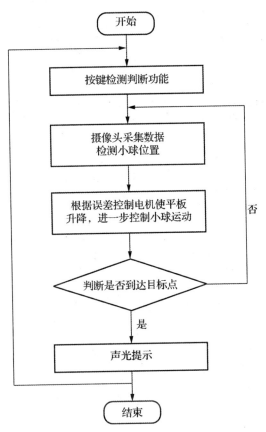

图 B-1-9 系统总体工作流程图

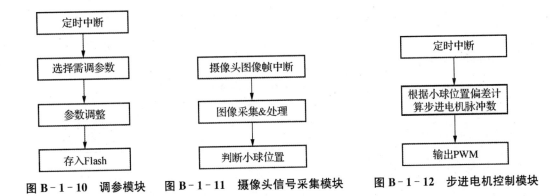

图 B-1-10 调参模块　图 B-1-11 摄像头信号采集模块　图 B-1-12 步进电机控制模块

4. 竞赛工作环境条件

4.1 设计分析软件环境

Windows 操作系统,使用 Keil 5 编程软件。

4.2 仪器设备硬件平台

单片机采用的是 ST 公司的 STM32F407 芯片,硬件配置为 TB6600 步进电机驱动模块和
OV2640 摄像头传感器。

49

4.3 配套加工安装条件

使用锯子、胶枪和电烙铁等工具进行小车的组装和硬件电路的焊接。

5. 作品成效总结分析

5.1 系统测试性能指标

(1) 小球坐标检测误差:0～0.5cm

(2) 基本部分(2)

表 B-1-1 区域1→5 时间

测试次数	1	2	3
区域1→5 时间/s	6.9	7.4	6.3

(3) 基本部分(3)

表 B-1-2 区域1→4, 4→5 时间

测试次数	1	2	3
区域1→4 时间/s	6	5	6
区域4→5 时间/s	6	6	7
总时间/s	12	11	13

(4) 基本部分(4)

表 B-1-3 区域1→9 时间

测试次数	1	2	3
区域1→9 时间/s	17	18	12

(5) 发挥部分(1)

表 B-1-4 区域1→2→6→9 时间

测试次数	1	2	3
区域1→2→6→9 时间/s	24	21	19

(6) 发挥部分(3)

表 B-1-5 区域4→环绕5→区域9 时间

测试次数	1	2	3
环绕区域5运动周数	3	3	3
区域4→环绕5→区域9 时间/s	51	43	47

5.2 成效得失对比分析

(1) 小球位置显示存在误差,由于摄像头采集图像不准确,进行补偿可部分消除误差,但仍存在位置判断不精确的情况。

(2)小球运动到静态目标点时准确,做跟随运动时会有迟滞效应。

5.3 创新特色总结展望

(1)实现小球对激光笔轨迹跟踪的扩展功能。

(2)实现通过LCD触屏指示小球定位目标点。

(3)硬件结构搭建完善,采用两端悬挂的支撑结构,左右电机同时运动,控制简洁。

(4)调参系统完善,可随时改变参数值,实时观测效果。

(5)自制可携带式遥控键盘,操控方便,克服了在固定于装置的单片机上进行按键操作的不便性,同时符合物联网将对象互联,统一操作的特性。

6. 参考文献

[1] 黄智伟. 全国大学生电子设计竞赛训练教程[M].北京:电子工业出版社,2010.

[2] 刘征宇. 电子电路设计与制作[M].福州:福建科学技术出版社,2003.

[3] 胡琳静,赵世敏,孙政顺. 基于模糊控制的板球控制系统实验装置[J]. 实验技术与管理,2005.

[4] 赵艳花,邵鸿翔. 基于视觉的板球控制系统研究[J]. 工业控制与应用,2011,30(10):12-15.

[5] 肖云博. 板球系统的定位控制和轨迹跟踪[D]. 大连:大连理工大学,2010.

报 告 2

基 本 信 息

学校名称	东南大学		
参赛学生1	刘 静	Email	1143060304@qq.com
参赛学生2	王琪善	Email	645210441@qq.com
参赛学生3	张晓博	Email	Zxb852@sina.com
指导教师1	符影杰	Email	Seu80@126.com
指导教师2	郑 磊	Email	bigrocks@foxmail.com
获奖等级	全国一等奖		
指导教师简介	符影杰,博士,副教授,学科专业为检测技术与自动化装置,研究方向为检测技术应用、智能仪表与计算机控制系统的设计应用。 郑磊,工程师,主要研究方向为模式识别、智能控制系统、电力电子技术,主要从事电子技术类课程的实验教学,自2012年以来指导学生参加"全国大学生电子设计竞赛",指导的学生多次获得全国和省级奖项,2017年被江苏省大学生电子设计竞赛组委会评为优秀指导教师。		

1. 设计方案工作原理

1.1 预期目标与技术路线

根据题目要求,需要自行设计一个滚球控制系统。该系统使用 STM32 单片机作为控制核心,控制步进电机运动带动悬挂装置以调节平板的倾角,使放置在平板上的小球能够在规定时间内到达定点或按预定轨迹运动,在动作开始的同时进行计时并显示。

1.2 技术方案分析

系统由机械结构部分和控制电路部分组成,机械结构设计和加工的质量会影响整个系统的运行性能,而控制电路则是系统可以按照题目要求进行运作的保证,因此两部分的设计都很重要。

(1)机械结构的设计方案

① 平板:平板要表面平滑,无形变并且摩擦力适中。

方案 1:选用亚克力板。亚克力板属于特殊的有机玻璃,表面光滑平整,但是一般的亚克力板都比较薄,很容易发生形变而且表面极易留下划痕。

方案 2:选用细木工板。细木工板加工精细,表面光滑平整,摩擦力适中,而且强度够大,不易发生形变,容易上色。

综合以上两种方案,选择方案 2。

② 支撑结构

方案 1:采用"顶"的方式,使用 4 个丝杆电机放在板子的四周,同时控制 4 个电机改变板子的倾角。该结构坚固,板子整体称重小,不容易产生形变,但是控制方式过于复杂。

方案 2:采用"拉"的方式,将电机置于底板,细线另一头与平板相邻两边的中心连接。缺陷是向下拉的方式无法向上顶平板,考虑在细绳连接的对边固定重物,可以解决该问题,同时该结构控制简单,易搭建。

综合以上两种方案,选择方案 2。

(2)执行机构选择

方案 1:采用型号为 57BYG250B 的步进电机。可以通过控制脉冲个数来控制角位移量,从而达到准确定位的目的。适合应用于位移精确定位系统中。

方案 2:采用直流推杆电机。电动推杆是一种将电动机的旋转运动转变为推杆的直线往复运动的电力驱动装置,有多种行程可选,可以满足该系统要求,但价格比较昂贵。

最终选用方案 1。

(3)主控制器选择

方案 1:采用 MSP430 系列单片机。该系列单片机片内外设丰富,拥有外部中断、定时器、输入捕获等功能。能在 25 MHz 晶体的驱动下,实现 40 ns 的指令周期。

方案 2:采用 STM32F103 芯片。基于 ARM 32 位的 Cortex-M3 内核,最高 72 MHz 工作频率,多达 112 个快速 I/O 端口,同样拥有丰富的外设资源。

因为 STM32 处理速度快于 MSP430,而且利用库函数使用简单,故选用方案 2。

(4)位置检测方案选择

方案 1:采用矩阵式红外检测。即使用红外传感器在平板上排布成矩阵形式,检测小球位置。缺点是由于平板比较大,电路复杂。

方案 2: 采用摄像头检测。通过图像检测小球相对平板区域的位置,处理后反馈给单片机。缺点同样是因为平板较大,需要将摄像头放置在较高的位置才能检测到足够大的区域。

对比而言,摄像头的可行性比较大,故最终选用方案 2。

1.3　系统结构

如图 B-2-1 所示为滚球系统结构模型。滚球控制系统需要实现平板上小球的运动控制,而小球在平板上的加速度可以分解为 x,y 两个方向,即分别为正方形平板的一对邻边。因此该系统其实就是通过控制电机,分别调节平板在 x,y 两个方向上的倾斜角,从而实现平板的倾斜运动,控制小球的滚动。

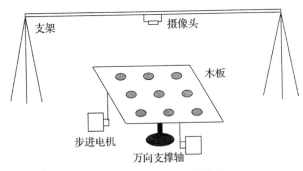

图 B-2-1　系统结构模型

1.4　功能指标实现方法

(1) 控制小球在指定区域停留

为方便控制,在平板上的 9 个区域内用砂纸加工外径不超过 3 cm 的凹陷。如此只需将平板水平放置,小球便可以稳定停留在区域内。

(2) 控制小球从一个区域滚动至另一区域并停留

因为凹陷的存在,小球停留相对比较容易,但启动,即从一个区域内滚出,就需要给一个大倾角。走出该区域以后再采用 PID 调节,如果未到指定区域便停止,则抖动平板给一个小倾角重新启动小球。启动后继续 PID 调节,当检测到小球静止且处于目标区域时则停止。

(3) 小球环绕区域 5 运动

因为只是要求环绕区域 5,没有画圆要求,故只需围绕着指定区域周围的几个点,按顺序运动便可以实现环绕区域运动。

(4) 非线性 PID 控制策略

在平板滚动控制系统中,由于扰动使得小球实际位置与期望值产生偏差。摄像头采集到小球位置,在对比例(P),微分(D),积分(I)采取限幅措施的同时,计算出小球当前位置坐标 x 值和 y 值的偏差,在两个方向同时进行 PID 运算,限制输出控制值后,转换为步进电机的脉冲数去控制执行机构的动作,以实现对小球的位置控制。由于木板静摩擦和木板整体不平带来的非线性死区和系统的迟滞特性,在对小球的位置进行普通 PID 控制的基础之上加入了死区补偿和迟滞补偿,实现了对小球的滚动控制。

(5) 摄像头位置检测

将凹陷处涂为红色,按照红点的位置,将摄像头视野内的平板分为 9 个部分,分别检测 9 个部分内红点的位置,从而标定 9 个区域的位置。

(6) 电机控制与驱动算法

采用恒定频率控制步进电机(16 细分,1 500 Hz),若控制频率过小,则控制 x 轴与 y 轴电机的先后时间不可忽略,若再大则板子会出现自由下坠现象,之后会突然绷紧线。

控制量由 PID 函数计算出。

2. 核心部件电路设计

2.1 关键器件性能分析

主控板:STM32F103ZET6,使用 Cortex-M3 核芯片,工作频率为 72 MHz,能很好地满足快速处理数据及运算的需求。

摄像头:OV7670,VGA 图像最高可达 30 帧/秒,模拟电压是 2.5~3.0 V,I/O 电压是 1.7~3.0 V,感光阵列是 640×480。在实际使用中,可以大致达到 5 帧/秒。

2.2 电路结构工作机理

根据各模块设计方案,控制系统的总体结构框图如图 B-2-2 所示。

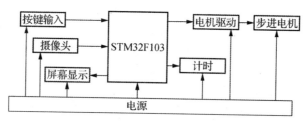

图 B-2-2 测控电路整体框图

单片机通过 TM1638 扫描按键状态信息,接收控制指令;然后单片机读取摄像头采集的小球位置信息,处理后发出特定频率和占空比的 PWM,输出给电机驱动 TB6600,驱动两个步进电机带动轴旋转不同的圈数。在工作时,单片机通过显示屏输出小球的状态信息,最终实现各项功能要求,同时在完成规定要求时,进行计时并显示。

2.3 关键电路驱动接口

步进电机驱动采用的是配套的 TB6600 驱动,可以驱动一个四相步进电机,如图 B-2-3 所示,IN1~IN4 输入的是脉冲,OUT1~4 引出来接步进电机的电源线,驱动由 24 V 的开关电源供电。

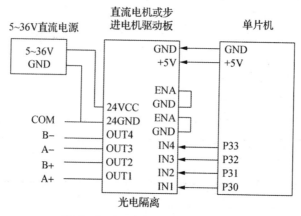

图 B-2-3 电机驱动接线示意图

3. 系统软件设计分析

3.1 系统总体工作流程

主程序流程图如图 B-2-4 所示。

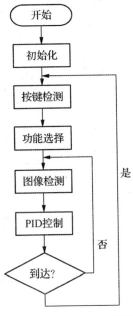

图 B-2-4　系统总体流程图

由人机界面发送功能命令给主控,主控判断发来的命令执行相关功能操作,每个功能完成后有蜂鸣器分别鸣一次,并将任务完成信息发送到人机界面。

3.2 关键模块程序清单

(1) void pwmout(int num,u16 Hz,int nm)//输出固定个数和频率的 PWM

(2) void PID(int dx,int mode)//根据偏差 dx,计算出 PID 控制量(全局函数);mode=1 可选择复用功能

(3) int getnowpoint(int gd)//摄像头采集计算位置

4. 竞赛工作环境条件

4.1 设计分析软件环境

Windows 8 操作系统,使用 Keil for ARM 软件对 STM32 单片机进行编程,并用 Jlink 在线仿真进行程序调试。

4.2 仪器设备硬件平台

本系统调试时使用毫秒级计时秒表、水平仪等工具。

4.3 配套加工安装条件

在搭接机械结构时使用切割机、锯子、热熔胶枪等工具。

4.4 前期设计使用模块

前期设计模块包括:直流稳压电源、电机驱动模块、单片机最小系统板。

5. 作品成效总结分析

5.1 系统测试性能指标

（1）基本部分测试

① 将小球放置在区域 2,控制使小球在区域内停留不少于 5 s;

② 在 15 s 内,控制小球从区域 1 进入区域 5,在区域 5 停留不少于 2 s;结果如表 B-2-1 所示。

表 B-2-1 基本部分(2)测试结果

次数	1	2	3	4	5
时间/s	12.4	10.4	12.9	11.4	11.0

③ 控制小球从区域 1 进入区域 4,在区域 4 停留不少于 2 s;然后进入区域 5,小球在区域 5 停留不少于 2 s。完成以上两个动作总时间不超过 20 s,结果如表 B 2-2 所示。

表 B-2-2 基本部分(3)测试结果

次数	1	2	3	4	5
时间/s	10.2	13.4	10.7	11.6	10.1

④ 在 30 s 内,控制小球从区域 1 进入区域 9,在区域 9 停留不少于 2 s。结果如表 B-2-3 所示。

表 B-2-3 基本部分(4)测试结果

次数	1	2	3	4	5
时间/s	18.1	17.7	18.5	18.9	20.2

（2）发挥部分测试

① 在 40 s 内,控制小球从区域 1 出发,先后进入区域 2、区域 6,停止于区域 9,在区域 9 中停留时间不少于 2 s,结果如表 B-2-4 所示。

表 B-2-4 发挥部分(1)测试结果

次数	1	2	3	4	5
时间/s	17.4	15.0	16.6	15.5	15.8

② 在 40 s 内,控制小球从区域 A 出发,先后进入区域 B、区域 C,停止于区域 D;测试现场用键盘依次设置区域编号 A、B、C、D,控制小球完成动作,结果如表 B-2-5 所示。

表 B-2-5 发挥部分(2)测试结果

路径	1—9—1—9	2—5—6—9	1—2—6—7	8—5—4—3	1—3—7—9
时间/s	39.1	25.9	31.2	23.5	28.6

③ 小球从区域 4 出发,作环绕区域 5 的运动(不进入),运动不少于 3 周后停止于区域 9,且保持不少于 2 s,结果如表 B-2-6 所示。

表 B-2-6　发挥部分(4)测试结果

次数	1	2	3	4	5
时间/s	47.4	43.2	48.1	48.5	48.9

④ 自主发挥部分

用绿色激光笔在板子上打出光斑,移动光斑,可以控制小球的位置基本跟随光斑移动;可以在显示屏上面实时显示小球在板子上面的位置和坐标;任务完成时进行语音报时。

5.2　成效得失对比分析

系统能够实现实时采集小球在平板上面的位置,利用非线性 PID 运算控制完成点到点和指定路径运动,并且抗干扰能力强,能够迅速反应。不足之处在于小球从凹陷出来不是很稳定,有时候会卡在凹陷的边缘,并且整体结构滞后性比较大。

5.3　创新特色总结展望

本系统采用非线性 PID 算法很好地完成了任务,并且设计了图形界面。在 TFT 屏幕上面观察小球的轨迹。经过测试,系统总体稳定,在施加干扰之后可以很好地完成任务,但是在硬件结构上面还有优化的空间,可以使用较轻质的木材作为滚板,同时还希望能在闭环参数的调整方面进行更好地优化,争取使系统更加稳定。

6. 参考资料

[1] 李志明. STM32 嵌入式系统开发实战指南[M]. 北京:机械工业出版社,2013.

[2] 胡仁杰,堵国樑,黄慧春. 全国大学生电子设计竞赛优秀作品设计报告选编(2015 年江苏赛区)[M]. 南京:东南大学出版社,2016.

[3] 胡琳静,赵世敏,孙政顺,等. 基于模糊控制的板球控制系统实验装置[J]. 实验技术与管理,2005,22(4):16-20. DOI:10.3969/j. issn. 1002-4956.2005.04.006.

[4] 王赓,孙政顺. 板球控制系统的 PD 型模糊控制算法研究[J]. 电气传动,2004,34(4):23-25. DOI:10.3969/j. issn. 1001-2095.2004.04.006.

[5] 阎石. 数字电子技术基础[M]. 5 版. 北京:高等教育出版社,2009.

报　告　3

基本信息

学校名称			东南大学
参赛学生 1	黄亚飞	Email	905700930@qq.com
参赛学生 2	苟思遥	Email	466045732@qq.com
参赛学生 3	王超然	Email	2586130579@qq.com
指导教师 1	符影杰	Email	Seu80@126.com
指导教师 2	郑　磊	Email	bigrocks@foxmail.com
获奖等级			全国二等奖
指导教师简介			符影杰,博士,副教授,学科专业为检测技术与自动化装置,研究方向为检测技术应用、智能仪表与计算机控制系统的设计应用。 　　郑磊,工程师,主要研究方向为模式识别、智能控制系统、电力电子技术,主要从事电子技术类课程的实验教学,自 2012 年以来指导学生参加"全国大学生电子设计竞赛",指导的学生多次获得全国和省级奖项,2017 年被江苏省大学生电子设计竞赛组委会评为优秀指导教师。

1. 设计方案工作原理

1.1　预期实现目标

以光滑平板为载体,步进电机为执行机构,摄像头为检测机构,迅速、准确地实现控制小球按规定路线到达指定区域。

1.2　技术方案比较分析

（1）执行机构的选择

方案 1:采用直流推杆电机。适合连续转动,推力大、稳定性高,使用 PWM 技术可以较好地控制转速,但是准确控制运动距离比较困难,不完全可控。

方案 2:采用步进电机。在非超载的情况下,电机的转速、停止的位置只取决于脉冲信号的频率和脉冲数,而不受负载变化的影响。可以利用脉冲数量及脉冲频率精确控制电机运行距离,距离完全可控。

综上所述,选择方案 2。

（2）控制芯片的选择

方案 1:采用 51 单片机。价格便宜,控制方便,使用时间较长,资料非常丰富,但是速度低,资源少,适合运算少的简单控制。

方案 2:采用树莓派。类似小型 PC,速度快,资源丰富,但是价格高,本设计图像部分仅涉及简单二值化处理,没有复杂数学运算,因此不适合采用。

方案 3:采用 STM32 单片机。在单片机中主频较高,资源丰富,F407 系列有摄像头专用接口,传输速度快,通信接口丰富,性能稳定。

综上所述,选择方案3。

(3) 嵌入式系统结构组成

方案1: 采用一块单片机集检测控制于一体,成本低,无需通信,避免了通信错误的发生,变量使用简单方便。但是外接模块较多,单片机引脚资源有限,部分外设可能因为引脚不足无法连接,同时,多任务同时运行,任务间可能互相影响,复杂的代码逻辑降低了代码的稳定性。

方案2: 采用主从两块单片机。一块单片机负责图像采集处理及触摸显示操作,一块单片机负责运行PID算法控制电机运行。这样做单片机任务分工明确,解决了单个单片机引脚不足以及多任务中断互相影响,任务间关系复杂可能引起代码混乱,可能在通信中出现干扰或接收错误等问题。

由于单片机成本在可接受范围内,综上所述,选择方案2。

1.3 系统结构

系统机械结构如图B-3-1所示。

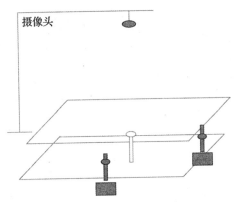

图 B-3-1　系统机械结构图

2. 核心部件电路设计

2.1 关键器件性能分析

摄像头:OV2640最大图像输出大小为200 W像素,考虑精度及单片机图像处理数据量,摄像头采集数据量为1 200×1 200,经压缩后最终输出大小为240×240。

步进电机:四相电机,1.8度步进角。

步进电机驱动板:12~24 V供电,0~2 A电流可调,最大128细分。

STM32F407:1 M Flash、192 kB+1 M内存、最大168 MHz主频。

2.2 电路结构工作机理

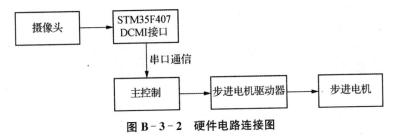

图 B-3-2　硬件电路连接图

2.3 电路实现调试测试

经测试,摄像头处理得到小球坐标正确,串口通信正常,主控芯片可以通过手动或自动方法控制步进电机运行。

2.4 关键电路驱动接口

摄像头接口:STM32F407 的 DCMI 图像接口,可以方便通过帧中断捕获一帧图像,通过 DMA 传输数据到内存中进行处理。

触摸显示屏接口:STM32F407 的 FSMC 接口,传输数据快,适合图像刷新显示。

3. 系统软件设计分析

3.1 系统总体工作流程

电子系统由两块单片机组成,一块负责图像采集处理,一块负责算法控制,中间通过串口通信,工作流程如图 B-3-3、图 B-3-4 所示。

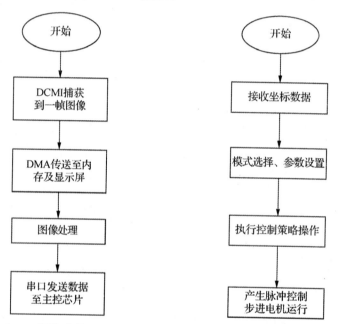

图 B-3-3 摄像头单片机流程图   图 B-3-4 主控单片机流程图

3.2 主要模块程序设计

(1)图像处理

背景接近白色,小球为黑色,摄像头捕捉到一帧图像后对图像进行二值化处理,即可得到小球在视野中的黑色区域。扫描整幅图像,当发现有连续 5 个像素点均为黑色时即可排除噪声干扰,认为发现小球,返回小球坐标。

为避免光线变化对小球识别造成影响,摄像头配置中白平衡使用自动模式,二值化的阈值可以通过按钮进行调整。

(2)运动算法设计

经典 PID 算法公式:

$$u(t) = K_P \left[e(t) + 1/T_I \int e(t)\mathrm{d}t + T_D * \mathrm{d}e(t)/\mathrm{d}t \right] \tag{1}$$

根据实验现象选择合适参数即可,但是由于控制小球的特殊性,平板有面积大小要求,因此要求 PID 算法不能有过大超调;在目标点周围有凹槽方便小球定位,因此稳态误差可以依靠硬件进行消除。综合实验情况来看,最终选取了 PD 的算法作为基础算法。本系统中使用的是位置式算法,方便统计电机运行的距离,进行平板复原操作,同时由于步进电机具有脉冲记忆特点,程序的输出值为两次计算值的差值。

由于传统 PID 具有超调的特点,因此本系统对 PD 算法进行了优化处理,主要进行了限幅操作和分段 PD 的操作。限幅操作有输出限幅,限制平板最大倾角;单步限幅,避免电机剧烈运动;P 值限幅,避免控制力度过强;D 值限幅,避免微分作用过强引起抖动。分段的依据是,根据小球现在所处位置与目标点的距离,距离目标较远,增大 K_p,使小球快速运动到目标点附近;距离目标较近,需要减小控制力度,让小球缓缓靠近目标区域,增大 D 值使小球减速运行。

(3) 不同要求的优化处理

① 从指定区域里启动

因为每个区域我们都经过磨砂处理,所以有深度稍微不同的凹槽,考虑到使用 PID 可能不足以使得小球从区域里出来,使用的是微调的方法,利用非线性方法解决非线性问题。如果一次没有出来,第二次加大微调幅度(有限幅)。同时,为了使得出来的小球更好地进入调节,对微调的方向也有了一定的处理,即根据当前位置与目标位置确定。

② 从非图形区域到相邻的图形区域(停留于目标区域)

小球从图形区域里出来之后,已经算是起点为非图形区域的运动了,通过 PID 控制,小球能够进入目标区域,不过这里需要连续检测到小球在目标区域内才能停止电机的运行,防止小球滑过区域而让运行结束的情况。

③ 从非图形区域经过相邻的区域(不停留)

与(2)相比,这里不要求小球停在目标区域,所以只要小球与实心圆形区域有交叠就可以进行下一步的运动了。

④ 从一个非图形区域到另一个非图形区域

这个基础操作是为了实现两个相距较远的区域间运动,防止小球经过非指定区域,中间设置一些临时的目标区域,小球经过这些目标区域的一定范围内就可以进行下一步运动,与(3)相比,这个判断的范围要大一点。

⑤ 发挥部分的要求(2)

首先,根据两个区域间的距离,可以分成四种情况,即相邻的区域(包括对角线相邻)、同行或同列(隔一个区域),象棋中的"马"走位区域以及"象"走位位置。相邻区域很容易实现,不需要设置中间目标位置。同行或同列需要设置一个中间目标位置,1、2 行时的中间目标位置是两个区域的中点坐标的下面位置,3 行时的中间目标位置是两个区域的中点坐标的上面位置,1、2 列时的中间目标位置是两个位置的中点坐标的右边位置,3 列时的中间目标位置是两个区域中点坐标的左边位置。

"马"走位区域的中间目标位置是两个区域的中点。"象"走位区域需要设置两个中间目标位置,分别为起点、终点的相邻区域(不包括区域 5)与区域 5 的中间位置。

4. 作品成效总结分析

4.1 测试方案与测试结果

测试方案:按照题目要求逐项测试,每个项目连续测试10次作为一个样本,分析最大值,最小值及平均值,以及接近目标区域后在凹槽附近的振荡次数。

(1)时间测试结果如表B-3-1所示。

表B-3-1 系统测试结果

项目	基础2	基础3	基础4	发挥1	发挥2	发挥3
最快时间/s	5	12	16	21	30	37
平均时间/s	8	15	20	29	36	45
超时次数/测试10次	1	2	0	0	2	—

(2)振荡次数测试结果如表B-3-2所示。

表B-3-2 基础2振荡次数数据

实验次数	1	2	3	4	5	6	7	8	9	10
振荡次数	2	1	1	0	0	1	3	0	5	1

基本部分(1)小球能稳定停住任意长时间。

发挥部分(2)的测试每次路线不同,最长的路线即4个顶点沿对角线走,这种情况下的超时次数要多一点,稍短一点的路径能控制在40 s以内,一般路径可以控制在32 s左右。表B-3-1中的数据测试路线为1—9—3—4。

自主发挥部分:激光跟踪。小球大致可以沿着激光笔的路径运动,但激光笔的运动不宜过快,否则小球会选择最优路径运动到当前激光笔的位置,而不能严格沿着激光笔的轨迹运动。

4.2 测试结果分析

由于硬件原因,即板子并不是严格水平的,用水平仪测试,板子中间要高于两边,这给功能实现带来了很大的困难。

4.3 成效得失对比分析

由于凹槽边缘为人为打磨,因此边缘高度不齐,凹槽的深浅也不确定。因此在启动时,只能在程序中动态逐渐增大倾角,这样就导致不同的凹槽或者同一凹槽不同方向出坑时速度不一致,虽然有后续PID控制,但是不一样的初速度依然会给控制带来困难。因此,后续如果有时间做进一步处理,对于凹槽的加工要更加精细。

在小球到达目标点附近时,由于偏差较小,小球不容易进入凹槽中,在边缘附近多次滚动浪费时间,但是如果增大控制的力度,则容易导致小球快速划入凹槽中后又再次划出,反复震荡。因此,对控制参数的选取要经过多次试验,折中选取。

4.4 创新特色总结展望

本系统的创新项目是控制板球沿着激光的指示运行。小球的运动不再具有轨迹路线的特点,下一步的目的地由激光点动态决定。这本质上是一个随动系统,控制的难度加大,在这一控制中主要问题是跟随性,而跟随的精度则是次要问题,因此对PID代码进行了优化,提高了小球的反应速度,实测具有很好的效果。

5. 参考资料

[1] 王赓,孙政顺. 板球控制系统的PD型模糊控制算法研究[J]. 电气传动,2004,34(4):23-25.

[2] 王赓. 基于视觉系统的板球控制装置的设计与开发[D]. 北京:清华大学,2004.

[3] 赵艳花,邵鸿翔. 基于视觉的板球控制系统研究[J]. 自动化技术与应用,2011,30(10):12-15.

[4] 黄健,罗国平,杜丽君. 基于STM32F407平台OV2640驱动程序设计[J]. 通讯世界,2015(19):246-247.

[5] 王虎,彭如恕,尹泉. 基于STM32嵌入式模糊PID步进电机控制系统的设计[J]. 机械工程师,2014(11):139-141.

报 告 4

基 本 信 息

学校名称	河海大学		
参赛学生1	闫梦凯	Email	568245360@qq.com
参赛学生2	郭 松	Email	971130845@qq.com
参赛学生3	陈 攀	Email	1350491864@qq.com
指导教师1	袁晓玲	Email	yuanxiaoling97@163.com
指导教师2	吕国芳	Email	hhulgf@sina.com
获奖等级	全国一等奖		
指导教师简介	袁晓玲,1971年生,女,中共党员,博士,副教授,硕导,能源与电气学院自动化系支部书记,从事新能源并网与控制、电力需求侧管理与需求响应研究,主讲"模拟电子技术""数字电子技术"等课程。 吕国芳,1962年生,男,硕士,副教授,硕导,从事水利工程自动化方面的研究,研究方向有:微机测控系统;测试计量技术;机电一体化;检测技术与自动化装置等。		

1. 设计方案工作原理

滚球控制系统是一个欠驱动的非线性系统。方案采用摄像头获取图像信息,经过图像滤波、图像分割等处理算法后得到小球在平板上的位置信息,最后根据实时位置与理想位置的误差向舵机输出控制信号,进而控制平板的倾角大小,最后的目标是实现小球的定位控制以及轨迹跟踪。

1.1 预期实现目标定位

方案将预期目标进行分段处理：

（1）搭建系统的机械结构

题目要求滚球在边长为 65 cm 光滑的正方形平板上运动，平板面积较大，考虑到平板强度和重量的问题，强度小会导致平板抖动较大甚至变形，重量太大会导致系统惯性大，难以控制。因此选择一种形变量小并且重量较轻的平板显得至关重要。与此同时，需要一个强度大，并且质量较大的底座来支撑平板，通过万向节与平板相接。摄像头固定在底座的支架上，镜头面向平板。

（2）图像处理抗噪声的能力要强

受环境光线的干扰，寻求一种抗噪声能力较强的图像处理算法是非常有必要的。

（3）确定控制算法并优化

滚球系统是典型的非线性系统，具有强耦合、欠驱动、无约束等特点，因此控制起来比较困难，需要引入较大的微分量，但是较大的微分量的引入又会危及系统的平衡态，因此控制算法的优化是重中之重。

1.2 技术方案分析比较

（1）运用图像采集技术

在方案实施之前，通过简单的实验对比了采集彩色图像和灰度图像两种方法的利弊，因采集彩色图像所需的时间较长，并且信息量较大，处理时间也较长，会增加 CPU 的负担；灰度图像能够满足装置的需求，因此，方案最后确定使用 8 位的灰度摄像头采集图像，不仅大大缩短了控制周期，而且降低了制作成本。

（2）运用图像处理技术

在对比了几种滤波方式之后，选择了自适应中值滤波的方法，该方法能够有效去除图像中的噪声像素点。

（3）运用图像分割技术

在比较了各种图像分割方法后，最后使用 Canny 边缘检测技术分割图像的边缘，该方法效果好，抗干扰能力强，能够准确检测出小球的边缘，进而获得小球的位置信息。

（4）执行机构选择

方案 1：采用直线推杆电机。直线电机响应速度快，推力高达数百牛顿，能驱动刚度较强、质量较大的平板。缺点在于行程可控性差，且通过测试发现 PWM 方波控制其行程存在非线性，且上升与下降具有不对称性，需要较多时间测试，程序较为复杂。

方案 2：采用伺服电机，通过自制的二连杆结构将扭力转换为向上的推力，用万向节粘贴到板面的两边控制角度。伺服电机响应速度快，角度控制精度高，推力适中，接线简单。

综合考虑，选择方案 2。

（5）板面材料选择

由于使用伺服电机作为执行机构，需要采用重量轻、硬度高、刚度大的材料。三合板具有强度高、抗弯抗压的特点，较轻的质量就能有满足题目要求的特性，而其他材料不易获得且相对较重，因此我们选用三合板。

（6）小球材料选择

采用金属小球。金属小球较重,具有惯性大、小范围运动制动效果好的优点。

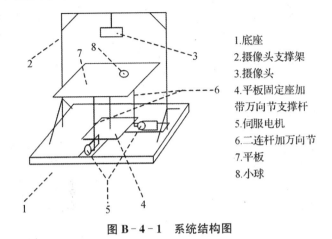

1.底座
2.摄像头支撑架
3.摄像头
4.平板固定座加
带万向节支撑杆
5.伺服电机
6.二连杆加万向节
7.平板
8.小球

图 B-4-1 系统结构图

1.3 功能指标实现方法

控制器将小球的实时坐标与期望目标坐标做差,将偏差信号作为算法的输入量,算法的输出为 PWM 脉宽调制信号,控制舵机的转动,进而通过平板控制小球的平衡。通过不断改变期望目标点的方法来控制小球的运动,达到让小球沿特定轨迹运动的效果。

1.4 测量控制分析处理

由于设计的平板倾斜角度较小,平板倾斜导致的图像失真可忽略不计。所以只需要测量和控制图像上小球的坐标即可较好的完成控制任务。

将灰度摄像头平行放置于平板正上方一定高度,使平板刚好覆盖 120×120 像素点的画面。选用了白底色的木板和黑色的小球,通过从中间向两边检测灰度值跳变点坐标的方式获取小球边沿的坐标。求取这些坐标的均值即为当前小球在图上的圆心坐标。

灰度摄像头定时采样,采样率为 50 Hz,通过比较两幅图之间的坐标差即可算出图上小球速度的方向和大小。

2. 核心部件电路设计

2.1 关键器件性能分析

图像采集采用灰度摄像头,镜头入光范围为 $100°$,分辨率为 120×120,能够满足装置的需要。

推拉杆的动力由 MG996R 伺服电机提供,该种伺服电机具有较大的扭力,并且反应速度较快,控制周期为 50 Hz,能够满足装置的需求。

控制器选用 MK60 单片机,处理器的主频为 100 MHz。控制摄像头采集图像时,图像的传输采用 DMA 方式进行,能够有效地降低 CPU 的负担,为图像处理节约时间,缩短控制周期的时间,增强控制的灵敏度。

2.2 电路结构工作机理

电路分为两大部分:控制电路和舵机驱动电路。控制电路通过 8 V 电池供电,经稳压管后稳压到 5 V 为 CPU 和摄像头供电。驱动电路由 15 V 的锂电池经 6 V 的稳压管后为舵机供电。

2.3 电路实现调试测试

通过制作印制电路板的方式将CPU的引脚接口引出来,摄像头通过PVC线与线路板相连接。

调试分为两大部分,图像采集的调试和舵机控制的调试。调试时将采集到的图像通过蓝牙传输到电脑上位机上便于分析。给舵机固定的占空比,测量其实际的拉剧角度。

3. 系统软件设计分析

3.1 系统总体工作流程

系统采用4个独立按键和两个拨码开关进行模式选择和数字输入。通过OLED显示屏进行显示,系统开机初始化后检测拨码开关状态选择是否进入水平矫正模式修正目标点的坐标,然后通过按键进行模式选择。不同的模式对应不同的项目功能,每种模式采用一键启动的方式进行。控制任务通过控制滚球期望速度(与相对偏差呈线性关系),使滚球平滑滚动至目标位置。程序流程图如图B-4-2所示。

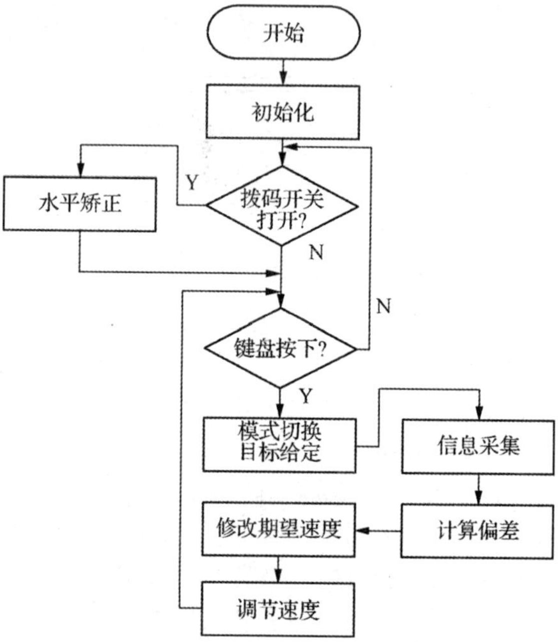

3.2 主要模块程序设计

(1)小球运动检测与处理

通过对灰度图像寻找跳变沿可获取小球的位置信息,连续两张图像中小球的位置信息经微分可得小球的速度信息。

由于图像可能发生畸变,通过微分获得的速度信息有较大跳变,可对速度进行限幅处理和均值滤波后输出给控制算法。

图 B-4-2 程序流程图

(2)执行机构算法与驱动

本系统选用的执行机构为伺服电机,通过控制PWM方波的脉宽可以控制伺服电机的转动角度。

题目的核心在于平板上任意坐标的定点。由于小球在平板上的运动可以分解为 x 轴和 y 轴两个方向的运动,两个轴的方向上又分别有两个伺服电机作为执行机构。因此对两轴坐标分别使用PID算法,输出量转化为PWM方波的脉宽赋值给两轴的伺服电机。为提高定位精度和稳定性,还在内环加入了速度PID,取得了较好的效果,系统控制框图如图B-4-3所示。

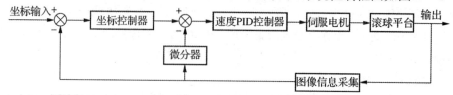

图 B-4-3 系统控制方案框图

3.3　关键模块程序清单

摄像头采集图像程序、图像处理程序、PWM 产生程序、控制算法程序请参见网站。

4. 作品成效总结分析

4.1　系统测试性能指标

基本任务(1)：要求将小球放置在区域 2，停留时间不少于 5 s。经测试，在区域 2 实现自稳的平均时间为 2.2 s，平均精度为 0.5 cm。

基本任务(2)：要求在 15 s 内控制小球从区域 1 进入区域 5 并停留不少于 2 s。经测试，完成基本任务(2)的平均时间为 5.0 s，平均精度为 0.8 cm。

基本任务(3)：控制小球从区域 1 进入区域 4，在区域 4 停留超过 2 s；然后再进入区域 5，在区域 5 停留超过 2 s。总时间不超过 20 s。经测试，完成基本任务(3)的平均时间为 10.1 s，平均精度为 0.5 cm。

基本任务(4)：在 30 s 内，控制小球从区域 1 进入区域 9，并停留不少于 2 s。经测试，完成基本任务(4)的平均时间为 12.0 s，平均精度为 0.5 cm。

发挥部分(1)：控制小球途经区域 1，2，6，9，并在区域 9 停留，总时间不超过 40 s。经测试，完成发挥部分任务(1)的平均时间为 15.3 s，平均精度为 0.5 cm。

发挥部分(2)：任意选取 A、B、C、D 4 个区域控制小球经过，并停留于区域 D，总时间不超过 40 s。经测试，随机选择 3 组区域的平均时间为 16 s，平均精度为 0.5 cm。

发挥部分(3)：小球从区域 4 出发，作环绕区域 5 的运动(不进入)，运动不少于 3 周后停止于区域 9，且保持不少于 2 s。经测试，在完成发挥部分任务(3)时小球画的虽然是椭圆，但能完成绕行任务，平均时间约 35 s。

4.2　成效得失对比分析

小球在定点测试中 3 个振荡周期内基本可以实现稳定；在相邻坐标点间移动时，超调量很小，两点间移动时间一般在 3 s 以内。经测试，本系统基本满足题目要求。

4.3　创新特色总结展望

(1) 创新点

装置整体采用木制结构，易于制作，并且移动方便，结构强度能够满足正常需要。

装置采用摄像头采集图像，以此获得小球的位置信息，此方案的抗噪能力强，使用方便，编程灵活。

(2) 展望

希望装置的控制方法能够继续被完善，并且能够应用在学院的教学领域中，促进学院控制领域的建设。

5. 参考资料

[1] 滕树杰，张乃尧，范醒哲. 板球系统的 T-S 模糊多变量控制方案[J]. 信息与控制，2002(03)：268-271.

[2] 肖云博. 板球系统的定位控制和轨迹跟踪[D]. 大连理工大学，2010.

[3] 白明. 非线性板球系统解耦与控制算法研究[D]. 吉林大学，2008.

[4] 苏金涛. 无约束运动体路径规划与高精度轨迹控制研究[D]. 吉林大学，2006.

报 告 5

基本信息

学校名称	江苏大学		
参赛学生 1	徐舒其	Email	372160635@qq.com
参赛学生 2	姜承昊	Email	1426637070@qq.com
参赛学生 3	王子淳	Email	773302772@qq.com
指导教师 1	秦 云	Email	Qinyun54321@163.Com
指导教师 2	沈 跃	Email	172298505@qq.com
获奖等级	全国一等奖		
指导教师简介	秦云,博士,副教授,自2003年以来连续指导学生参加全国大学生电子设计竞赛和江苏省电子设计竞赛,获全国一等奖1项、二等奖5项,江苏省一、二等奖多项,2005年被江苏省大学生电子设计竞赛组委会评为优秀指导教师。 沈跃,副教授,硕士生导师,博士。美国农业与生物工程师学会(ASABE)会员。江苏省自动化学会会员。		

1. 设计方案工作原理

1.1 系统结构

本系统由主控模块、舵机驱动模块、电源模块、检测模块组成。主控模块主要由单片机最小系统、液晶显示等组成,负责整体的数据运算,图像的获取及显示。驱动模块根据主控模块输出的控制信号对舵机进行驱动。检测模块主要由摄像头和MPU6050六轴传感器组成,负责对系统环境的检测,包括捕捉小球位置、检测板面角度等,再将这些信息反馈给主控模块,使系统形成稳定、控制可靠的闭环系统。人机界面则采用独立按键,主要是执行任务切换和设置任务参数等。电源模块主要是对电源电压进行变压、稳压,给各个模块提供合适的电源,保证各个模块正常稳定的工作。

系统总体结构框图如图B-5-1所示。

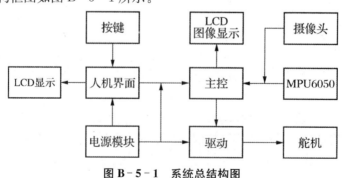

图 B-5-1 系统总结构图

1.2 硬件方案比较及选择

（1）主控模块的论证与选择

方案 1： 以传统 51 单片机为主控芯片。51 单片机中断、定时器较少，片内外设较少，运算速度慢，对系统的响应速度不够。

方案 2： 采用 ST 公司的 STM32F407 型号的 32 位微处理器。其内核是 Cortex-M4，运算速度块，内存大，软件编程灵活，外设接口多，在线调试方便快捷。在本系统中非常适合。

（2）人机界面的论证与选择

人机界面的主控芯片选择和显示器件的选择

方案 1： 在主控芯片上直接添加显示、键盘电路，此方案结构简单，程序量小，稳定性高。相互影响小，工作效率高。故选择此方案。

方案 2： 在主控模块之外，采用 STM32F103C8、OLED 液晶显示屏和按键组合构成人机界面。其中 OLED 体积小，采用 I²C 通信，使用方便。人机界面和主控之间采用无线通信。此方案系统较为复杂，程序量大，工作量会有大幅的增加。

（3）驱动模块的论证与选择

方案 1： 采用直线行程电机，直线行程电机可精密地控制位移，其速度和加速度控制范围广，调速的平滑性好。但是直线行程电机在该系统中的响应速度较慢且对板面的角度控制较难，不推荐采用此方法。

方案 2： 采用舵机，舵机是一种位置（角度）伺服的驱动器，适用于那些需要角度不断变化并可以保持的控制系统。可利用舵机精确的角度控制，通过顶杆精确控制面板的角度，从而实现对小球的控制。控制简单，工作量小，故采用此方案。

（4）检测模块的论证与选择

检测模块的功能包括检测板面角度以及检测小球位置，下面分别对两个功能进行方案的论证和选择。

① 板面角度测量

方案 1： 采用角度传感器。由 UZZ9001 和 KMZ41 组成角度测量模块，并利用矩形磁铁进行配合测量磁铁与 KMZ41 之间的角度。UZZ9001 将 KMZ41 输出的正余弦角度信号转换为数字信号，并通过 SPI 串口输出。但 KMZ41 调试比较困难，不方便进行角度测量。

方案 2： 采用六轴传感器 MPU6050 测量角度。集成了三轴 MEMS 陀螺仪、MEMS 加速度计。MPU6050 将陀螺仪和加速度计测量的模拟量转化为可输出的数字量。控制范围可控，通信采用 I²C 总线，操作简单。为了跟踪快速和慢速的运动，传感器的测量范围是可控的，使得数据精确，误差小。

故角度测量选择 MPU6050 方案。

② 位置测量

方案 1： 采用 OV2640。OV2640 是 Omni Vision 公司生产的一颗 1/4 寸的 CMOS UXGA（1 632×1 232）图像传感器。该传感器体积小、工作电压低，提供单片 UXGA 摄像头和影像处理器的所有功能。通过 SCCB 总线控制，可以输出整帧、子采样、缩放和取窗口等方式的各种分辨率为 8/10 位的影像数据。UXGA 最高 15 帧/秒（SVGA 可达 30 帧，CIF 可达 60 帧）。故选择此方案，在该系统中主要是捕获小球的位置，定时为主控制器发送小球的位置数据。

方案 2： 采用 OV7670。OV7670 是 Omni Vision 公司生产的一颗 1/6 寸的 CMOS VGA（640×480）图像传感器。该传感器拥有单片 VGA 摄像头和影像处理器的所有功能。VGA

可达30 帧/秒。但是成像质量不能满足该系统的需要。

（5）电源模块的论证与选择

方案 1: 采用航模电池,输出 12 V、可反复充电。此方案的优点是主控与外界无需电源连线,系统安装方便,在该系统中最大使用 5 V 电源,该模块能满足系统长时间稳定运行的需要,故选定该方案。

方案 2: 采用锂电池,锂电池性价比较高,但是充电速率慢,功率较低,不是很满足此系统的需求。

1.3 定点控制分析

通过摄像头捕捉小球的当前二维位置,计算出小球的运动速度;使用 MPU6050 解算板面的 x 轴角度和 y 轴角度,之后给定目标点坐标;采用三级串级 PID 控制的方式,分别控制板面的 x 轴和 y 轴(最外环为板面角度环,其输出作为第二级外环小球位置环的给定,第二级外环输出作为内环小球速度环的给定),通过调整六组合适的 PID 参数,输出平板 x 轴、y 轴倾斜角度所需的舵机控制量,使球最后稳定地停留在目标点区域。

1.4 走点控制分析

走点控制与定点控制原理相同,不过由一个定点的任务变为多个定点的任务,在小球完成一个目标点的移动任务以后,再完成下一个目标点的移动任务,直至完成整个题目所有任务。

1.5 画圆控制分析

根据圆在坐标面的方程可得,小球画圆也可以分解为多个走点控制,也就是离散型的定点控制,定点坐标如下:

$$x = R\cos\alpha$$
$$y = R\sin\alpha$$

2. 核心部件电路设计

主控模块为核心模块,其他模块受其调节控制。

主控模块由 STM32F407 VG 芯片、晶振、复位按键等组成最小硬件系统,还包括摄像头、MPU6050、LCD 等其他外设接口。其中 MPU6050 采集板面 x 轴和 y 轴倾斜的角度,使用 I^{2}C 通信。摄像头采用 DMA 直接获取图像数据。

3. 系统软件设计分析

3.1 程序功能描述与设计思路

由人机界面发送功能命令给主控,主控判断发来的命令执行相关的功能操作。一共有 7 个功能模块,每个功能模块各自放到一个函数中调用。自定义功能则是解算位置,给予相对广义的位置控制方案。

系统包含 x、y 两个维度的位置控制,机械上采用了正交方式布置平板控制电机,将两维控制系统解耦为两个独立的一维控制系统,使每个电机的运动不影响另一维度的信号,每个系统的控制算法完全一致。

根据控制要求,系统的最终目的是实现小球位置的随动控制,但对象相对复杂。为此,引入多级反馈对系统整体进行降阶处理。系统同时检测小球位置、运动速度和平板倾角,构成多级 PID 控制系统。系统包含小球位置控制器、小球速度控制器和平板角度控制器三级控制,分别根据小球的位置偏差、速度偏差和平板角度偏差产生小球的给定速度、平板的给定角度和电机控制信号。控制系统电路图及控制方案流程图如图 B‐5‐2 和 B‐5‐3 所示。

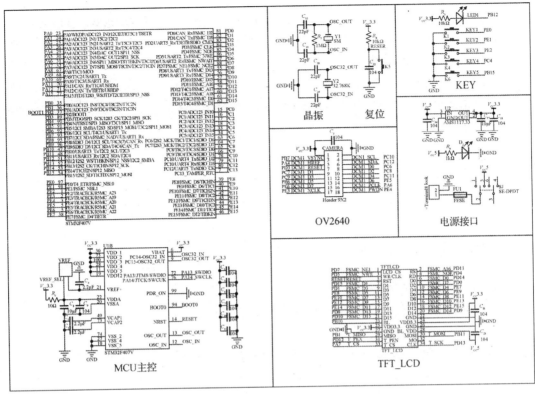

图 B-5-2 控制系统电路图

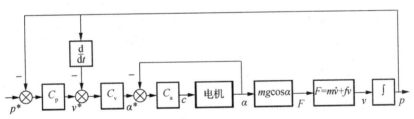

图 B-5-3 控制方案流程图

3.2 主控程序流程图

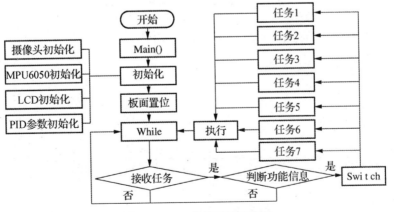

图 B-5-4 主控系统结构图

软件流程先进行系统初始化，包括系统 I/O 的初始化、I^2C 通信的初始化、DMA 的初始化、PID 数据初始化等；接下来根据 MPU6050 返回的数据进行板面的调整，使之能平稳地放下小球；然后就是等待人机界面发出任务指令，任务 1 至任务 6 是固定任务，任务 7 为动态任务，如果选择任务 7，则需人机界面动态选择 4 个点。任务确定后，主控就会根据摄像头返回的小球位置信息和 MPU6050 返回的板面角度信息进行串级 PID 调节，使小球向目标点靠近，并稳定的停留在目标点。主控系统结构图如图 B-5-4 所示。

4. 竞赛工作环境条件

4.1 软件环境

使用 Keil 软件对 STM32 单片机进行编程，并用 STLINK 在线仿真进行程序的调试。硬件电路采用 Altium Designer 绘制。

4.2 仪器设备和硬件平台

本系统调试时使用毫秒级计时秒表、数字示波器、四位半数字万用表、刻度盘等工具。

4.3 配套加工安装条件

在搭建机械结构时使用切割机、电锯、打孔机、螺丝刀等。

4.4 前期设计使用模块

前期设计模块包括：直流电机、MPU9250、单片机最小系统、超声波测距模块等。

5. 测试结果及分析

5.1 测试方案

根据设计及要求中对基本部分和发挥部分的小球位置、收敛时间、抗干扰能力等的要求，使用万用表、毫秒级计时秒表和刻度尺等工具，结合系统人机界面反复测试各参数，并据此修改程序中部分参数的设置，使之达到最小误差。

5.2 测试结果和分析

（1）基本要求部分

板面校准后，将小球放到初始目标点，然后开始执行各项任务，进行 4 次实验，将每次实验完成所需要的时间和球与目标点的偏差记录在表 B-5-1 中。

表 B-5-1　基本要求部分测试结果

	记录项目	目标位置	1	2	3	4	平均值
任务(1)	时间/s	2	5.1	4.5	4.1	3.9	4.4
	最大偏差/cm		1.23	1.04	0.7	0.86	0.957 5
任务(2)	时间/s	5	13.2	12.8	13.6	11.1	12.675
	最大偏差/cm		0.86	1.06	0.79	1.12	0.957 5
任务(3)	时间/s	4	7.5	7.9	6.8	7.3	7.375
	最大偏差/cm		0.62	1.14	0.96	1.15	0.967 5
	时间/s	5	13.6	14	12.3	13.8	13.425
	最大偏差/cm		0.72	0.34	1.03	1.17	0.815
任务(4)	时间/s	9	21.2	20.9	19.6	21.3	20.75
	最大偏差/cm		0.36	1.02	0.66	0.34	0.595

（2）发挥要求部分

板面校准后，将小球放到初始目标点，然后开始执行各项任务，进行4次实验，将每次实验完成所需要的时间和球与目标点的偏差记录在表B-5-2中，其中自定义位置的控制自由度较大，包括形意"一""口""日""田"的路径规划，在本次测试中，测试参数选择已包含了所有应用场景，测试数据如表B-5-2所示。

表B-5-2 发挥部分测试结果

记录项目	目标位置	实验次数	1	2	3	4	平均值
任务（1）	时间/s		2	7.1	6.5	6.1	5.9	6.4
	最大偏差/cm			1.83	1.84	0.7	0.86	1.307 5
	时间/s		6	15.6	16.3	15.8	15.9	15.9
	最大偏差/cm			2.01	1.25	1.63	0.97	1.465
	时间/s		9	34.2	32.8	33.4	32.6	33.25
	最大偏差/cm			1.02	0.96	1.15	0.84	0.992 5
任务（2）	时间/s	A	1	0	0	0	0	0
	最大偏差/cm			0	0	0	0	0
	时间/s	B	4	11.2	10.8	11.6	9.1	10.675
	最大偏差/cm			1.86	2.06	1.79	1.82	1.882 5
	时间/s	C	9	16.3	16.9	17.5	15.8	16.625
	最大偏差/cm			2.01	1.96	1.35	0.96	1.57
	时间/s	D	1	31.6	33.4	32.4	31.8	32.3
	最大偏差/cm			2.01	1.56	0.96	1.62	1.537 5
	……	……		…	…	…	…	…
任务（3）	时间/s		4（5）	14.5	14.9	15.8	16.3	15.375
	最大偏差/cm			1.62	0.84	1.96	0.65	1.267 5

6. 参考文献

［1］温子祺. ARM Cortex-M4 微控制器原理与实践［M］. 北京：北京航空航天大学出版社，2016.

［2］胡仁杰，堵国樑，黄慧春. 全国大学生电子设计竞赛优秀作品设计报告选编（2015年江苏赛区）［M］. 南京：东南大学出版社，2016.

［3］黄智伟. 全国大学生电子设计竞赛电路设计［M］. 北京：北京航空航天大学出版社，2006.

［4］黄光. 基于 MATLAB 的李萨如图形演示及其应用［J］. 中国科技信息，2008（2）：85-87.

［5］李芳. 板球系统设计及控制系统研究［D］. 包头：内蒙古科技大学，2013.

报 告 6

基 本 信 息

学校名称			南京航空航天大学
参赛学生 1	王锦涛	Email	364240243@qq.com
参赛学生 2	姚成喆	Email	1009024680@qq.com
参赛学生 3	钱程亮	Email	1096231200@qq.com
指导教师 1	王新华	Email	xhwang@nuaa.edu.cn
获奖等级			全国一等奖
指导教师简介			王新华,博士,1977 年 10 月生,南京航空航天大学自动化学院副教授。主要从事舰载机、直升机、无人机飞行控制技术教学和研究工作。先后主持总装预研项目 1 项,航空科学基金项目 1 项,基本科研业务费项目 2 项,作为主要成员参与国防 863 课题 3 项,参与装备基础预研、海军装备预研及空装项目等科研 4 项,主持和参与横向合作项目 10 余项。先后获得国防科技进步奖 2 项、中国航空学会科学技术奖 1 项;发表论文 20 余篇,申请 10 余项国家发明专利,其中 5 项已经获得授权。

1. 系统方案

本系统由自制 STM32F407 最小系统板控制模块、平板机构、摄像头与图像处理模块、MEMS 姿态传感器、伺服与电源驱动模块组成。

1.1 器件的论证与选择

(1) 控制器选用

方案 1:采用传统的 51 系列单片机。传统的 51 系列单片机为 8 位机,价格便宜,控制简单,但是运算速度慢,片内资源少。

方案 2:采用以 ARM Cortex-M4 为内核的 STM32F4 系列控制芯片。STM32 系列芯片时钟频率高达 168 MHz,具有 512K 字节的 SRAM,具有极强的处理计算能力。

通过比较,选择方案 2。

(2) 摄像头与图像处理方案选择

方案 1:采用摄像头 OV7670。该方案对单片机处理能力要求较高,图像处理较复杂。

方案 2:采用 Pixy 图像处理器。该图像处理器具有较强的计算能力,采用 YUV 颜色识别方式,对颜色的跟踪具有较高稳定性,自带的镜头具有白平衡自适应能力。

通过比较,选择方案 2。

1.2 控制方案的论证与选择

方案 1:采用单环 PID 控制。由于滚球系统本身为不稳定系统,在单环的作用下,效果较差,可能会出现较难控制的情况。

方案2：使用串级双环PID算法。不仅引入位置反馈，还引入速度反馈，经调试发现小球速度的控制效果较好，而位置的误差较大，且影响速度环控制响应速度。

方案3：采用三环模糊PID算法与无损卡尔曼滤波算法。由于摄像头距离平板较远，对小球的颜色识别容易丢失，且抗干扰能力较弱，于是加入无损卡尔曼滤波算法，对小球位置进行估计，取得显著效果。为了提高系统的精度与鲁棒性，在原有的双环基础上，借助MEMS姿态传感器测量平板的倾角，从而计算小球的加速度，在双环PID的基础上，加入加速度反馈量，实现位置、速度、加速度三闭环串级模糊PID控制策略。

经实验，在方案3控制策略下系统最终取得良好的效果，系统不仅具有较高稳定性，还具有较好的鲁棒性与健壮性，能够更加适应外部干扰。

1.3　系统结构设计

机械部分包括底座、传动机构、伺服电机、小球、平板等。

如图B-6-1所示，球盘上放有一个可以自由滚动的小球，平板以万向节方式与支撑柱连接，单点支撑在基座上，并通过两个独立的四连杆机构与基座上互相垂直的两个伺服电机连接。控制伺服电机的转角，通过传动摆杆就可以控制平板绕X轴和Y轴转动的旋转角度，从而实现小球在平板内的运动。

由于滚球控制系统中小球的速度和加速度运动使得两个方向之间的相互影响可以忽略，所以可对X、Y两个方向单独进行控制。

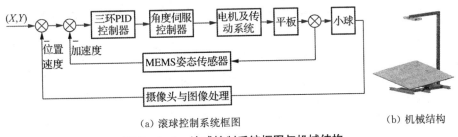

（a）滚球控制系统框图　　　　　　　　　（b）机械结构

图 B-6-1　滚球控制系统框图与机械结构

2. 系统理论分析与计算

2.1　系统数学模型与控制分析

令$b=5/7g$，$u_x=\sin(\theta_x)$，$x_1=x$，$x_2=\dot{x}$，$X=[x_1, x_2]$，$u=u_x$，$Y=x$，可得系统在X轴方向上的状态空间方程：

$$\dot{X}=\begin{bmatrix}0 & 1\\ 0 & 0\end{bmatrix}X+\begin{bmatrix}0\\ b\end{bmatrix}u,\quad Y=[1\ \ 0]X \tag{1}$$

系统在Y轴上的方程同理可得。通过Matlab分析计算，可以得到：系统的状态可控性矩阵的秩等于系统的状态变量维数2，系统可控可观。因此，可设计系统控制器，使系统稳定。

2.2　图像处理分析

（1）RGB颜色空间

RGB颜色空间是一种根据人眼对不同波长的红、绿、蓝光做出锥状体细胞的敏感度描述的基础彩色模式。

（2）YUV 颜色空间

采用 YUV 色彩空间的重要性是它的亮度信号 Y 和色度信号 U、V 是分离的。如果只有 Y 信号分量而没有 U、V 信号分量,那么这样表示的图像就是黑白灰度图像。

综合分析,本系统采用 YUV 颜色空间对图像进行特征提取,同时对特征区域进行实时跟踪,实现对小球的识别。

2.3 卡尔曼滤波器

卡尔曼滤波器通过反馈控制对过程状态进行估计,卡尔曼滤波器可以分为时间更新和测量更新两个部分:时间更新部分负责向前推算当前的状态变量和误差协方差的估计值,构造下一个时间状态的先验估计;测量更新部分负责信息反馈,用先验估计和新的测量变量构造新的后验估计。

3. 电路与程序设计

3.1 电路的设计

（1）系统总体框图（如图 B-6-2 所示）

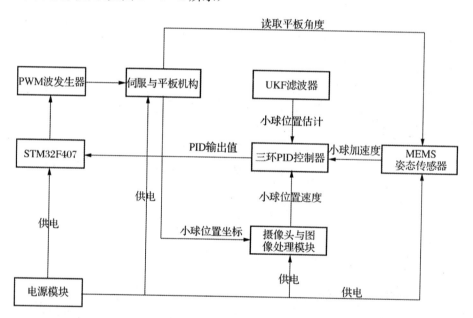

图 B-6-2　系统总体框图

（2）电源模块及驱动电路原理图（如图 B-6-3 和 B-6-4 所示）

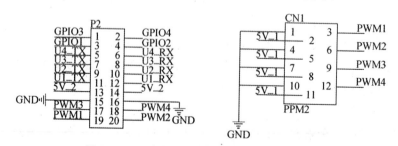

图 B-6-3　伺服电机驱动转接板电路原理图

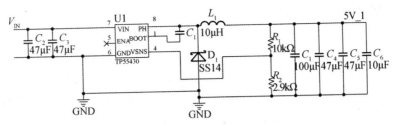

图 B‑6‑4　电源模块电路原理图

3.2　程序设计与控制算法

（1）控制算法设计

① 串级 PID 控制

滚球控制系统采用姿态传感器实时获取平板二轴姿态角，换算即可得小球加速度，通过摄像头与图像处理得到小球的速度与位置，由此，在传统双环串级 PID 算法的基础上，本系统采用位置、速度、加速度三闭环串级 PID 控制策略。

② 模糊控制

由于系统存在以下特点：a. 在稳定点附近球呈非线性运动特征；b. 板及球表面的凹凸对球产生影响；c. 控制器过渡过程时间比较长，超调大。于是本系统采用了模糊控制策略。其基本思想是根据小球位置与目标位置的偏差距离来修改 PID 控制器参数。

③ 无损卡尔曼滤波器

由于摄像头的采集频率限制与图像处理的延迟，在控制过程中存在反馈信息无法及时更新的问题。本系统在控制时采用 UKF 算法，在反馈的小球位置坐标数据空窗期间对小球进行有效的位置估计，确保在反馈信息无法即时到达时，系统依旧稳定工作。

（2）程序流程图（如图 B‑6‑5 和图 B‑6‑6 所示）

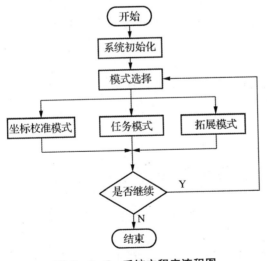

图 B‑6‑5　系统主程序流程图

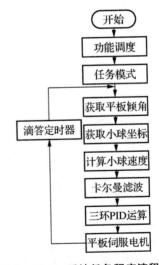

图 B‑6‑6　系统任务程序流程图

4. 测试方案与测试结果

4.1 测试方案

对于机械部分，重点测试平板的虚位移角度，虚位移角度较小时，则大大提高控制精度。对于整个系统以完成任务的时间为目标，测试达到满足题目要求的最小时间。

4.2 测试结果及分析

（1）测试结果（数据）

基本部分：

表 B-6-1　系统基本功能测试数据表

	基本功能（1）	基本功能（2）	基本功能（3）	基本功能（4）
与最终目标位置的精度误差	8.5 mm	10.3 mm	9.5 mm	11.4 mm
停留时间	>5 s	>2 s	>2 s	>2 s
调节时间	—	8.45 s	14.34 s	20.56 s

发挥部分：

表 B-6-2　系统发挥部分功能测试数据表

	发挥功能（1）	发挥功能（2）	发挥功能（3）	发挥功能（4）
与最终目标位置的精度误差	6.5 mm	—	9.4 mm	—
停留时间	>2 s	—	>2 s	—
调节时间	28.32 s	—	40.23 s	—

（2）测试分析与结论

根据上述测试数据，可以得出以下结论：

① 滚球控制系统在控制方案上的选择较合理，实现了所有基本与发挥部分所要求的功能。

② 系统在合理算法下，能具有较高精度以及快速响应的能力。

③ 由于引入了卡尔曼滤波算法与模糊 PID 控制，系统的鲁棒性大大提升。

综上所述，本设计达到了设计要求。

5. 参考文献

[1] 石勇，韩崇昭. 自适应 UKF 算法在目标跟踪中的应用[J]. 自动化学报，2011，37(6)：755-759.

[2] 王述彦，师宇，冯忠绪. 基于模糊 PID 控制器的控制方法研究[J]. 机械科学与技术，2011，30(1)：166-172.

[3] 梁艳阳，等. 小球平面系统的路径跟踪滑模控制[J]. 兵工自动化，2010，29(6)：75-77，84.

报　告　7

基本信息

学校名称	南京信息工程大学		
参赛学生 1	张世奇	Email	512226972@qq.com
参赛学生 2	郭明会	Email	905592590@qq.com
参赛学生 3	韩安东	Email	861263639@qq.com
指导教师 1	孙冬娇	Email	sundongjiao@nuist.edu.cn
指导教师 2	徐　伟	Email	Kody2008@163.com
获奖等级	全国一等奖		
指导教师简介	孙冬娇,女,实验师。2014 年以来,多次指导学生参加全国大学生电子设计竞赛,所指导学生获得全国奖 1 项,省级奖 7 项。		

1. 设计方案工作原理

1.1 预期实现目标定位

本系统可实现小球在平板上的区域停留、指定区域单步移动、指定区域分步移动、指定区域连续移动、随机指定区域移动、非指定区域运动、指定区域避障和红外跟踪功能。

1.2 技术方案分析比较

方案 1: 采用传统 PID 控制。PID 控制器稳定性好,可靠性高,控制理论与技术都已非常成熟,但需要系统的设计,PID 控制是建立在控制对象精确数学模型基础上的,是线性控制的。

方案 2: 采用模糊控制。模糊控制器建立在专家经验的基础上,无需建立控制对象精确的数学模型,鲁棒性高,但精确度有所降低。

方案 3: 采用模糊 PID 控制,这种复合控制器克服了单一控制的不足,融合了两种控制器的优点,能对传统 PID 控制器的参数实现智能调节,具有改善被控过程的动态和稳态性能的作用。

综上所述,由于本控制系统为非线性系统,为了提高系统的鲁棒性和精确性,采用方案 3 模糊 PID 控制板球的运动。

1.3 系统结构工作原理

如图 B-7-1 所示,平板与中心点的球铰相连,以此为平板转动的支点。平板还通过两个在邻边中心处的球铰与舵机臂相连,舵机的动作可带动平板绕中心转动。因平板的两邻边互相垂直,所以两个舵机独立动作时,产生的力矩也互相垂直。因此,可将板球的控制近似看作两个互相垂直的一维转动控制,降低了系统控制时的耦合度。

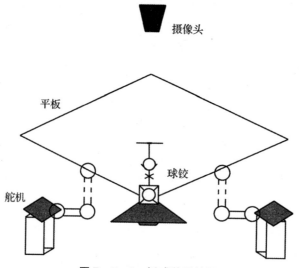

图 B - 7 - 1　板球装置简图

1.4　功能指标实现方法

将摄像头实时采集到的平板上的图像信息，通过霍夫圆检测算法提取小球与 9 个区域中心点的位置坐标。在按键程序中将题目所要求到达的区域设置为目标区域。通过模糊自校正串级 PID 算法控制舵机臂的运动，进而控制小球滚动到目标区域。激光追踪的实现则是提取图像的红色分量，其最大值所对应的位置便是激光点的位置，将该位置设置为目标位置，通过控制算法便可实现小球对激光的追踪。

1.5　测量控制分析处理

（1）小球检测方法分析

霍夫圆变换是一种针对标准霍夫圆变换的参数空间分解的方法，主要目的是为了减少原算法的空间复杂度，其输入是边缘图像。

考虑如下圆的参数方程：

$$\begin{cases} x = x_0 + r\cos\theta \\ y = y_0 + r\sin\theta \end{cases} \tag{1}$$

其中，(x_0, y_0, r) 是一组圆心和坐标参数。霍夫圆变换的第一步是对圆心参数空间累加。根据圆的一阶导数的特性，过圆周上任意一点的圆切线的垂线经过圆心，对已知边缘上的任意点做垂线，这些垂线将会在 (a, b) 空间汇集，形成一个热点，在 (a, b) 空间搜索极值即得圆心坐标。给定 r 的范围，在边缘点上做垂线段，得 (a, b) 空间。即：

$$\begin{cases} a = r\sin\theta \\ b = r\cos\theta, \end{cases} \qquad r \in (\min r, \max r)$$

$$A(i \pm a, j \pm b) \leftarrow A(i \pm a, j \pm b) + E(i, j) \tag{2}$$

其中，$(\min r, \max r)$ 是给定的半径的范围，也是做出的垂线段的长度，A 是 (a, b) 空间的累加器，$E(i, j)$ 是待检测图像的边缘图。在 (a, b) 空间搜索极值即得圆心坐标。

求得圆心坐标之后，在此基础上可以进行半径参数空间的累加。对每一个检测的圆，空间累加方式为：

$$R(r) = \sum_{P \in (minr, maxr)} E(P) \tag{3}$$

其中，E 是边缘图，r 是给定的半径范围。因此，在 R 空间搜索极值即可求得半径。

（2）小球检测方法分析

PID 控制器是一种线性控制器，假定系统给定值为 $rin(t)$，实际输出值为 $yout(t)$，根据给定值和实际输出值构成控制偏差，其公式为：

$$error(t) = rin(t) - yout(t) \tag{4}$$

PID 控制规律为：

$$u(t) = K_P \cdot error(t) + \frac{1}{T_I} \int_0^t error(t)\,\mathrm{d}t + \frac{T_D \mathrm{d} error(r)}{\mathrm{d}t} \tag{5}$$

对于模糊 PID 控制而言，要先将输入/输出变量模糊化，选择小球的位移偏差 e 及其变化率 e_c 作为模糊控制器的输入变量，经量化因子作用后输入模糊控制器得到模糊化变量 E, E_c。输出模糊变量为 K_P, K_I, K_D。确定输入/输出变量的模糊论域及隶属度函数。K_P 的隶属度函数如图 B-7-2 所示。

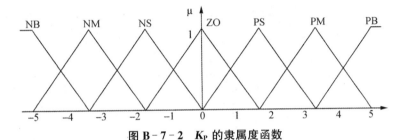

图 B-7-2　K_P 的隶属度函数

根据 PID 参数对系统性能的影响以及在系统动态响应的不同阶段 PID 参数的自动调整原则，并根据实验所得参数调整经验，可得到参数模糊规则表。

根据制定的模糊规则，将在每个采样时刻的控制输入 e 及其变化率 e_c 模糊化为 E 与 E_c，经过模糊推理及反模糊化可得出相应的模糊输出 K_P、K_I、K_D。

对应于 K_P 的第一条模糊规则的隶属度为：

$$m_{KP_1} = \min\{m_{NB}(E), m_{NB}(E_C)\} \tag{6}$$

依此类推，可求出输出量 K_P 所对应的在不同偏差和偏差变化率下的所有模糊规则的隶属度。根据每条模糊规则隶属度，经重心法解模糊化可得 K_P 的输出模糊值为：

$$K_P = \frac{\sum\limits_{j=1}^{49} m_{KPj}(K_P) K_{Pj}}{\sum\limits_{j=1}^{49} m_{KPj}(K_P)} \tag{7}$$

这些值仍为其论域内对应的模糊值，必须分别乘以比例因子才能得到实际的控制输出值 ΔK_P。由此可得出对应于系统偏差 e 及其变化率 e_c 的 PID 控制器的更新参数，其调整算法为：

$$K_P = K_{P0} + \Delta K_P \tag{8}$$

2. 核心部件电路设计

2.1 关键器件性能分析

（1）主控模块的论证与选择

方案 1：采用 AT89C51 作为主控制模块。AT89C51 单片机价格低廉，但是 51 单片机系统资源有限，8 位控制器，运算速度稍显不足，无法达到较高的精度，需要外接大量外围电路，增加了系统复杂度。

方案 2：采用 MSP430F169 作为主控制模块。MSP430F169 单片机价格相对适中，实现的功能较多，MSP430F169 是 16 位单片机，超低功耗，精度高，丰富的外围模块简化了系统的外围电路。

方案 3：采用 STM32F103ZET6 作为主控制模块。STM32F103ZET6 是一款性价比超高的单片机，具有为要求高性能、低功耗的嵌入式应用专门设计的 ARM Cortex-M3 内核，存储器内存相对较大，有多个定时器和通信接口，工作频率高，运行速度快。

综上所述，由于系统中使用了摄像头模块，需要有较快的处理速度、较多的 I/O 口和较大的存储器内存，因此选择方案 3，用 STM32F103ZET6 作为主控制模块。

（2）电机的论证与选择

方案 1：采用直流电机。直流电机启动和调速性好，由 PWM 占空比控制速度，调速范围广而平滑，过载能力强，转矩比较大。但是 PWM 占空比较低时无法启动会出现死区，控制起来不方便，可靠性低，结构比较复杂，维护不方便。

方案 2：采用步进电机。通过细分驱动器调节，步进电机的角度正比于脉冲数，速度与脉冲频率成正比，精度比较高，误差不长期积累，每转一圈的积累误差为零，可实现开环控制，无需反馈信号。但响应速度较慢，难以对系统进行控制，若控制不当易产生共振，脉冲频率过高时会出现失步情况。

方案 3：采用舵机。舵机反应速度快，无反应区范围小，定位精度高，抗干扰能力强，可接受较高频率的 PWM 外部控制信号，可在较短的周期时间内获得位置信息，对舵机臂位置做最新调整，通过 PWM 占空比控制角度。但是舵机控制死区敏感，输入信号和反馈信号因各种原因波动，差值易超出范围，容易造成舵臂抖动。

综上所述，由于控制板的偏差角度较小，小球惯性较强，需要在短时间内快速响应，调节球在平板上的位置，因此采用方案 3，用舵机来驱动板球的运动。

（3）采集模块的论证与选择

方案 1：采用二维光电门识别。对 X,Y 轴分别进行坐标选取与识别，得到所需要的坐标，但是需要占用较多的 I/O 口。

方案 2：采用 OV7670 摄像头模块。OV7670 图像传感器体积小，工作电压低，可以输出整帧，取窗口等方式的各种分辨率 8 位影像数据，图像最高可达 30 帧/秒。OV7670 有多种自动影像控制功能，可方便调节并提高图像质量，但是视场角较小，摄取的范围有限。

综上所述，由于需要不断地更新数据且方便，因此采用方案 2 的 OV7670 摄像头采集图像。

3. 系统软件设计分析

3.1 系统总体工作流程

板球控制系统的工作原理如图 B-7-3 所示,通过摄像头实时采集小球在平板上的图像并存储到 MCU 中,通过图像处理程序可以准确、快速的获得小球的位置坐标,并将小球的位置信息传递给模糊自校正串级 PID 控制器,经过模糊推理和串级 PID 运算得到控制信号,进而控制两个舵机的动作,带动平板的转动,从而使小球在木板上自由滚动。

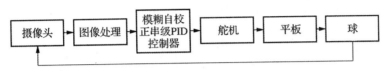

图 B-7-3　板球控制系统工作原理示意图

3.2 主要模块程序设计

图 B-7-4 为本控制系统的程序流程图。因图像处理时间较长,控制程序没有在中断中进行,其中按键将选择的区域作为目标值传入模糊自校正串级 PID 中。

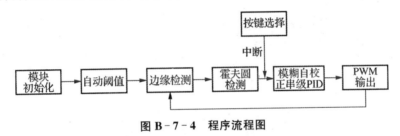

图 B-7-4　程序流程图

在模糊自校正串级 PID 程序模块中,根据 PID 参数对系统性能的影响,以及在系统动态响应的不同阶段 PID 参数的自动调整原则,通过实验所得参数调整经验,可得到参数模糊规则表。K_P 的模糊规则表如表 B-7-1 所示。

表 B-7-1　K_P 的模糊规则表

EC＼E	NB	NM	NS	ZP	PS	PM	PB
NB	PB	PB	PM	PM	PS	ZO	ZO
NB	PB	PB	PM	PS	ZO	NS	NS
NS	PM	PM	PM	PS	ZO	NS	NM
ZO	PM	PM	PS	ZO	NS	NS	PM
PS	PM	PS	PS	NS	NS	NM	NM
PM	PS	PS	ZO	NM	NM	NM	NB
PB	PS	ZO	ZO	NM	NM	NB	NB

3.3 关键模块程序清单

Delay_Init();//初始化延时函数

Key_Init();//初始化按键

NVIC_PriorityGroupConfig(NVIC_PriorityGroup_2);//设置中断优先级分组

TIM2_PWM_Init();//初始化定时器2

TIM3_PWM_Init();//初始化定时器3

LCD_Init();//初始化 LCD

OV7670_Init();//初始化摄像头

PID_Fuzzy_Selftuning(float e,float ec)//模糊自校正串级 PID 控制

Get_Iterative_Best_Threshold(int HistGram[])//自动阈值

Sobel(unsigned char data[],int width, int height)//边缘检测

Hough_Circles(unsigned char data[],int width, int height)//霍夫圆检测

4. 竞赛工作环境条件

这次竞赛使用的是 STM32F103ZST6 单片机,在 Keil 5 的开发环境下对程序进行编写,调试过程中也使用到了虚拟示波器软件 MiniBalance。

5. 作品成效总结分析

5.1 系统测试性能指标

平板位置分布示意图如图 B-7-5 所示。

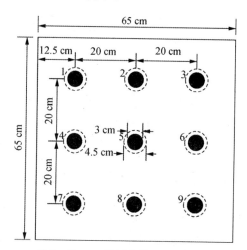

图 B-7-5 平板位置分布示意图

(1) 将小球放置在区域 2,控制使小球在区域内停留不少于 5 s。

(2) 在 15 s 内,控制小球从区域 1 进入区域 5,在区域 5 停留不少于 2 s。

(3) 控制小球从区域 1 进入区域 4,在区域 4 停留不少于 2 s;然后再进入区域 5,小球在区域 5 停留不少于 2 s。完成以上两个动作总时间不超过 20 s。

(4) 在 30 s 内,控制小球从区域 1 进入区域 9,且在区域 9 停留不少于 2 s。

(5) 在 40 s 内,控制小球从区域 1 出发,先后进入区域 2、区域 6,停止于区域 9,在区域 9 中停留时间不少于 2 s。

(6) 在 40 s 内,控制小球先后经过 4 个不同区域运动。

（7）小球从区域 4 出发，作环绕区域 5 的运动（不进入），运动不少于 3 周后停止于区域 9，且保持不少于 2 s。

（8）激光点在任意区域运动，小球从任意区域出发，作跟随激光点的运动，跟随保持不少于 15 s。

5.2 成效得失对比分析

对于多变量、非线性、高度耦合的板球装置，其控制难度较大，本团队自行设计了模糊自校正的串级 PID 板球装置。实验结果表明，模糊自校正串级 PID 虽然难于建立模糊控制规则表，但因其结合了模糊控制与常规 PID 的优点，具有超调量小、调节速度快、鲁棒性好等良好的控制品质。

5.3 创新特色总结展望

板球系统作为经典控制对象——杆球系统的二维扩展，是研究无约束运动体路径规划和轨迹控制的典型对象。但因板球系统具有多变量、非线性、高度耦合等特点，难以建立精确的数学模型，采用常规的 PID 控制难以达到很好的控制效果。

本团队针对板球系统，在研究模糊控制理论的基础上，设计了一种基于模糊自校正的串级 PID 控制方案。利用串级 PID 内外两环并联调节，增加系统的稳定性，利用模糊逻辑的"概念"抽象能力和非线性处理能力对 PID 三个参数实现自校正，通过两者的有机结合，形成一种非线性组合控制规律。

6. 参考资料

[1] LARD D H. Generalizing the Hough transform to detect arbitraryshapes[J]. Pattern Recognition, 1981, 13(2): 111 - 122.

[2] YUEN H K, PRINCEN J, ILLINGWORTH J. Comparative study of Hough transform methods for circle finding[J]. Image and Vision Computing, 1990, 8(1): 71 - 77.

[3] WuZhi Qiao, Masaharu Mizumoto. PID type fuzzy controller and parameters adaptive method[J]. *Fuzzy Sets and Systems*, 1996, 78(1): 1 - 137.

[4] 张化光, 何希勤. 模糊自适应控制理论及其应用[M]. 北京: 北京航空航天大学出版社, 2002.

[5] 李卓, 萧德云, 何世忠. 基于 Fuzzy 推理的自调整 PID 控制器[J]. 控制理论与应用, 1997(2): 238 - 243.

[6] 黄友锐, 曲立国. PID 控制器参数整定与实现[M]. 北京: 科学出版社, 2010.

报 告 8

基本信息

学校名称	中国矿业大学		
参赛学生1	刘晨旭	Email	691960468@163.com
参赛学生2	刘咏鑫	Email	124104474@qq.com
参赛学生3	李保林	Email	1186126091@qq.com
指导教师1	袁小平	Email	xpyuankd@163.com
获奖等级	全国一等奖		
指导教师简介	袁小平,博士,中国矿业大学信息与控制工程学院教授,博士生导师,中国矿业大学大学生电子设计与创新实践基地负责人,苏鲁皖地区高等学校电子技术研究会副理事长,长期从事电子技术教学与科研工作,指导学生多次获得国家级和省级电子设计竞赛奖,获得中国矿业大学大学生创新创业优秀指导教师称号。研究方向主要包括电子系统设计、物联网技术、检测技术与自动化装置等。		

1. 设计方案工作原理

1.1 预期实现目标定位

根据题目要求,以 STM32F103 芯片和舵机为核心,设计制作一个滚球平板控制系统。系统使用 OV7725 传感器配合 STM32F407 芯片实时检测小球位置,并通过蓝牙模块将位置信息传送给 STM32F103 主控芯片,主控芯片根据反馈数据运用 PID 算法实现滚球系统的闭环控制。装置整体结构简洁,调试方便,系统稳定,能够观察调试有关参数,实现预期任务要求。

1.2 技术方案分析比较

系统由机械结构和测量控制电路部分组成,机械结构的可靠性与稳定性直接影响测量电路和控制算法的准确性与鲁棒性;而测控电路则是整个系统设计的核心部分,是系统功能完善的保证,因此两个部分的设计都十分重要。

(1)机械结构设计

滚球控制系统是一个完整的检测控制系统,其机械结构是整个测控系统的控制对象,该结构设计的优劣将会在一定程度上影响后期控制算法的设计和控制精度。机械结构越稳定可靠,系统的稳定性和可靠性也就越佳。

本组制作的平板系统,机械结构大致分为底座、支撑杆、连杆、平板、支架几个部分,其机械结构简化三维模型示意图如图 B-8-1 所示,下面分别详细介绍。

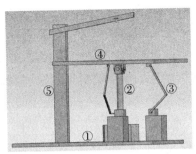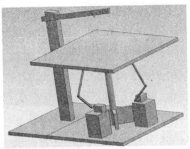

①—底座;②—支撑杆;③—连杆;④—平板;⑤—支架

图 B-8-1　机械结构简化三维模型示意图

① 底座

底座是整个平板系统的支撑体,用于控制系统、电源模块的放置以及与支撑杆相连接。设计选用木板作为底座。此外,底座上通过合适高度的支撑物(木块)固定舵机。

② 支撑杆

支撑杆用于连接底座和平板。考虑到平板需要相对于底座倾斜,将支撑杆的顶部安装万向节用于与平板连接;为了防止支撑杆与底座之间的相对转动,用 4 个小木板横向固定支撑杆,在空间呈间隔 90°的直角放置。

③ 连杆

连杆是整个平板系统的传动结构,参考连杆的原理和结构模型,利用现有的材料自制了简易的连杆机构。经测试,其传动特性良好,无相对滑动,可以满足要求。

④ 平板

平板是小球滚动的平台,其底面通过热熔胶与支撑杆所连接的万向节粘合,正面按照题目要求标出了 9 个圆形区域。

⑤ 支架

支架是平板系统检测部分的支撑机构。为了固定图像传感器,利用现有木材,制作了合适高度的支架,使摄像头能恰好检测到整个平板。同时,负责图像处理的 STM32F407 芯片也放置在支架上。

经过验证,设计的机械结构能完全满足任务要求,具有较好的机械强度和稳定性。

(2) 主控芯片的论证与选择

方案 1：采用以增强型 80C51 为内核的 STC 系列单片机 STC12C5A60S2,其片内集成了 60 KB 程序 Flash,2 通道 PWM、16 位定时器等资源,操作也较为简单,具有在线系统调试功能(ISP),开发环境易搭建。但控制系统为实现功能,使用了大量外设及中断,其硬件资源无法很好地满足设计需求。

方案 2：采用以 ARM Cortex-M3 为内核的 STM32F103RCT6 控制芯片,该芯片时钟频率高达 72 MHz,具有 512K 字节的 Flash,64K 字节的 SRAM,丰富的增强 I/O 口,具有极强的处理计算能力,适合需要快速、精确反应的滚球控制系统。

综合以上两种方案,选择方案 2。

（3）控制算法的论证与选择

方案1： 使用PID进行控制。PID控制器是一个在工业控制应用中常见的反馈回路部件，由比例单元P、积分单元I和微分单元D组成。PID控制的基础是比例控制；积分控制可消除稳态误差，但可能增加超调；微分控制可加快大惯性系统响应速度以及减弱超调趋势。此外PID控制结构简单，调试方便，易于工程实现。

方案2： 使用LQR即线性二次型调节器进行控制。LQR控制需要调整两个矩阵，需要求解Riccati方程和确定Q和R权矩阵，算法较为复杂，计算代价较高，相应时间较长，且不易被操作人员理解Q与R矩阵的物理意义。

综合以上两种方案，选择方案1。

（4）传感器的论证与选择

方案1： 采用电阻式触摸屏检测小球在平板上方的位置。它是通过压力感应原理来检测X和Y位置分压器的电压，并转换成对应的X、Y物理坐标。虽然电阻式触摸屏价格便宜，控制精度高，但是对于本题而言，需要的平板尺寸过大，难以购买。

方案2： 采用图像传感器检测小球在平板上方的位置。使用OV7725图像传感器，体积小，工作电压低，像素高，输出帧率高，提供VGA摄像头和影像处理器的所有功能，配合STM32F407控制芯片，输出VGA图像可达到60帧/秒，适合需要实时控制的滚球系统。

综合以上两种方案，选择方案2。

（5）电机的论证与选择

方案1： 采用步进电机。其运行响应快，直接接收数字脉冲输入，经过细分驱动器可以使电机运行更加平滑，而且驱动器价格低。但是建模后发现控制的应是平板角度，需要对步进电机的输入脉冲进行计数，计算角度；步进电机容易出现失步现象，可能脉冲数和角度不是对应关系，导致角度控制失败并且控制程序更加复杂，影响系统性能。

方案2： 采用舵机。舵机是一种位置（角度）伺服的驱动器，适用于那些需要角度不断变化并可以保持的控制系统，有较好的稳定性，较高的响应频率，不易出现失步现象。

综合以上两种方案，选择方案2。

1.3 系统结构工作原理

（1）系统结构

本系统使用万向节和铁杆将平板支撑在底座上，两个舵机分别沿X、Y方向放置在底座上，舵机通过自制简易连杆机构与平板连接，实现传动。在平板上方通过支架固定摄像头，实现对小球位置的检测。

（2）系统建模

关于被控对象滚球系统的数学模型的建立和推导，参考了文献[4]的相关内容，建模结果如下：

$$\ddot{x} = \frac{5}{7}g\sin\alpha \approx K_b\alpha \tag{1}$$

$$\ddot{y} = \frac{5}{7}g\sin\beta \approx K_b\beta \tag{2}$$

其中,$\ddot{x}$、$\ddot{y}$ 为小球的加速度,α、β 为平板的倾斜角度,K_b 为系统结构参数。对加速度做二次积分即可得到小球的位移量。这说明,在实际操作中,我们可以将平板的倾斜角度作为系统的控制量,控制小球在平板上的位移。

控制环节选取 PID 控制器能够很好地满足控制量的要求。

PID 控制系统原理框图如图 B-8-2 所示,系统由 PID 控制器、执行部件和被控对象组成。

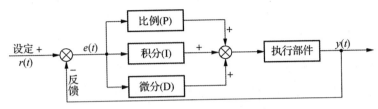

图 B-8-2　PID 控制系统原理框图

假设系统给定值为 $r(t)$,实际输出值为 $y(t)$,根据给定值和实际输出值构成偏差。公式为:

$$error(t) = r(t) - y(t) \tag{3}$$

PID 控制规律为:

$$u(t) = K_P\left[error(t) + \frac{1}{T_I}\int_0^t error(t)\mathrm{d}t + T_D\frac{\mathrm{d}error(t)}{\mathrm{d}t} \right] \tag{4}$$

式中,K_P 是比例系数,T_I 是积分时间常数,T_D 是微分时间常数。

PID 控制器各校正环节的作用如下:

① 比例环节:比例控制反应系统的偏差信号 error,偏差一旦产生,控制器立即产生控制作用,以减小偏差。当仅有比例控制时系统输出存在稳态误差。

② 积分环节:控制器的输出与输入误差信号的积分成正比关系。主要用于消除静差,提高系统的无差度。积分作用的强弱取决于积分时间常数 T_I,T_I 越大,积分作用越弱,反之则越强。

③ 微分环节:控制器的输出与输入误差信号的微分(即误差的变化率)成正比关系。微分环节能够反映偏差信号的变化趋势,并在偏差信号变得太大之前,引入一个有效的早期修正信号,从而加快系统的动作速度,减少调节时间。

基于上述推理论述,可以完成控制系统的建模。系统以小球位置坐标 X、Y 为给定输入,通过将图像传感器检测到的小球实际位置与给定位置相比较,得到偏差量,通过 PID 控制器的输出,以平板倾斜角度 α、β 为控制量,控制位于 X 和 Y 方向的舵机,实现闭环自动调节。

1.4　功能指标实现方法

基础部分和发挥部分的要求从本质上来说可以大致分为三种:一是实现滚球在平板上的定点稳定,二是实现滚球在平板上不同定点之间的滚动并最终稳定于某点,三是实现小球位置良好的随动控制。

(1) 对于定点稳定,通过传感器检测小球当前位置与给定位置之间的偏差,将 PID 控制器输出转换为占空比不同的 PWM 脉冲,进而控制舵机,实现控制。

（2）对于不同定点之间的滚动，在目标定点进行小球位置和停留时间的检测，即当小球实际坐标与目标定点的给定坐标的偏差在一个较小的范围内时，认为小球经过了目标定点，同时启动 STM32 内部定时器，当定时达到一定时间后，将给定值更换到下一目标定点，再次进行上述检测，实现控制。

（3）对于随动控制，发挥部分的环绕圆形区域的运动，可以通过控制 X 和 Y 方向的舵机分别做正弦运动，其叠加的运动轨迹为李萨如图形，取合适的振幅和初相角即可实现环绕运动。

2. 核心部件电路设计

2.1 关键器件性能分析

（1）OV7725 图像传感器：灵敏度高，帧数最高可达 60 帧/秒，可调焦距。

（2）STM32F4 芯片：主频达到 168 MHz，其 FSMC 采用 32 位多重 AHB 总线矩阵，相比 STM32F1 总线访问速度明显提高。

（3）STM32F1 芯片：主频为 72 MHz，具有丰富的增强 I/O 口，具有极强的处理计算能力。

（4）蓝牙通信模块：HC-05 主从机一体蓝牙模块，体积轻小，接口电平为 3.3 V，可直接与 STM32 相连，配对后可以全双工通信。

（5）舵机：采用 SR431 舵机，可以转动 180°，扭矩为 12.2 kg·cm。

2.2 电路结构工作原理

5 V、12 V 电源分别给 STM32 芯片和舵机供电，STM32F407 芯片与图像传感器连接，处理其输出图像，检测的小球位置信息通过屏幕显示，并通过 HC-05 蓝牙模块将信息传送给 STM32F103 主控芯片。STM32F103 芯片接收到小球位置信息后，通过 PID 算法调整 PWM 脉冲占空比，控制舵机转动，从而控制平板倾斜，以实现对小球位置的控制。此外还可以通过矩阵键盘实现不同功能的切换。

系统整体电路框图如图 B-8-3 所示。

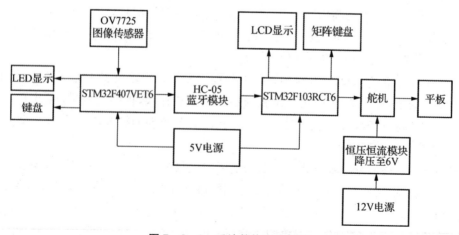

图 B-8-3 系统整体电路框图

2.3　核心电路设计仿真

（1）OV7725 电路图（图 B-8-4）

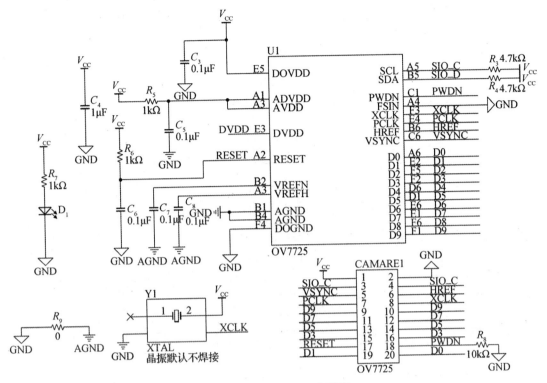

图 B-8-4　OV7725 电路图

　　摄像头的引脚与 STM32F407 芯片上外设 DCMI 的相关引脚相连，可以实现图像信号
50 帧/秒的快速读取，可以满足系统控制实时性的要求。

（2）STM32 最小系统电路图

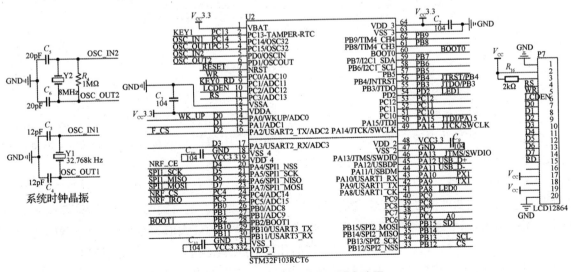

图 B-8-5　STM32 最小系统电路图

3. 系统软件设计分析

3.1 系统总体工作流程

主程序流程图见图 B-8-6。

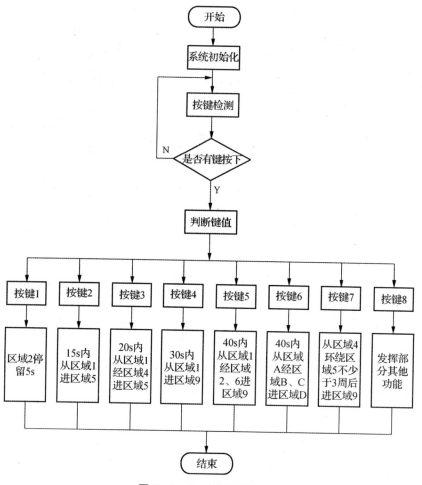

图 B-8-6 主程序流程图

3.2 主要模块程序设计

OV7725图像传感器：通过SCCB总线可以完成摄像头的频率、像素大小、白平衡、色度、亮度等一系列初始化设置。DCMI外设可以很好地完成图像信号的接收，通过中断程序将图像信息存储到一个二维数组中，用于图像处理。

图像处理（小球定位）：OV7725图像传感器输出RGB565格式的图像信号，通过权重算法可以将其转换为灰度信号，再设定合适阈值进行二值化处理。把得到的二值化图像存储到一个二维数组里，然后逐行逐列扫描数组，选取黑色像素坐标的最大值和最小值，即小球的边沿坐标。然后求取坐标 X、Y 的平均值，即小球的几何中点，再通过蓝牙发送给主控器件。

舵机控制：通过F103芯片的定时器发生PWM波，控制舵机旋转角度，并在定时器中断中调整PWM波的比较值，实现角度调整。

3.3 关键模块程序清单(见网站)

4. 竞赛工作环境条件

4.1 设计分析软件环境
Windows7 操作系统、Keil5 MDK、Altium Designer 等软件。

4.2 仪器设备硬件平台
锂电池、示波器、万用表。

4.3 配套加工安装条件
电钻、切割机、热熔胶枪、电烙铁等工具,用于制作机械结构。

4.4 前期设计使用模块
舵机、单片机最小系统板。

5. 作品成效总结分析

5.1 系统测试性能指标
基本部分:

(1) 将小球放置在区域 2,控制使小球在区域内停留不少于 5 s。

经测试,该功能可以完美实现,停留时间远大于 5 s。

(2) 在 15 s 内,控制小球从区域 1 进入区域 5,在区域 5 停留不少于 2 s。

(3) 控制小球从区域 1 进入区域 4,在区域 4 停留不少于 2 s;然后再进入区域 5,小球在区域 5 停留不少于 2 s。完成以上两个动作总时间不超过 20 s。

(4) 在 30 s 内,控制小球从区域 1 进入区域 9,且在区域 9 停留不少于 2 s。

发挥部分:

(1) 在 40 s 内,控制小球从区域 1 出发,先后进入区域 2、区域 6,停止于区域 9,在区域 9 中停留时间不少于 2 s。

(2) 在 40 s 内,控制小球从区域 A 出发,先后进入区域 B、区域 C,停止于区域 D;测试现场用键盘依次设置区域编号 A、B、C、D,控制小球完成动作。

(3) 小球从区域 4 出发,作环绕区域 5 的运动(不进入),运动不少于 3 周后停止于区域 9,且保持不少于 2 s。

(4) 其他

经测试,还可以控制滚球系统的轨迹为李萨如曲线等。

5.2 成效得失对比分析
本作品能够实现通过 OV7725 获取小球在平板上的精确位置,通过 PID 算法改变 PWM 脉冲占空比,从而改变舵机角度。在 LCD 屏上显示完成功能所用时间。系统结构简单直观,测试方便,可以完成基本部分要求和发挥部分要求,并且额外可以完成一些自由发挥功能,如小球轨迹是圆形等。系统的不足之处是机械结构部分取材混杂,造成了一定的死区;小球在指定位置停留时,会有一定的震荡。

5.3 创新特色总结展望
本系统很好地完成了任务目标,并且设计了人机界面。经过多次测试,系统总体结构稳定,有一定的抗干扰能力。但是在机械结构上还有改进的余地,如可以采用性能更佳的连杆结构,选择扭矩更大的舵机等。此外,还希望在 PID 参数调整方面进行更好的优化,以获得更好的快速性和稳定性。

6. 参考资料

〔1〕胡仁杰,堵国樑,黄慧春.全国大学生电子设计竞赛优秀作品设计报告选编(2015 年江苏赛区)〔M〕.南京:东南大学出版社,2016.

〔2〕李志明.STM32 嵌入式系统开发实战指南〔M〕.北京:机械工业出版社,2013.

〔3〕霍罡.可编程序控制器模拟量及 PID 算法应用案例〔M〕.北京:高等教育出版社,2008.

〔4〕王赓.基于视觉系统的板球控制装置的设计与开发〔D〕.北京:清华大学,2004.

C题　四旋翼自主飞行器探测跟踪系统

一、任务

设计并制作四旋翼自主飞行器探测跟踪系统,包括设计制作一架四旋翼自主飞行器,飞行器上安装一向下的激光笔;制作一辆可遥控小车作为信标。飞行器飞行和小车运行区域俯视图和立体图分别如图C-1和图C-2所示。

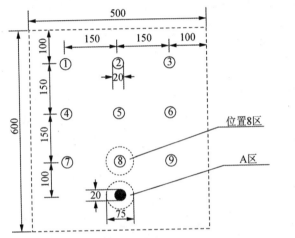

图C-1　飞行区域俯视图(图中单位:cm)

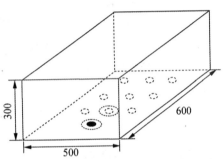

图C-2　飞行区域立体图(图中单位:cm)

二、要求

1. 基本要求

(1)四旋翼自主飞行器(以下简称飞行器)摆放在图C-1所示的A区,一键式启动飞行器,起飞并在不低于1 m高度悬停,5 s后在A区降落并停机。悬停期间激光笔应照射到A区内。

(2)手持飞行器靠近小车,当两者距离在0.5～1.5 m范围内时,飞行器和小车发出明显声光指示。

(3)小车摆放在位置8。飞行器摆放在A区,一键式启动飞行器,飞至小车上方且悬停5 s后择地降落并停机;悬停期间激光笔应照射到位置8区内且至少照射到小车一次,飞行时间不大于30 s。

2. 发挥部分

(1)小车摆放在位置8。飞行器摆放在A区,一键式启动飞行器,飞至小车上方后,用遥控器使小车到达位置2后停车,期间飞行器跟随小车飞行;小车静止5 s后飞行器择地降落并停机。飞行时间不大于30 s。

（2）小车摆放在位置 8。飞行器摆放在 A 区，一键式启动飞行器。用遥控器使小车依次途经位置 1~9 中的 4 个指定位置，飞行器在距小车 0.5~1.5 m 范围内全程跟随；小车静止 5 s 后飞行器择地降落并停机。飞行时间不大于 90 s。

（3）其他。

三、评分标准

项 目		主 要 内 容	满分
设计报告	系统方案	方案描述，方案比较	3
	设计与论证	控制方法描述与参数计算	5
	电路与程序设计	系统组成，原理框图与各部分电路图，系统软件与流程图	6
	测试方案与测试结果	测试方案及测试条件 测试结果完整性 测试结果分析	3
	设计报告结构及规范性	摘要 正文结构完整性 图标的规范性	3
	合　计		**20**
基本要求	完成第（1）项		20
	完成第（2）项		10
	完成第（3）项		20
	合　计		**50**
发挥部分	完成第（1）项		15
	完成第（2）项		30
	其他		5
	合　计		**50**
总　分			**120**

四、说明

（1）参赛队所用飞行器应遵守中国民用航空局的管理规定（《民用无人驾驶航空器实名制登记管理规定》，编号：AP-45-AA-2017-03）。

（2）飞行器桨叶旋转速度高，有危险！请务必注意自己及他人的人身安全。

（3）除小车、飞行器的飞行控制板、单一摄像功能模块外，其他功能的实现必须使用组委会统一下发的 2017 全国大学生电子设计竞赛 RX23T 开发套件中 RX23T MCU 板（芯片型号 R5F523T5ADFM，板上有"NUEDC"标识）。RX23T MCU 板应安装于明显位置，可插拔，"NUEDC"标识易观察，以便检查。

（4）四旋翼飞行器可自制或外购，带防撞圈，外形尺寸（含防撞圈）限定为：长度≤50 cm，宽度≤50 cm。飞行器机身必须标注赛区代码。

（5）遥控小车可自制或外购,外形尺寸限定为:长度≤20 cm,宽度≤15 cm。小车车身必须标注赛区代码。

（6）飞行区域地面为白色;A区由直径20 cm黑色实心圆和直径75 cm的同心圆组成。位置1~9由直径20 cm的圆形及数字1~9组成。位置8区是指位置8的直径75 cm同心圆。圆及数字线宽小于0.1 cm。飞行区域不得额外设置任何标识、引导线或其他装置。

（7）飞行过程中飞行器不得接触小车。

（8）测试全程只允许更换电池一次。

（9）飞行器不得遥控,飞行过程中不得人为干预。小车由一名参赛队员使用一个遥控器控制。小车与飞行器不得有任何有线连接。小车遥控器可用成品。

（10）飞行器飞行期间,触及地面或保护网后自行恢复飞行的,酌情扣分;触地触网后5 s内不能自行恢复飞行视为失败,失败前完成的部分仍计分。

（11）一键式启动是指飞行器摆放在A区后,只允许按一个键启动。如有飞行模式设置,应在飞行器摆放在A区前完成。

（12）基本要求(3)和发挥部分(1)、(2)中择地降落是指飞行器稳定降落于场地任意地点,避免与小车碰撞。

（13）基本要求(3)和发挥部分(1)、(2)飞行时间超时扣分。

（14）发挥部分(1)、(2)中飞行器跟随小车是指飞行器飞行路径应与小车运行路径一致,出现偏离酌情扣分。飞行器飞行路径以激光笔照射地面位置为准,照射到小车车身或小车运行路径视为跟随。

（15）发挥部分(2)中指定位置由参赛队员在测试现场抽签决定。

（16）为保证安全,可沿飞行区域四周架设安全网(长600 cm,宽500 cm,高300 cm),顶部无需架设。若安全网采用排球网、羽毛球网时可由顶向下悬挂不必触地,不得影响视线。安装示意图如图C-3所示。

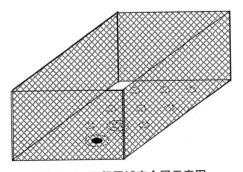

图C-3　飞行区域安全网示意图

报　告　1

基本信息

学校名称	东南大学		
参赛学生 1	寇梓黎	Email	52640888@qq.com
参赛学生 2	郑　添	Email	360565766@qq.com
参赛学生 3	邹少锋	Email	1193523920@qq.com
指导教师 1	郑姚生	Email	zys@seu.edu.cn
指导教师 2	赵　宁	Email	njzhao88@163.com
获奖等级	全国一等奖(瑞萨最佳应用奖)		
指导教师简介	郑姚生,东南大学电子科学与工程学院显示中心工程师。长期从事科研工作,参与并完成国家"八五""九五""十五""十一五""863""973"等重大专项课题研究中的系统电路设计工作;在国内外学术会议及核心期刊上发表学术论文 30 余篇,申请并已授权发明专利 48 项;2011 年以来指导学生参加电子设计竞赛,获得全国大学生电子设计竞赛一等奖,江苏省一等奖、二等奖多项。2013 年被评为优秀辅导老师。 　　赵宁,男,1961 年生,工程师。从事电子技术、真空科学与技术的教学与科研工作。参与了多项国家、省级科研项目的研究工作,主持科研开发项目并获得省级技术鉴定,并在核心期刊上发表数篇科技论文,获得国家发明专利的授权。		

1. 设计方案工作原理

1.1　预期实现目标

设计并制作多旋翼自主飞行器探测跟踪系统,要求实现以下功能:

(1) 一键起飞、稳定飞行、定高悬停、平缓降落等基本功能。

(2) 小车可遥控、飞行器可测量与目标小车距离并进行声光提示。

(3) 定点悬停、跟踪小车飞行。

(4) 创新功能:跟踪小车时实现航向的跟随偏转。

1.2　技术方案分析比较

本系统包括:姿态控制模块、姿态解算模块、图像识别模块、定高模块、电源模块、遥控小车模块、声光模块。系统框图如图 C-1-1 所示。

(1) 姿态控制模块

方案 1: 采用 AVR 单片机作为主控芯片。AVR单片机是 8 位,最高 16 MHz 主频的单片机,其学习资源较为丰富,编译环境简单且适应性强。但 AVR

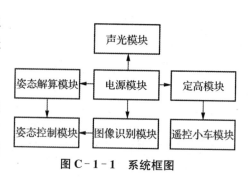

图 C-1-1　系统框图

单片机的处理速度过低,达不到实时控制飞行姿态的要求。典型的 AVR 开源飞控包括 APM 飞控等。

方案 2：采用 STM32F4 单片机作为主控芯片。STM32F407 是一款以 ARM Cortex-M4 为内核,最高主频为 168 MHz 的 32 位单片机。其速度快,具有极强的计算处理能力;内置定时器多,引出众多外设接口,能满足飞行器姿态控制的要求,可移植性强。典型的 STM32F4 开源飞控包括匿名科创、恒拓 HAWK、PIXHAWK 等等。

综合飞行器平稳飞行、高效控制的性能要求,选择方案 2。

（2）姿态解算模块

方案 1：采用 MMA7260＋ENC-03M 传感器

MMA7260 加速度传感器含信号调理和温度补偿技术,ENC-03M 角度传感器可稳定测量角加速度值,但两传感器结合使用较复杂,且需外加电路抑制噪声与温漂。

方案 2：采用 MPU9150＋MS5611 传感器

MPU9150 为 9 轴陀螺仪,内部集成了 MPU6050 和 AK8975 芯片,可精准测量 3 轴角度,3 轴加速度,3 轴地磁方向。MS5611 为高精度气压计,支持 I^2C/SPI 数字输出,两者配合可以迅速准确地反馈飞行器的姿态。

综合传感器的环境可靠性及使用方便程度,选择方案 2。

（3）图像识别模块

方案 1：采用 OV2640 配合 RX23T-NUEDC 开发板。OV2640 的黑电平校准能力较差,获得的灰度图需事先校准,才能获得理想的二值化图像。OV2640 像素高达 200 万,并自带 DSP 压缩功能,但考虑到 RX23T 内存大小以及 I/O 捕获速率的限制,开发较为困难。

方案 2：采用 OV7670 配合 RX23T-NUEDC 开发板。OV7670 像素可达 30 万,通过设定阈值,在黑白赛道上即可获得理想的二值化图像,具有较强的抗干扰能力,帧率能够满足图像处理的需求。

综合飞行器循迹的视野及准确性要求,选择方案 2。

（4）电源模块

方案 1：采用电子调速器的自带稳压模块。采用 3 S 锂聚合电池供电给 4 路电调,输出三相电的同时,可利用电调自带的线性稳压模块输出 5 V 的电压给核心板供电。该方法成本低,方便,但没有低压报警且纹波不够稳定,不能有效地管理电源输入。

方案 2：采用 PMU 电源管理模块。设计一个电源管理模块,实现了对 2 S 至 6 S 电池(电压范围在 8 V～24 V)的线性稳压,并且对电压实时监测,具备了低压报警的功能。

综合电源的安全性和稳定性要求,选择方案 2。

（5）定高模块

方案 1：采用气压计定高。使用气压计获取高度信息,不受角度影响且测量范围很大,但有浮动误差,需进行运算才能保证较高精度。

方案 2：采用 SR-04 传感器＋气压计。SR-04 超声波传感器测距范围为 0～150 cm,误差为 3 cm,误差率约为 0.3%,测距范围也符合题目要求。

方案 3：采用 US-100 传感器＋气压计。US-100 相较 SR-04 增加了温度补偿,并使用内置芯片处理,串口直接输出,使用更简便。

综合定高的稳定性和环境适应性要求,选择方案 3。

1.3 系统结构工作原理

系统需要完成定点悬停等一系列任务,如图 C-1-2 所示。

1.4 功能指标实现方法

(1) 定高悬停算法

以 50 ms 周期读取 US-100 传感器的数据,计算出飞行器的实际高度,通过串级 PID 算法对飞行器的加速度环、高度环进行反馈,使飞行器的期望高度为指定高度,飞行器的加速度期望值为零,从而实现定高悬停。

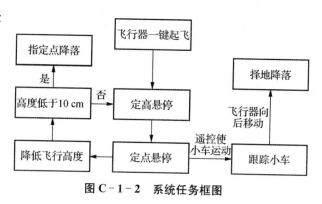

图 C-1-2 系统任务框图

(2) 定点(跟踪)悬停

在定高悬停的情况下,处理 OV7670 摄像头模块获得的图像,计算出黑色圆点的圆心位置,输出圆心距离中心点的偏差量 dx 和 dy。飞行器对偏差量进行前翻和横滚两个方向的 PID 调节,实现定点悬停。对于运动的遥控小车,为其套上涂有黑色圆点的外壳,对运动的黑点进行定点悬停,即实现了跟踪功能。

2. 核心部件电路设计

遥控小车模块设计

我们使用了玩具车的成品遥控芯片 RX-2B,提供了配套的 4 按键遥控器,其内部原理如图 C-1-3 所示;给小车搭载一块单片机,对遥控芯片的输出口进行输入捕捉,然后利用单片机计时器输出 4 路 PWM 波,实现了遥控小车的定向运动功能。小车上搭载蜂鸣器、LED 灯等外设,具体结构原理图如图 C-1-4 所示。

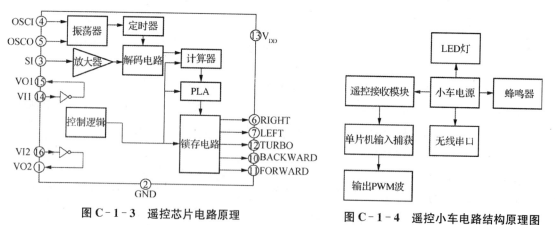

图 C-1-3 遥控芯片电路原理   图 C-1-4 遥控小车电路结构原理图

3. 系统软件设计分析

3.1 卡尔曼滤波算法

对气压计、超声波等传感器初始数据进行卡尔曼滤波,可以得到期望值的最优解。卡尔曼滤波通过反馈控制对过程状态进行估计,其中时间更新部分可以推算当前的状态变量和误差协方差的估计值,构造下一个时间状态的先验估计;测量更新部分负责信息反馈,实现后验估计。

3.2　串级 PID 控制

飞行控制使用的主要控制算法是串级 PID 控制,即多个 PID 反馈控制环串接。具体有:横滚、俯仰方向的姿态角速度控制环、姿态角控制环串接实现飞行器的姿态稳定,组成内控制环;垂直速度控制环、垂直高度控制环组成外环,与内环级联,实现稳定的高度控制;水平位置 PID 控制环是另一个外环,与内环级联实现水平位置的控制。

3.3　图像识别

图像识别的主要算法是霍夫变换。将摄像头的数据存入数组,获得灰度图以及二值图。检测圆时,对图像进行横向和纵向扫描,利用 sobel 算子检测图像边缘,对梯度方向的黑点计数求得圆心坐标,滤波后发送给飞控,实现定点悬停。检测直线时,对图像进行横向和纵向扫描,将每一行或每一列的黑线中心坐标转换至霍夫空间,根据上一帧的直线信息锁定检测范围,既能缩减运算速度又能实现直线的追踪,获得两条直线后,根据交点实现定点,根据斜率实现航向偏转。图像处理算法原理如图 C-1-5 所示。

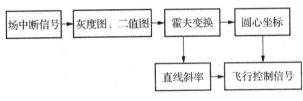

图 C-1-5　图像处理算法

4. 作品成效总结分析

4.1　系统测试性能指标

基本要求(1):A 点一键起飞,以不低于 1 m 的高度悬停。

表 C-1-1　基本要求(1)测量表

测试次数	飞行高度/cm	飞行时间/s	落地点误差/cm
1	110	15.0	5
2	112	15.6	6
3	110	14.3	3

注:落地点误差以飞行器的轴心至 A 区圆心为主。

基本要求(2):飞行器距小车 0.5~1.5 m 时,飞行器和小车发出明显声光指示。

表 C-1-2　基本要求(2)测量表

测试次数	下限高度/cm	上限高度/cm
1	50.3	1.56
2	51.0	1.58
3	50.2	1.62

在上下限高度范围内，小车和飞行器都能发出声光提示。

基本要求(3)：飞行器从A区起飞至B区悬停降落。

表 C-1-3　基本要求(3)测量表

测试次数	激光偏离/cm	飞行时间/s	落地点误差/cm
1	0.5	26.0	5.0
2	1	28.6	6.3
3	0.8	31.3	3.2

发挥部分(2)：飞行器跟踪小车抵达4个点。

表 C-1-4　发挥部分(2)测量表

测试次数	激光偏离/cm	飞行时间/s	落地点与小车距离/cm
1	2.3	80.0	17.2
2	2.8	76.5	15.6
3	3.5	81.6	18.0

经测试，飞行器始终跟随小车前行，激光少有偏离小车的情况，相当稳健。

4.2　创新功能

飞行器可始终跟踪小车，与小车保持同样朝向，小车转向则飞机航向偏离。经测试，小车在地面做旋转运动时，飞行器可跟踪改变航向，一同旋转。在跟踪航向的同时，仍然可以跟踪定位，作平面运动。

5. 参考文献

［1］胡仁杰，堵国樑，黄慧春. 全国大学生电子设计竞赛优秀作品设计报告选编：2015年江苏赛区［M］. 南京：东南大学出版社，2016.

［2］杨庆华，宋召青，时磊. 四旋翼飞行器建模、控制与仿真［J］. 海军航空工程学院学报，2009，24(5)：499－502.

［3］宿敬亚，樊鹏辉，蔡开元. 四旋翼飞行器的非线性PID姿态控制［J］. 北京航空航天大学学报，2011，37(9)：1054－1058.

［4］汪绍华，杨莹. 基于卡尔曼滤波的四旋翼飞行器姿态估计和控制算法研究［J］. 控制理论与应用，2013，30(9)：1109－1115.

［5］张旭明，徐滨士，董世运. 用于图像处理的自适应中值滤波［J］. 计算机辅助设计与图形学学报，2005，17(2)：295－299.

报　告　2

基本信息

学校名称	南京工程学院		
参赛学生 1	谢一宾	Email	983370044@qq.com
参赛学生 2	张　杰	Email	2686534991@qq.com
参赛学生 3	刘鹏程	Email	390964032@qq.com
指导教师 1	曾宪阳	Email	zxymcu@163.com
指导教师 2	王善华	Email	
获奖等级	全国一等奖		
指导 教师 简介	曾宪阳,男,1979 年生,博士,南京工程学院教师。近年来指导学生参加全国大学生电子设计竞赛、江苏省大学生电子设计竞赛,所指导的学生先后取得全国一等奖两项,全国二等奖两项,江苏省一等奖七项,江苏省二等奖十余项等成绩。以第一作者身份发表论文十余篇,期中一区 SCI 收录一篇,中文核心期刊收录五篇,授权发明专利三项,实用新型专利六项。 王善华,男,1971 年生,南京工程学院教师。近年来指导学生参加全国大学生电子设计竞赛、江苏省大学生电子设计竞赛,所指导的学生先后取得全国一等奖一项,江苏省一等奖两项,江苏省二等奖两项等成绩。以第一作者身份发表论文十余篇,期中中文核心期刊收录四篇,授权发明专利一项。		

1. 设计方案工作原理

本系统主要由控制系统模块、驱动及动力模块、功能模块组成,下面分别论证这几个模块的选择。

图 C-2-1　本小组成员设计的飞行器作品实物图

1.1　控制系统模块部分的论证与选择

方案 1: 采用 STM32F103 系列 32 位处理器,其硬件资源丰富,性能较好。

方案 2: 采用瑞萨 RX23T 单片机,内部资源满足飞行器飞行需求,其配套的 IDE 及代码生成工具使程序的编辑和调试更加方便。

综上,本系统选用组委会提供的瑞萨 RX23T 单片机作为主控芯片。

1.2 驱动及动力模块部分的论证与选择

方案 1：采用普通直流电机。普通直流电机价格低廉,应用广泛,但其扭矩较小,可控性较差。

方案 2：采用无刷直流电机。无刷直流电机以电子换向取代机械换向,无机械摩擦,无磨损,无电火花,且无刷电机转速高,可控性强,采用外转子结构,扭矩较大,配合电调方便控制。

综上,为实现四轴电机的高速高效性能,选用方案 2。

1.3 功能部分的论证与选择

（1）姿态解算模块的论证与选择

方案 1：采用 MPU6050 六轴传感器。MPU6050 集成了三轴陀螺仪和三轴加速度计,可靠性很好、结构简单、重量轻且体积小。

方案 2：采用角度传感器模块。角度传感器模块虽然可以直接输出角度信息,但其速度较慢,可操纵性较低。

综上,为了更好地获取飞行器姿态,我们采用方案 1。

（2）定高模块的论证与选择

方案 1：采用激光定高模块。激光定向模块能发光,能量密度大,精度较高,受外界影响较小。

方案 2：采用超声波定高模块。超声波指向性强,能量消耗缓慢,但是电机噪声等其他环境因素干扰较大。

综上,由于是在室内飞行,考虑到周围环境的影响,选择方案 1。

（3）追随方案的论证与选择

方案 1：采用 STM32F4 驱动摄像头定位。采用摄像头实现对小车的定位,使用 STM32F4 可以高效地实现图像处理。

方案 2：采用瑞萨 RX23T 驱动摄像头进行定位。图像处理对处理器要求较高,并且算法较为复杂。

综上,STM32F4 图像处理速度较快,因此选择方案 1。

（4）定点的论证与选择

方案 1：采用光流传感器模块定点。光流传感器可以直接输出飞行器相对于地面的速度,较为准确,使用方便。

方案 2：采用摄像头定点。摄像头定点准确性差、抗振动差。

综上,为了稳定的定点,选择方案 1。

1.4 飞行器飞行原理分析

四旋翼飞行器通过调节四个电机转速来改变旋翼转速,实现升力的变化,从而控制飞行器的姿态和位置。四旋翼飞行器是一种六自由度的垂直升降机,但只有四个输入力,同时却有六个状态输出,所以它又是一种欠驱动、强耦合的系统。

四旋翼飞行器的电机 1 和电机 3 顺时针旋转的同时,电机 2 和电机 4 逆时针旋转,因此当飞行器平衡飞行时,陀螺效应和空气动力扭矩效应均被抵消。

1.5 飞行姿态控制

从 MPU6050 传感器获取 3 个维度的陀螺仪值和 3 个维度的加速度值,并将原始数据进行滤波处理,使用滤波后的数据通过一阶龙格库塔法解算出四元数,然后和加速度值进行互补滤波,消除陀螺仪积分漂移,得到较为准确的四元数,然后通过四元数转化为欧拉角,传到姿态PID控制器中,将PID输出加到电机的PWM值上,控制电机的转速达到姿态的调节。

1.6　飞行探测跟踪

STM32F4驱动摄像头,将摄像头拍摄到的图像处理后,通过串口向飞控发出偏移误差,主控芯片RX23T根据此误差进行位置PID控制,控制飞行器的飞行轨迹。

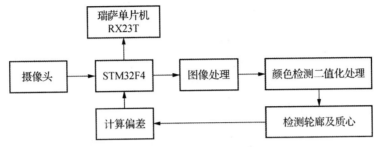

图 C-2-2　STM32F4 探测跟踪小车结构框图

1.7　飞行高度控制

通过激光传感器、光流传感器实现定高定点。系统初始化完毕后,模块开始正常工作,不断检测与地面的高度,通过高度串级PID调节与期望值的偏差。

1.8　串级 PID 参数调节

该系统共有姿态PID、高度PID、位置PID三组串级PID调节。每次PID调节都先调节内环,再加上外环一起调节,直到得到快速、稳定、准确的响应跟随。

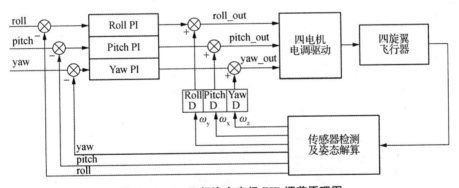

图 C-2-3　飞行姿态串级 PID 调节原理图

2. 核心部件电路设计

2.1　系统组成及系统总体设计

本四旋翼飞行系统由瑞萨系统板RX23T、六轴姿态模块、激光模块、摄像头、STM32F4以及驱动与动力模块构成。将摄像头拍摄到的图像经过STM32F4处理后,将误差数据经串口发给瑞萨单片机,单片机使用传回来的数据作位置PID控制,从而使飞行器可以平稳飞行及降落到指定区域。

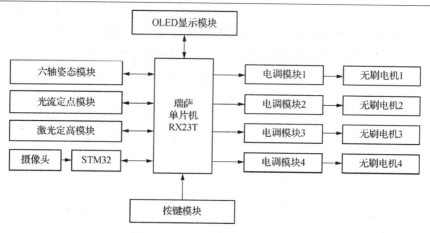

图 C-2-4　系统总体设计框图

2.2　电调电机模块原理图

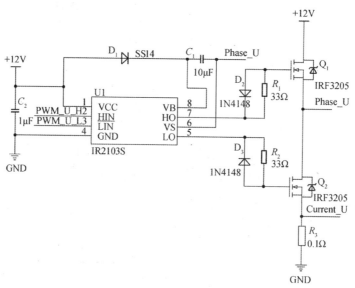

图 C-2-5　电调电机模块原理图

2.3　瑞萨单片机 RX23T 核心板底座 PCB 图

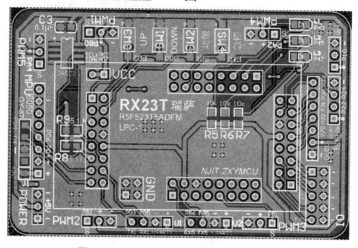

图 C-2-6　RX23T 核心板底座 PCB 图

3. 系统软件设计分析

3.1 系统主程序流程图

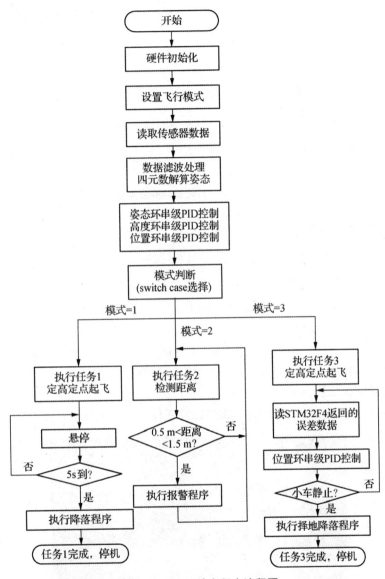

图 C-2-7 系统主程序流程图

3.2 系统软件开发环境

本系统程序的编写与编译采用 e²studio 软件,软件开发环境如图 C-2-8 所示。

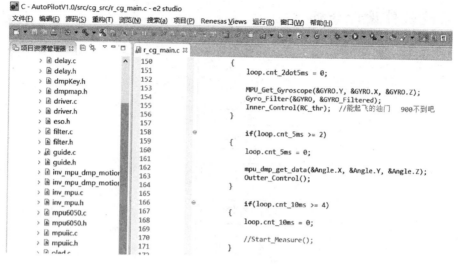

图 C-2-8　系统软件开发环境

4. 竞赛工作环境条件

4.1　测试方案

先在万向轴上调节姿态,待姿态稳定后,移至飞行场地调试。将飞行器置于 A 点,初始化完毕后,一键起飞,待飞行器稳定后逐渐增加高度,直至达到题目要求的 1 m。手持飞行器靠近小车,当 STM32F4 检测到小车后发信号给 MCU 使蜂鸣器发声,确保能检测到小车后,测试飞行器追踪小车。先是固定小车静止不动,飞行器朝小车方向飞行,停留 5 s 后降落,接着测试动态的小车,飞行器追踪小车飞行,直到达到良好的跟随效果。

4.2　测试条件与仪器

飞行器有相应的飞行场地,同时有可供追踪的遥控小车及飞行器。

图 C-2-9　飞行器系统飞行测试场地图

4.3　测试结果及分析

PID 参数设置方法:先从 P 开始调节,直到在期望处震荡,此时表示 P 的力度过大,减小此时的 P,加入 D 来抑制震荡,直到可以在期望处稳定,无明显震荡,此时加上 I 来消除静差,增加 I 直到较为准确的达到期望值。使用积分分离和积分限幅措施来消减积分饱和。

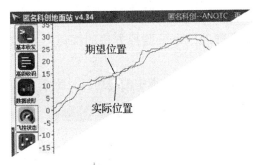

（a）位置期望值与实际值跟随效果图

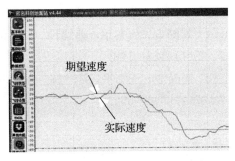

（b）速度期望值与实际值跟随效果图

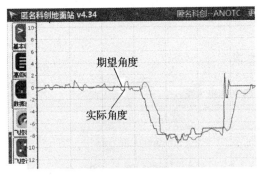

（c）角度期望值与实际值跟随效果图

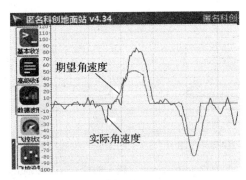

（d）角速度期望值与实际值跟随效果图

图 C-2-10　通过上位机观察到的 PID 调节波形效果图

文中分析了四旋翼飞行器的控制原理,建立了多路串级 PID 调节控制模型,设计了以 RX23T 高速单片机为核心的控制系统电路,通过无线模块将数据传递到上位机观察 PID 调节效果,实际飞行效果表明,飞行器飞行姿态稳定,可以完成稳定跟踪小车等题目要求的所有任务。

5. 作品成效总结分析

本套跟踪系统使用了位置-速度-姿态-角速度四环 PID 控制,可以有效地跟踪目标,系统鲁棒性高,在跟踪小车的过程中,超调小,飞行稳定,下方激光点基本照射在小车上方,即使在小车全速运行的情况下,依然可以达到较好的跟踪效果。高度-速度串级 PID 控制,定高稳定,高度误差在±2 cm 范围内,定高的稳定也有利于图像的处理。

本套系统还配有语音播报装置,在起飞时播报事先设定好的语音信息,提示飞行器即将起飞。

6. 参考文献

［1］梅隆魁. 基于嵌入式技术的四旋翼飞行器系统设计与实现［D］. 北京邮电大学，2013.

［2］晋忠孝，胡安东，汤权，等. 四旋翼飞行器系统设计［J］. 信息通信，2016(1):81-82.

［3］陈朋，胡越黎，董学成，等. 基于 μC/OS-Ⅲ 的四旋翼飞行器系统设计［J］. 工业控制计算机，2016，29(6):12-13.

［4］周云涛. PID 控制系统工作原理以及参数的调整方法［J］. 新疆有色金属，2017，40(3).

［5］Bradski G. The Opencv Library［J］. Doctor Dobbs Journal，2000，25(11):384-386.

［6］龚声蓉. 数字图像处理与分析［M］. 北京：清华大学出版社，2014.

［7］刘圃卓，林杰华，娄晓博，等. 关于图像处理的空车位监控方法的探讨［J］. 软件，2017，38(1):123-126.

［8］周尚波，王李平，尹学辉. 分数阶偏微分方程在图像处理中的应用［J］. 计算机应用，2017，37(2):546-552.

报　告　3

基本信息

学校名称	南京邮电大学		
参赛学生 1	梁定康	Email	9356409252@qq.com
参赛学生 2	严家骏	Email	xiheliu@126.com
参赛学生 3	钱　瑞	Email	1797340941@qq.com
指导教师 1	肖　建	Email	xiaoj@njupt.edu.cn
指导教师 2	夏春琴	Email	xiacq@njupt.edu.cn
获奖等级	全国二等奖		
指导教师简介	肖建,男,博士,副教授,南京邮电大学电子与光学工程学院副院长、电工电子实验教学中心主任。主要研究方向为:嵌入式系统技术应用。曾指导学生参加各级各类学科竞赛,获得全国大学生电子设计大赛本科最高奖"瑞萨杯"、华东赛区"TI"杯、国家级一等奖3组,国家级二等奖4组、"TI杯"模拟电子系统专题邀请赛国家级一等奖1组、三等奖1组,各类学科竞赛省级奖项20余项。2011年获得江苏省电子设计大赛优秀指导教师称号,所在电子设计竞赛指导教师团队获得江苏省科教系统"工人先锋号"集体荣誉,2011年获"感动南邮"十大人物称号。		

1　设计方案工作原理

1.1　预期实现目标

本课题要设计的是四旋翼自主飞行器探测跟踪系统,通过多种传感器的相互配合使用,达到一定的技术指标。要求飞行器在既定位置飞行区域内实现一键起飞与悬停,飞行中能够识别小车,实现和小车的声光指示,并能悬停至小车上方用激光笔照射小车;在此基础上,进一步实现飞行器跟随小车飞行,在遥控小车经过指定位置的情况下飞行器全程跟随小车并在小车停止后降落停机。该赛题的核心是要能精确控制飞行方向,调整飞行姿态,保证飞行器的平稳性及对图像数据进行处理。

1.2　技术方案比较

(1) 主控制器件的论证与选择

方案1:采用 AT89S52 单片机。AT89S52 是一种低功耗、低性能 CMOS 8 位微控制器,具有 8 K 在线可编程 Flash 储存器,但是架构简单,片上外设少,运算能力低,不适合本次使用。

方案 2: 采用瑞萨 RX23T 单片机最小系统板。RX23T 单片机具有众多的优势功能,其工作频率为 40 MHz,内置浮点处理单元(FPU),适用于复杂的控制算法编程,40 MHz 时的性能为 65.6 DMIPS,并搭配姿态加速度传感器模块和独特的姿态融合算法,可以达到比较良好的控制效果。

综合考虑,使用方案 2 瑞萨 RX23T 的最小系统板。

(2) 飞行控制板的论证与选择

方案 1: 采用 Pixhawk 飞控器。Pixhawk 飞控系统是一个开源飞控系统,具备改进的干扰控制,提高了可靠性,减轻了重量,内部集成了飞行控制的各种传感器模块,能支持多种结构的飞行器。Pixhawk 提供开源代码,支持将个人的多轴飞行器与先进的自动飞行技术结合起来,飞行稳定、容易控制。提供可使用的多种飞行模式,方便调节设置。

方案 2: 采用 STM32＋姿态传感器。单片机作为飞控板,并搭配姿态加速度传感器模块和姿态融合算法可以达到比较良好的控制效果,但在短短几天内难以调整好其 PID 参数,且相比于 Pixhawk 飞控,其抗干扰性、稳定性和动机性欠佳。

综合以上两种方案,选择方案 1。

(3) 测距模块的论证和选择

方案 1: 采用红外测距模块。红外测距距离范围为 10～80 cm,精度为 5 cm,精度太低,误差超过 6%,测距指标无法达到赛题要求。

方案 2: 采用超声波测距模块。选用超声波测距模块 HC-SR04,测距范围为 200 cm,测距误差在 3 mm 之内,在赛题中,要求起飞并在不低于 1 m 的高度悬停,采用超声波进行测距可保证符合赛题要求。

综合考虑采用方案 2。

(4) 探测跟踪模块的论证与选择

方案 1: 采用瑞萨单片机＋OV7670 模块。OV7670 是一种 CMOS 图像传感器,图像输出速度快,通过算法确认小车的位置并调节飞行器使其飞在小车上方。该方案的数据算法处理较为烦琐,在程序中对高度敏感性要求高,运行过程中不可控因素多。

方案 2: 选择树莓派＋OpenCV。据题目要求,使用树莓派满足题目中关于单一摄像功能模块的要求,在树莓派上搭建好环境后,就可以通过调用 OpenCV 来进行图像处理。OpenCV 是一个高效的跨平台计算机视觉库,可实现图像处理和计算机视觉方面的很多通用算法,速度快,使用方便,代码优化,可用于实时处理图像,具有良好的可移植性。

综合考虑采用方案 2。

1.3　系统结构工作原理

系统框架图如图 C-3-1 所示,该系统主要由单片机控制模块、飞行控制板、超声波、探测跟踪模块等组成。

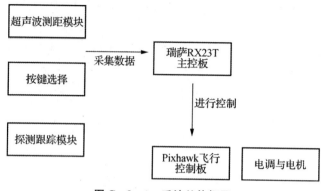

图C-3-1 系统总体框图

(1) 主控板:处理摄像头和超声波传回来的信息,并发送指令给飞控板控制飞行。

(2) 超声波传感器模块:测算距离用以保持高度。

(3) 飞控板:抗干扰、自适应能力强且飞行稳定,提供了一个良好的飞行平台。

姿态控制子系统如图C-3-2所示,采用超声波传感器进行测距并结合PID算法实现定高飞行,采用串级PID控制方法同时结合超声波、摄像头模块反馈回来的位置信息对姿态角进行控制,从而完成俯仰、横滚、偏航等各种基本飞行动作。

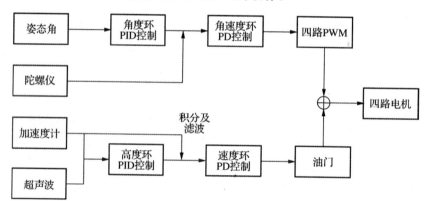

图C-3-2 姿态控制子系统框图

2. 系统软件设计分析

2.1 飞行姿态理论的分析与计算

刚体运动时可以通过欧拉角变换测得当前姿态,存在两个坐标系,一个位于地面参考系(n系),一个位于飞机体参考系(b系)。相对于机体参考系得到向量Q_p和相对于地面参考系的向量Q_G,由旋转矩阵R得到$Q_G = Q_P$,其中旋转矩阵:

$$R = \begin{bmatrix} r_{xx} & r_{xy} & r_{xz} \\ r_{yx} & r_{yy} & r_{yz} \\ r_{zx} & r_{zy} & r_{zz} \end{bmatrix} \qquad (1)$$

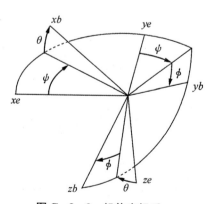

图C-3-3 机体坐标系

因此，得到欧拉角和方向余弦之间的关系如下：

$$R=\begin{bmatrix} \cos\theta\cos\psi & \sin\phi\sin\theta\cos\psi-\cos\phi\sin\psi & \cos\phi\sin\theta\cos\psi+\sin\phi\sin\psi \\ \cos\theta\sin\psi & \sin\phi\sin\theta\sin\psi+\cos\phi\cos\psi & \cos\phi\sin\theta\sin\psi-\sin\phi\cos\psi \\ -\sin\theta & \sin\phi\cos\theta & \cos\phi\cos\theta \end{bmatrix} \quad (2)$$

由全向余弦矩阵计算得到欧拉角：

$$\begin{cases} \phi=-\arcsin(r_{zx}) \\ \theta=a\tan2(r_{zy},r_{zz}) \\ \psi=a\tan2(r_{yx},r_{xx}) \end{cases} \quad (3)$$

得到飞行器姿态后即可通过嵌套的 PI→PID 算法循环来控制，优化内部的 PID 循环对良好稳定飞行至关重要，而外部 PI 循环不那么敏感，主要影响飞行的快慢。内部 PID 循环计算出所需的旋转角速度并且和原始陀螺仪数据比较，将差异反馈给 PID 控制器并发送到电机来修正旋转速度。

2.2　基于树莓派的探测跟踪理论分析与计算

利用树莓派的摄像头 RPI 5MP 进行图像的采集，据题目要求，飞行器在起飞后需要识别出作为信标的遥控小车，当飞机起飞后，开始采集飞机下方一定区域内的图像情况，对所收集图像中方向和幅度两个方面的像素点进行微分算子检测，通过求导的方式来检测边缘，可以将需要识别的小车与周围场景区分开来，进行滤波后使用 CamShift 算法进行运动目标的跟踪，从而识别到小车。

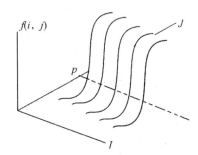

图 C-3-4　检测物体边缘产生的像素值变化

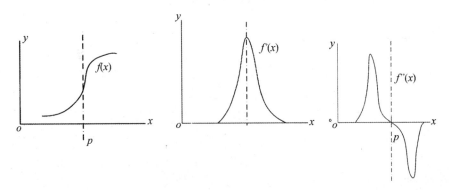

图 C-3-5　对阶跃的函数图像进行一阶和二阶导数的结果

通过有效的噪声抑制，使用偏导阵列来计算像素值的偏导数，对应信噪比与定位乘积进行测度以得到最优逼近算子。通过对采集所得图像进行边缘检测来进行小车的识别，实测证明此种做法可靠,适应性强。

2.3 程序功能描述与设计思路

（1）程序功能描述

① 主控板实现功能:能处理摄像头和超声波传回的信息并发送给飞控板控制飞行。

② 飞控板实现功能:输出 PWM 波控制电机电调飞机飞行。

③ 测距模块实现功能:通过输出脉冲的占空比测量高度。

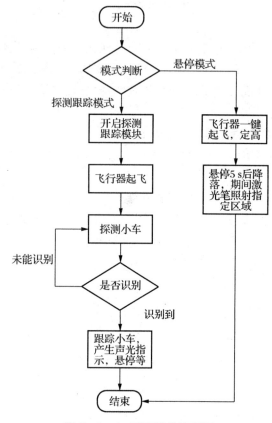

图 C-3-6 测距模块流程图

3. 竞赛条件

（1）飞行器从指定位置 A 区一键启动,起飞后悬停,激光笔照射 A 区,5 s 后降落停机。测量飞行的高度、所用时间、起飞稳定性和降落时的稳定性。

（2）飞行器与遥控小车的通信交流。测量两者的距离以及明显的声光指示。

（3）A 区和 8 区相距 1 m,飞行器从 A 区一键启动,飞至停于 8 区的小车上方并悬停 5 s 后降落,期间激光笔至少照射小车一次。测量所用时间,悬停期间的飞机姿态状况及飞机飞行过程中的稳定性。

（4）小车位于 8 区,飞行器位于 A 区,飞行器启动后飞至小车上方时,遥控小车行驶至 2 区,期间飞行器跟随小车,到达 2 区,完成悬停后降落停机。测量所用时间,飞行器跟随期间的飞行稳定性,图形识别模块的可靠性。

(5) 小车依次经过 1~9 区中的 4 个指定位置，飞行器在距小车 0.5~1.5 m 的范围内跟随，小车静止后，飞行器悬停 5 s 后停机。测量所用时间，两者之间的距离，飞行器的导航探测能力。

测试条件：在按照题目要求的地图上进行测试，按题目要求一次性测完全部过程，中途不换电池重复测四次，测试工具有米尺一把、秒表一个。

4. 作品成效总结分析

表 C‑3‑1 基本部分测试数据

测试项目	飞行器起飞悬停（定高 115 cm）			飞行器寻找小车并悬停		
次数	实测高度/cm	高度误差	激光笔照射 A 区	飞行器小车声光指示	探测小车情况	跟踪小车情况
1	114	0.8%	成功	实现	完成	完成
2	112	2.6%	成功	实现	完成	完成
3	116	0.8%	成功	实现	完成	完成

表 C‑3‑2 发挥部分测试数据

测试项目	飞行器跟随小车沿指定路径飞行		飞行器跟随小车沿随机路径飞行		
次数	探测小车	跟踪小车	探测小车	跟踪小车	飞行器与小车距离
1	成功	成功	成功	成功	满足要求
2	成功	成功	成功	成功	满足要求
3	成功	成功	成功	成功	满足要求

由上述测试数据可知，本设计较好地完成了基本部分和发挥部分的要求，由此可以得出以下结论：

(1) 可以比较稳定的完成定高定点悬停以及探测跟踪等任务。

(2) 能够实时的采集飞行器当前的姿态信息并融合解算出当前的欧拉角。

(3) 具有较高的稳定性，飞行平稳，反应迅速，整体结构简单，可扩展能力强。

综上所述，本设计达到赛题任务要求。

5. 附录

多旋翼飞行器实机图、多旋翼主控 PCB 版图及程序清单详见网站。

6. 参考资料

[1] 方旭,刘金琨. 四旋翼无人机动态面控制[J]. 北京航空航天大学学报. 2016(08).

[2] 邵鹏杰,董文瀚,马骏,等. 考虑桨叶陀螺效应的四旋翼定点飞行动态面控制[J]. 飞行力学, 2015(05).

[3] 陈龙. 小型四旋翼直升机的自动控制系统设计[D]. 电子科技大学,2014.

报 告 4

基 本 信 息

学校名称			南京邮电大学
参赛学生 1	王 博	Email	1295502399@qq. com
参赛学生 2	钱家琛	Email	1120308326@qq. com
参赛学生 3	邱城伟	Email	759258231@qq. com
指导教师 1	肖 建	Email	xiaoj@njupt. edu. cn
指导教师 2	蔡志匡	Email	whczk@njupt. edu. cn
获奖等级			全国一等奖（瑞萨杯）
指导教师简介			肖建,男,博士,副教授,南京邮电大学电子与光学工程学院副院长、电工电子实验教学中心主任。主要研究方向为:嵌入式系统技术应用。曾指导学生参加各级各类学科竞赛,获得全国大学生电子设计大赛本科最高奖"瑞萨杯"、华东赛区"TI"杯、国家级一等奖 3 组、国家级二等奖 4 组、"TI 杯"模拟电子系统专题邀请赛国家级一等奖 1 组、三等奖 1 组,各类学科竞赛省级奖项 20 余项。2011 年获得江苏省电子设计大赛优秀指导教师称号,所在电子设计竞赛指导教师团队获得江苏省科教系统"工人先锋号"集体荣誉,2011 年获"感动南邮"十大人物称号。

1. 设计方案工作原理

1.1 方案设计目标

根据题目要求,使用指定的瑞萨控制板在限定时间内实现飞机定点悬停、自动定位小车、自主跟踪小车等功能,并能按照要求使飞行器定位误差值尽量小,在实现各功能的同时能精确控制飞行方向、调整姿态及保持飞行器的平衡性,还可以进行无线传输,将飞行器数据实时传输到手持设备中。下面对系统中所涉及的方案进行论证及选择。

1.2 主要方案论证选择

（1）飞行器姿态及导航控制

方案 1:采用组委会统一下发的瑞萨 RX23T 单片机作为飞行器姿态控制板和飞行控制板。经过初步分析,要实现较为完整功能的飞行器系统,主控板需要完成传感器数据获取、姿态计算、电机控制等工作,程序编写复杂,开发周期长,数据量较大,占用 CPU 处理时间太长,容易因多任务处理及中断太多导致系统不稳定。

方案 2:使用 Pixhawk 成品飞控。Pixhawk 为当下较热门的飞行器开源控制板,功能齐全,能实现飞行器的基本稳定飞行,代码开源,可根据实际需要直接对源代码进行修改,适合此次设计。

方案选择:综合考虑系统开发时间及飞行稳定性,本系统选择方案 2,使用开源 Pixhawk

作为飞行器控制板,瑞萨 RX23T 单片机作为飞行控制导航板。

(2) 视觉定位模块选取

方案 1: 采用 OV7620 等 CMOS 摄像头。OV7620 分辨率可以达到 640×480,最大图像采集速率为每秒 60 帧,可以配置输出 RGB565 彩图或灰度图,自带 FIFO,但读取图像格式复杂,不适合赛题需求。

方案 2: 采用 OpenMV 摄像头模块

OpenMV 包含 216 MHz ARM Cortex M7 微处理器及 OV7625 摄像头,支持多种格式图像输出,内部自带多套成熟的图像识别算法,使用简单,大大缩短了开发周期。

方案选择:选择方案 2,以 OpenMV 摄像头模块作为视觉定位、目标探测传感器。

(3) 遥控小车选择

方案 1: 选用双通道玩具遥控小车。玩具小车操作简单,免去自己动手的麻烦,但是普遍存在速度控制不稳定、遥控器信号会互相串扰、功能单一等问题,并且很难找到符合本次题目设计外观需求的小车。

方案 2: 使用旋转电位器及无线串口自行制作遥控小车。使用自制小车可以根据题目要求进行拼装,虽然制作麻烦,但小车的速度、功能、稳定性均优于玩具小车,而且可以自行添加相应模块,实现与小车的信息交互,实现一些更复杂的功能。

方案选择:考虑到图像识别算法实现难易及小车可控性,最终选择方案 2,使用自制遥控小车。

2. 系统软件设计

2.1 飞行姿态理论

通过 Pixhawk 读取 MavLink 中的姿态和声呐,得到飞行器此时的 roll、pillow、yaw 和高度的值,通过与飞机平稳姿态时的数值相比较,并通过欧拉角变换得到当前姿态。

2.2 飞行姿态控制计算

得到飞行器姿态数据后即可通过由嵌套的 PI→PID 算法循环来控制。通过内部 PID 循环计算出所需的旋转角速度并且和原始陀螺仪数据比较,将差异反馈给 PID 控制器,并发送到电机来修正转速。这是比率(ACRO)模式、稳定模式和其他所有模式的核心,也是飞行器中最关键的增益值。循环计算出所需的角速度,循环的输入可以是由使用者游戏杆操控,或设计达到一个特定角度的稳定值。

2.3 系统电路与程序设计

系统整体功能框图如图 C-4-1 所示。本系统旨在设计并制作一架能稳定飞行的四旋翼飞行器,且具有目标物体探测识别、自动定位、自主跟踪地面上运动的信标小车等功能。该系统由三部分组成:具有探测和跟踪功能的四旋翼飞行器、可遥控移动的有色信标小车和遥控终端(地面站)。四旋翼飞行器借助 Pixhawk 飞控平台,负责飞行姿态检测;飞行控制以两块瑞萨 RX23T 单片机为核心,由 OpenMV 图像识别模块、超声波测距模块、声光报警模块等几部分构成。飞行过程中,经过瑞萨芯片处理各外设采集的包括飞行器高度、色块位置、小车位置等数据,结合 PID 控制算法给出飞行器的飞行决策,同时解算出相应通道值(pitch、yaw、roll和 throttle 等),通过 PPM 信号控制飞控板及时来调整电机转速值,使飞行器稳定在指定高度,调整飞行姿态,使飞行器及时到达相应的位置,从而对地面信标实现探测和跟踪等功能。遥控终端(地面站)控制信标小车的移动并实时反馈系统状态信息。

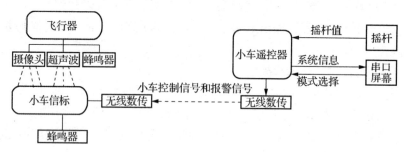

图 C-4-1　系统整体框架图

2.4　关键电路分析

瑞萨导航板与飞行器连接结构如图 C-4-2 所示。

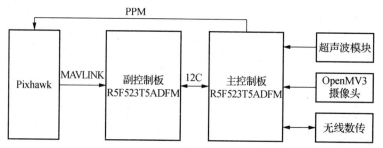

图 C-4-2　瑞萨导航板与飞行器连接结构图

2.5　主体软件设置图

主体软件程序流程图如图 C-4-3 所示。

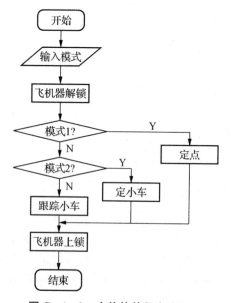

图 C-4-3　主体软件程序流程图

3. 竞赛工作环境

3.1 软件开发环境

（1）瑞萨公司的 e² studio

（2）TI 公司的 Code Composer Studio 6.1.3

（3）Missionplaner1.3.48

3.2 硬件平台

（1）瑞萨公司的 RX23T

（2）TI 公司的 TM4C123G

4. 作品成效总结分析

4.1 测试所需工具

（1）卷尺（测量飞机高度）　　　　　　1个

（2）秒表（测量各个阶段使用时间）　　1个

4.2 系统测试性能指标

（1）基本部分指标测试数据

表 C-4-1　基本部分指标测试数据表

项目	A区定高1 m以上5 s 并降落			飞行器靠近小车发出声光指示				在小车上悬停5 s 并能择地降落	
次数	是否有5 s	高度是否在1 m以上	是否成功降落	距离40 cm是否发出指示	距离50 cm是否发出指示	距离150 cm是否发出指示	距离160 cm是否发出指示	是否悬停5 s	是否成功降落
1	是	是	是	否	是	是	否	是	是
2	是	是	是	否	是	是	否	是	是
3	是	是	是	否	是	是	否	是	是
4	是	是	是	否	是	是	否	是	是

（2）发挥部分指标测试数据

表 C-4-2　发挥部分指标测试数据表

项目	跟随小车到达位置2并降落				跟随小车到达四个位置并降落			
次数	飞行器是否跟随小车	小车是否到达位置2	飞行器是否成功降落	飞行时间	飞行器是否跟随小车	小车是否到达指定位置	飞行器是否成功降落	飞行时间
1	是	是	是	26 s	是	是	是	68 s
2	是	是	是	24 s	是	是	是	72 s
3	是	是	是	27 s	是	是	是	75 s
4	是	是	是	25 s	是	是	是	70 s

4.3 测试分析与结论

根据上述测试数据,本系统设计的飞行器能在1 m以上位置(1.1 m)定高,并且能较快找到点或者小车,能快速跟踪小车移动,在移动过程中,飞行器和车保持一定的垂直距离(110 cm左右),小车和飞行器发出明显的声光提示;任务结束过程中,飞行器能稳定悬停5 s及以上时间后择地降落。

综上所述,本系统全部实现了设计的基本要求和发挥部分的功能要求。

5. 参考文献

［1］张生军.基于视觉的无标记手势识别［M］.长春:吉林大学出版社,2016.

［2］Prateek Joshi. OpenCV 实例精解［M］.北京:机械工业出版社,2016.

［3］高伟.捷联惯性导航系统初始对准技术［M］.北京:国防工业出版社,2014.

［4］瑞萨 23T 芯片参数手册

报 告 5

基本信息

学校名称	中国矿业大学		
参赛学生 1	周 鑫	Email	923137104@qq.com
参赛学生 2	邹 豪	Email	2271306912@qq.com
参赛学生 3	潘艺芃	Email	1140887835@qq.com
指导教师 1	袁小平	Email	xpyuankd@163.com
获奖等级	全国二等奖		
指导教师简介	袁小平,博士,中国矿业大学信息与控制工程学院教授,博士生导师,中国矿业大学大学生电子设计与创新实践基地负责人,苏鲁皖地区高等学校电子技术研究会副理事长,长期从事电子技术教学与科研工作,校级精品课程"数字电子技术"负责人,校级电子技术课程群团队负责人,曾获得中国矿业大学教学贡献奖、"百佳教师"称号、教书育人先进个人、"最受大学生欢迎的老师"称号。获得国家级教学成果二等奖1项,江苏省教学成果一等奖2项、二等奖1项。编写国家级"十一五"规划教材1部,江苏省精品教材1部。指导学生多次获得国家级和省级电子设计竞赛奖,被评为中国矿业大学大学生创新创业优秀指导教师。		

1. 设计方案工作原理

1.1 预期实现目标定位

（1）搭建在要求距离内均可产生声光提示的四旋翼飞行器和遥控小车系统。

（2）进一步为四旋翼飞机系统增加自稳定飞行、自动起降落、定高飞行和识别跟随飞行等功能,并可以进行功能切换,能够达到赛题的基本要求和发挥部分要求。

（3）进一步改善系统并调节参数,使之能够完成抗干扰自稳飞行和目标跟踪。

（4）编写程序使之可以一键飞行,完成题目各部分要求。

1.2 技术方案分析比较

根据题目要求,系统主要实现飞行器的定高与跟随飞行功能,对此设计的系统组成部分有:机械结构部分、电机与驱动模块、电源模块、运动导航模块、高度监测模块,以下进行选型分析及论证。

（1）机械部分结构设计

使用一个轴距为450 mm的机架来搭建四旋翼飞行器,配以起落架,自稳云台(安装导航和定高相关模块),正反桨,防撞杆。使用魔术扣、扎带、铜柱及螺丝将其他模块固定在机架上。结构如图 C-5-1 所示。

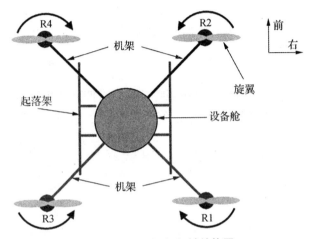

图 C-5-1 飞机机械结构图

（2）电机与驱动模块选型

方案1:使用有刷空心杯电机,具有轻量、节能、稳定等优点。缺点也非常明显,主要是电刷带来了较大的摩擦,会导致效率相对低下且需要维护或更换。多用于微型四旋翼。

方案2:使用无刷电机。由于没有了电刷,无刷电机克服了有刷电机的种种缺陷,但需要使用电调驱动。

选择:综合以上比较论证,拟采用方案2,来保证四旋翼系统的驱动力。

（3）电源模块选型

方案1:采用典型放电电压为3.7 V的18650锂离子电池二并三串供电,可以直接为电调供电。优点是电池一致性较好;缺点是内阻大会导致温升快散热慢,且放电倍率小,在需要瞬间大电流驱动电调,即高倍率放电时会力不从心。

方案2:采用3S航模锂聚合物电池。优点是轻量化,单位能量、容量、循环寿命都较锂离子电池有所提高,且最大持续电流更大,尤其适合驱动飞行器。

选择:综合考虑后采用方案2。选取了一块容量为3 300 mAh,放电倍率为20 c的锂聚合物电池,经飞行验证,续航时间可满足赛题要求。

（4）运动导航模块选型

方案1:面阵CCD传感器:属于单一感光器件,优点是具有高灵敏度和高解析度;缺点是只能识别黑白。

方案 2：CMOS 传感器：即数字摄像头,优点是直接输出 RGB 矩阵,容易处理,但需要另外通过相关配置来匹配其与 MCU 之间的速度差,从而增加了系统复杂度。

方案 3：光流传感器：该方案受到光照强度、阴影等因素的影响很大,且视野范围相对较小。

选择：综合排除方案 3,又由于小组之前有调试 CMOS 传感器的经验,故采用了方案 2。

(5) 高度监测模块选型

方案 1：使用超声波模块。超声波模块有声波的发射角大、衰减慢、检测范围大以及输出方式多样等优点;但易受到风速、温度、表面吸音程度等环境因素干扰。

方案 2：使用红外光电开关。通过调节后端电位器可以调整阈值距离,在检测距离达到该距离时产生返回电平的高低变化。其优点是数据返回快,精度更高;缺点是受光线影响大以及对黑体检测不理想。

选择：由于测评环境在室内,除光照外其他环境因素稳定,故采用方案 1。

1.3 系统结构工作原理

飞行姿态理论

姿态解算的核心在于旋转,旋转可以出矩阵、欧拉角、四元数表示。它们的区别在于：矩阵适合变换向量,欧拉角相对较直观,四元数适合表示组合旋转。

$$\overset{\circ}{q} = \{w, \vec{v}\} = [w \quad x \quad y \quad z]^{\mathrm{T}} \tag{1}$$

根据对象不同,存在基于地面的 n 参考系和基于飞行器的 b 参考系,示意图如图 C-5-2 所示。

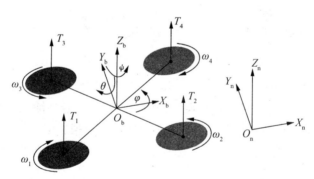

图 C-5-2 n 参考系与 b 参考系

两参考系存在以下关系：

机体绕 Y_b 轴旋转得俯仰角 θ(pitch)；

机体绕 X_b 轴旋转得滚转角 φ(roll)；

机体绕 Z_b 轴旋转得偏航角 ψ(yaw)。

欧拉角和四元数转换关系公式如下,如此计算可得到欧拉角。

$$\begin{cases} \psi = \mathrm{atan2}(2wz + 2xy, 1 - 2y^2 - 2z^2) \\ \theta = \arcsin(2wy - 2zx) \\ \varphi = \mathrm{atan2}(2wx + 2yz, 1 - 2x^2 - 2y^2) \end{cases} \tag{2}$$

1.4 功能指标实现方法

四旋翼飞行器可以稳定飞行的主要条件在于消除误差,而稳定识别的主要条件在于良好的图像处理算法。前者我们采取 PID 控制策略,后者我们对采集的图像进行色彩标准转换,实际中都取得了良好的效果。

（1）PID 控制策略

经典 PID 控制策略使用误差反馈来消除误差，原理框图如图 C-5-3 所示，由于属于无模型控制，此算法具有非建模适应性。

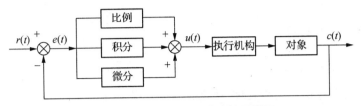

图 C-5-3　PID 控制策略简要原理

该系统使用 PID 控制策略实现了四旋翼飞行器的姿态控制、高度控制及识别跟随飞行。设计过程参考了文献[1]、文献[2]，其中以姿态控制为例，使用了串级 PID 控制，外环控制器的输入是期望的俯仰角，以对俯仰角度进行控制，输出的角速度是内环控制器的输入，其中角度的微分是角速度，内环控制器计算出控制量的输出，发送给电调从而控制电机达到相应的转速，最终达到期望的俯仰角。

（2）色彩标准转换

对于采集图像的处理中，使用到了从 RGB 到 HSL 的色彩标准的转换，RGB(red, green, blue) 和 HSL(hue, saturation, lightness) 是两种不同的色彩标准，RGB 通过红、绿、蓝三个颜色通道的变化以及相互叠加来得到各种颜色，HSL 是根据颜色的色调、饱和度、亮度三个直观特性参数来定义色彩。后者以人眼更熟悉的方式封装了颜色信息，故在某些情况下更加适合机器视觉识别。故本作品采用 HSL 标准处理采集到的图像信息。

1.5　测量控制分析处理

（1）测量工具

表格、卷尺、秒表。

（2）测试项目

测试基本要求，发挥部分的各项指标，以及自行设计创新部分。

（3）测试方法及结果

见表 C-5-1～表 C-5-6 的测试数据表。

2. 核心部件电路设计

2.1　关键器件性能分析

（1）瑞萨 RX23T 主控板

32 位高性能单片机，主频 40 MHz，性能强大，可以满足大部分数据处理以及 PID 算法的实现。

（2）MPU-6050 运动处理组件

是集成三轴 MEMS 陀螺仪，三轴 MEMS 加速度计的运动测量组件，能够实现多维度、高精度的测量。由于本身具有零漂现象，经过修正后输出量相对稳定。

（3）超声波传感器

US-100 超声波测距模块可实现 2 cm～4.5 m 的非接触测距功能，测量精度为 0.3 cm±

1‰,尤其是它具有自动温补校正,工作稳定可靠。先前通过飞机姿态角度校正飞机倾斜时的高度值发现不理想,后安装在云台上得到了可靠的输出值。

（4）摄像头模块

OV7725 采集信噪比高达 50 dB,受阳光影响不大。另外广角镜头可以使飞行器具有更广的识别范围。

2.2　电路结构工作机理

MPU6050 模块采集倾角信息,与角加速度融合后经滤波传至 RX23T 单片机,摄像头采集地面信息传至 STM32F4 单片机后,STM32 经串口与 RX23T 通信,并将图像信息传至 RX23T 单片机后对图像信息进行处理,超声波模块测得飞行器高度进行定高处理。系统整体结构如图 C-5-4 所示。

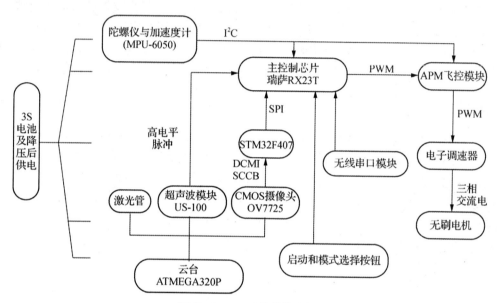

图 C-5-4　系统整体结构

2.3　核心电路设计仿真

（1）MPU6050 模块电路原理图

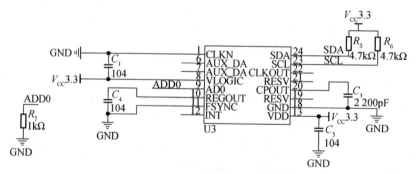

图 C-5-5　MPU6050 模块电路原理图

（2）瑞萨 RX23T 主控芯片原理图

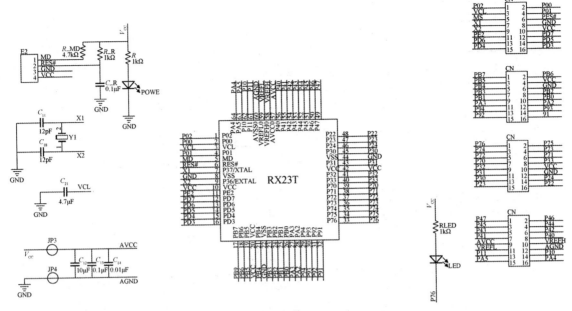

图 C‑5‑6　瑞萨 RX23T 主控芯片原理图

（3）电源及声光提示模块原理图

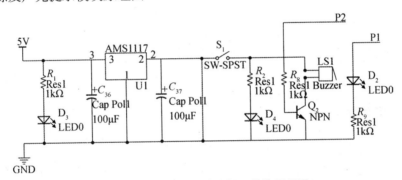

图 C‑5‑7　电源及声光提示模块原理图

2.4　电路实现调试测试

前期使用示波器观察 PWM 波形，在波形正常的前提下进行试飞行。使用一块 STM32 控制芯片实现手动控制和自动控制的功能切换，在切换后保证飞行器在自动控制下可以正常安全运行后，取消了该芯片和接收器，电源与声光提示模块在焊接前已通过软件仿真。

3. 系统软件设计分析

3.1　系统总体工作流程

根据题目要求，软件显示界面的功能如下：

（1）电阻屏交互部分：自解锁启动和模式选择的按键。

（2）显示部分：选择菜单项，目标点坐标显示，带目标捕捉的采集图像。主程序流程图如图 C‑5‑8 所示。

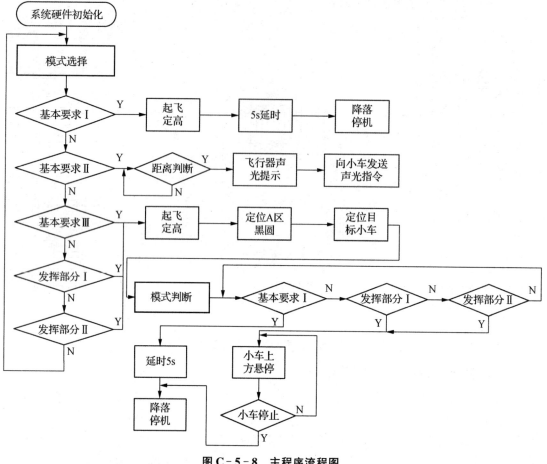

图 C-5-8　主程序流程图

3.2　主要模块程序设计

（1）姿态控制程序原理简图（图 C-5-9）

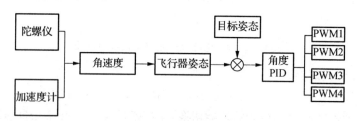

图 C-5-9　姿态控制程序原理简图

（2）图像处理程序原理简图（图 C-5-10）

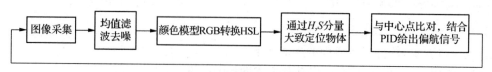

图 C-5-10　图像处理程序原理简图

4. 竞赛工作环境条件

（1）设计分析软件环境

Win10 操作系统、CubeSuite＋、e^2 studio、串口助手等。

（2）仪器设备硬件平台

RX23T 最小系统板。

（3）配套加工安装条件

示波器、万用表、逻辑分析仪、焊台、热熔胶枪、手钻等。

（4）前期设计使用模块

计算机、单片机仿真器、ILI9341 电阻触摸屏、富斯遥控器及接收机。

5. 作品成效总结分析

5.1　系统测试性能指标

下列 5 个表中给出了 6 个测试项目的测试要求和测试结果。

表 C-5-1　基本要求(1)

测试项目	A区自主启动		悬停于 1 m			A区自主降落		
次数	成效	时间/s	成效	时间/s	最大高度差/cm	成效	时间/s	落点误差/cm
1	成功	2.6	成功	5.2	13	成功	3.4	14
2	成功	2.4	成功	4.6	19	成功	4.2	9
3	成功	2.1	成功	5.1	16	成功	3.2	6

表 C-5-2　基本要求(2)

测试项目	小车声光提示		飞行器声光提示	
次数	距离增大至 0.5 m	距离减小至 1.5 m	距离增大至 0.5 m	距离减小至 1.5 m
1	均反应	均反应	均反应	均反应
2	均反应	均反应	均反应	均反应

表 C-5-3　基本要求(3)

测试项目	A区一键启动,飞至小车上方,悬停 5 s 后降落		
测试次数	流程是否完成	照射次数/次	时间/s
1	成功	6	27.6
2	成功	12	29.3
3	成功	8	25.5

表 C-5-4　发挥部分(1)

测试项目	A 区一键启动,飞至小车上方,后跟随运动的小车飞行,小车停止后择地降落		
测试次数	流程是否完成	时间/s	是否触碰小车
1	成功	26.4	否
2	成功	25.5	否
3	成功(略超时)	31.7	否

表 C-5-5　发挥部分(2)

测试项目	A 区一键启动,飞至小车上方,悬停期间跟随运动的小车飞行,小车停止后择地降落				
测试次数	流程是否完成	途经位置	是否全程跟随	时间/s	是否触碰小车
1	成功	→9→6→5→8	是	73.2	否
2	成功	→9→6→3→2	是	65.4	否
3	成功	→9→6→5→2	是	77.5	否

表 C-5-6　发挥部分(3)

测试项目	测试结果
飞行器下方悬挂 20 g,50 g,100 g 砝码飞行,完成基本要求 I	成功
飞行器经过含绿色、红色,彩色胶带区域,完成发挥部分 I	成功
飞机选择性跟踪蓝色或红色小车	成功

5.2　成效得失对比分析

由测试结果来看,系统可以较好地完成题目中的基本和提高要求中的各项指标。由于测试前经历了长时间的调试,在实际测试中并没有出现意外情况,本作品四旋翼自主飞行器的性能优良。

6. 参考资料

[1] 陆伟男,蔡启仲,李刚,等. 基于四轴飞行器的双闭环 PID 控制[J]. 科学技术与工程,2014,14(33):127-131.

[2] 谭广超. 四旋翼飞行器姿态控制系统的设计与实现[D]. 大连理工大学,2013.

[3] 黄智伟. 全国大学生电子设计竞赛系统设计[M]. 2 版. 北京:北京航空航天大学出版社,2011.

[4] 刘凯. ARM 嵌入式应用技术基础[M]. 北京:清华大学出版社,2009.

[5] 黄智伟. 全国大学生电子设计竞赛电路设计[M]. 北京:北京航空航天大学出版社,2006.

E 题　自适应滤波器

一、任务

设计并制作一个自适应滤波器,用来滤除特定的干扰信号。自适应滤波器工作频率为 10 kHz～100 kHz。其电路应用如图 E-1 所示。

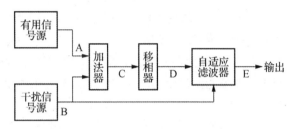

图 E-1　自适应滤波器电路应用示意图

图 E-1 中,有用信号源和干扰信号源为两个独立信号源,输出信号分别为信号 A 和信号 B,且频率不相等。自适应滤波器根据干扰信号 B 的特征,采用干扰抵消等方法,滤除混合信号 D 中的干扰信号 B,以恢复有用信号 A 的波形,其输出为信号 E。

二、要求

1. 基本要求

(1) 设计一个加法器,实现 C＝A＋B,其中有用信号 A 和干扰信号 B 峰峰值均为 1～2 V,频率范围为 10 kHz～100 kHz。预留便于测量的输入输出端口。

(2) 设计一个移相器,在频率范围为 10 kHz～100 kHz 的各点频上,实现点频 0°～180°手动连续可变相移。移相器幅度放大倍数控制在 1±0.1,移相器的相频特性不做要求。预留便于测量的输入输出端口。

(3) 单独设计制作自适应滤波器,有两个输入端口,用于输入信号 B 和 D。有一个输出端口,用于输出信号 E。当信号 A、B 为正弦信号,且频率差≥100 Hz 时,输出信号 E 能够恢复信号 A 的波形,信号 E 与 A 的频率和幅度误差均小于 10％。滤波器对信号 B 的幅度衰减小于 1％。预留便于测量的输入输出端口。

2. 发挥部分

(1) 当信号 A、B 为正弦信号,且频率差≥10 Hz 时,自适应滤波器的输出信号 E 能恢复信号 A 的波形,信号 E 与 A 的频率和幅度误差均小于 10％。滤波器对信号 B 的幅度衰减小于 1％。

(2) 当 B 信号分别为三角波和方波信号,且与 A 信号的频率差大于等于 10 Hz 时,自适应滤波器的输出信号 E 能恢复信号 A 的波形,信号 E 与 A 的频率和幅度误差均小于 10％。滤波器对信号 B 的幅度衰减小于 1％。

(3)尽量减小自适应滤波器电路的响应时间,提高滤除干扰信号的速度,响应时间不大于1 s。

(4)其他。

三、说明

(1)自适应滤波器电路应相对独立,除规定的3个端口外,不得与移相器等存在其他通信方式。

(2)测试时,移相器信号相移角度可以在0°～180°手动调节。

(3)信号E中信号B的残余电压测试方法为:信号A、B按要求输入,滤波器正常工作后,关闭有用信号源使$U_A=0$,此时测得的输出为残余电压U_E。滤波器对信号B的幅度衰减为U_E/U_B。若滤波器不能恢复信号A的波形,该指标不测量。

(4)滤波器电路的响应时间测试方法为:在滤波器能够正常滤除信号B的情况下,关闭两个信号源。重新加入信号B,用示波器观测E信号的电压,同时降低示波器水平扫描速度,使示波器能够观测1～2 s E信号包络幅度的变化。测量其从加入信号B开始,至幅度衰减1%的时间即为响应时间。若滤波器不能恢复信号A的波形,该指标不测量。

四、评分标准

	项 目	主 要 内 容	满分
设计报告	系统方案	自适应滤波器总体方案设计	4
	理论分析与计算	滤波器理论分析与计算	6
	电路与程序设计	总体电路图 程序设计	4
	测试方案与测试结果	测试数据完整性 测试结果分析	4
	设计报告结构及规范性	摘要 设计报告正文的结构 图表的规范性	2
	合 计		**20**
基本要求	完成第(1)项		6
	完成第(2)项		24
	完成第(3)项		20
	合 计		**50**
发挥部分	完成第(1)项		10
	完成第(2)项		20
	完成第(3)项		15
	其他		5
	合 计		**50**
总 分			**120**

报　告　1

基本信息

学校名称	南京大学		
参赛学生 1	乔晓伟	Email	798971379@qq.com
参赛学生 2	田朝莹	Email	1131420618@qq.com
参赛学生 3	潘霄禹	Email	1120684077@qq.com
指导教师 1	方　元	Email	yfang@nju.edu.cn
指导教师 2	姜乃卓	Email	nju_jiang@163.com
获奖等级	全国二等奖		
指导教师简介	方元,理学博士,副教授,1988年起在南京大学任教。从事过微机原理、数字信号处理、嵌入式系统的教学工作,近几年主要教学工作为微处理器与嵌入式系统课程。2012年获得石林奖教金,指导学生多次获得电子设计竞赛全国一等奖、江苏省一等奖。		

1. 设计方案工作原理

1.1　系统总体框图(图 E-1-1)

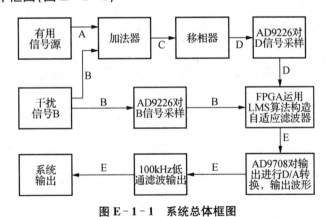

图 E-1-1　系统总体框图

1.2　方案比较与选择

(1) 处理核心模块选择

方案 1:采用单片机实现。由于采样频率为几百 kHz,所以需要以很高的频率来进行数据处理,单片机的工作频率较低,且处理卷积等运算需要较长的时钟周期,不足以在每次采样后完成数据处理。

方案 2:采用现场可编程门阵列(FPGA)实现。FPGA 的核心频率可以达到几百 MHz,

并行处理能力强,适于处理高速信号,可完全满足本题对运算处理速度的要求。

综合比较,选用方案 2。

（2）自适应滤波算法选择

方案 1: 先采样大量数据点,对信号做快速傅里叶变换（FFT）,分析出混合信号 D 的两个主要频率分量,并根据噪声信号 B 的频率,滤除 D 中的噪声频率,再通过 IFFT 恢复波形。缺点:不能进行实时处理,导致响应时间长;通过 FFT 分析频率,会有一定的误差。

方案 2: 对输入信号 B 和输入信号 E 进行 A/D 采样,然后存储输入信号 B 的数字量,对其进行 0 到 360°的移相,移相过程中将其与输入信号 E 的数字量相乘,找到相乘结果的最大值,即找到了信号 E 中 B 的分量的相位,然后将其减去即可得到原始信号。缺点是系统响应时间过长。

方案 3: 使用 LMS 自适应滤波算法,每次采样后进行卷积处理,通过滤波器输出与参考信号的误差,不断对滤波器系数向量进行权值更新,最终系统达到稳定,可恢复有用信号波形。算法较为成熟,可以方便地通过 MATLAB 进行仿真,分析出合适的参数,再通过 FPGA 实现。

综合比较,选用方案 3。

（3）滤波器选择

方案 1: 选择 *LC* 无源低通滤波器,对 D/A 输出波形滤波。*RC* 无源滤波器能实现对阻频带信号的衰减,但对有用信号衰减较为严重。

方案 2: 选择有源低通滤波器,用运放芯片构成 *n* 阶巴特沃斯低通滤波器对 D/A 输出波形进行滤波。巴特沃斯滤波器在通频带内的频率响应曲线最大限度平坦,没有起伏。同时,选用高阶巴特沃斯滤波器,在阻频带振幅衰减较为明显。

综合比较,选择方案 2。

1.3　理论分析与计算

（1）自适应 LMS 算法

本题是典型的自适应抵消应用。算法推导在文献[2]中有详细介绍。设混合、移相接收到的数字信号（图 E-1-1 中的 D 点）为主通道信号 $s(n)$,直接从干扰源接收到的数字信号（图 E-1-1 中的 B 点）为参考信号 $x(n)$,自适应滤波器系数为 $h(n)$,自适应滤波器输出为:

$$y(n) = \sum_{k=0}^{N-1} h(k)x(n-k) \tag{1}$$

N 为 FIR 自适应滤波器阶数。系统输出（图 E-1-1 中的 E 点）

$$\varepsilon(n) = s(n) - y(n) \tag{2}$$

自适应滤波器按以下方式调整系数:

$$h_{n+1} = h_n(k) + \mu\varepsilon(n)x(n-k) \tag{3}$$

其中 $k=0,1,\cdots,N-1,\mu$ 为系数调整步长。以上构成了自适应算法的核心。

（2）MATLAB 仿真分析

我们在 MATLAB 上运行 LMS 算法构建的适应滤波器,模拟真实系统的数据与环境,通过仿真来测试滤波器阶数、迭代步长等参数,并分析其在各输入状态下的响应稳定时间、幅值衰减等数据。（仿真代码见网站）

通过仿真发现,滤波器阶数与采样频率相关,结合输入频率上限100 kHz及FPGA资源综合考虑,将数字A/D采样率设定为250 kHz,计算并测试出相应的最佳滤波器阶数为60阶。理论上,迭代步长μ较大时,达到稳定的时间短,但恢复波形会有一定程度失真;μ较小时,波形相对完美,但用时较长。经过仿真得出,先使用较大μ运行一段时间,以迅速逼近较准确的滤波器系数向量h,再切换到较小μ值,使h做精细调整,以获得还原度尽可能高的波形。

仿真发现,一般情况下,当噪声信号B信号为三角波与方波时,响应时间长于正弦波。当噪声信号B与有用信号A频率相差很小(仿真时为10 Hz)时,恢复信号E的幅值相对A会有明显衰减,通过减小μ值和增加仿真时间可以完全恢复幅值。此处选取三例具有代表性的输入信号作为仿真结果展示。(包括信号B为方波,信号B为三角波,信号B为与A相差10 Hz的正弦波三种情况,仿真图见网站)

2. 核心部件电路设计

2.1 加法器

采用如图E-1-2(a)所示反相加法器,两路信号进入输入端,输出结果为两路信号相加的绝对值。由理想放大器"虚地"特性,两输入端均为地电位,偏置电路为串联分压形式,输入阻抗极低,不会造成各输入信号间的电流流动,故能保证运算精度。

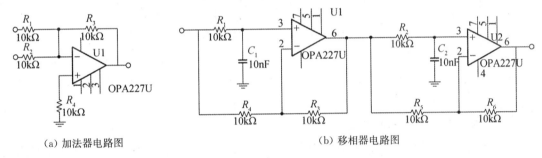

（a）加法器电路图　　　　　　　　　　（b）移相器电路图

图 E-1-2　加法器与移相器电路图

2.2 移相器

移相器电路中的电容电阻结构有移相功能,电容的端电压滞后于电流90°。电路通电后,给电容充电,一开始瞬间充电的电流为最大值,电压趋于0,随着电容充电量增加,电流渐而变小,电压渐而增加,至电容充电结束时,电容充电电流趋于0,电容端电压为最大值,即为一个充电周期,如果取电容的端电压作为输出,即可得到一个滞后于电流90°的移相电压。本模块采用两级移相器串联,实现移相功能,满足要求。

2.3 A/D及D/A

（1）高速A/D采样电路模块

A/D芯片采用AD9226,单通道12位采样,最高采样频率达到50 MHz,绘制PCB电路板,包括时钟输入、前置模拟信号的衰减(衰减5倍,满足A/D输入信号的峰峰值为2 V、输入电压范围为0~2 V),运放芯片选择AD8056。用FPGA控制A/D采样,采样数据存储在FPGA的片内RAM中。

（2）高速D/A电路模块

D/A芯片使用AD9708,单通道8位D/A转换,转换速率超过120 MHz。绘制PCB电路板,包括时钟输入、后置电流转电压和模拟信号的放大,差分转换成单端,7 阶巴特沃斯低通滤波器(截止频率为 40 MHz),运放芯片选择 AD8056,完成电路板的焊接和调试。用 FPGA 控制 D/A 转换,输出波形通过一个 4 阶 Sallen-Key 200 kHz 低通滤波器滤除高频分量。

3. 系统软件设计分析

3.1 FPGA 系统框图

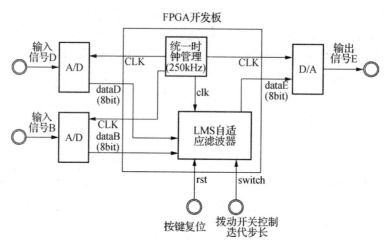

图 E-1-3 FPGA 系统框图

FPGA 系统通过驱动两个 A/D 模块来读取输入信号 D 和信号 B,经 LMS 自适应滤波器处理,生成信号的数字量并通过 D/A 模块转换后输出。系统的时钟为 250 kHz,同时也是 A/D 和 D/A 电路的采样时钟。

3.2 LMS 模块的 FPGA 实现

LMS 自适应滤波器的主要结构如图 E-1-4 所示,其中包括一个 60 阶的 FIR 滤波器,以及一个 FIR 滤波器权值的更新网络。FIR 滤波器主要由一组 60 位的移位寄存器和与之相连的 60 个乘法器组成。乘法器的输出被求和,输出值 $y(n)$ 被信号 D 减去,得到误差信号,同时也是输出信号 E。输出信号 E 与 μ 相乘,输入到 FIR 滤波器权值更新网络中去,根据 LMS 算法,E 与 μ 相乘的结果再与 60 位移位寄存器的每一位所组成的向量相乘,得到 FIR 滤波器权值的更新向量。

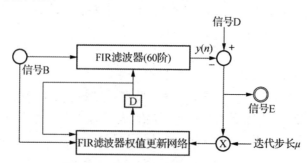

图 E-1-4 LMS 模块的 FPGA 实现

4. 竞赛工作环境条件

4.1 测试仪器

双通道信号发生器、示波器、直流稳压电源。

4.2 测试方案

（1）加法器

将两路信号输入加法器，用示波器观察输出。

（2）移相器

用两通道示波器分别观察输入与输出信号，分别在不同频点上观察移相性能。

（3）自适应滤波器

当 B 为正弦波时，固定 A 的频率，分别改变 B 的频率和幅值，最小频率差为 5 Hz，测量 E 与 A 的频率差和幅度差，关闭 A，测量 B 的幅度衰减。改变 A 的频率，重复测试。

当 B 为三角波时，固定 A 的频率，分别改变 B 的频率和幅值，最小频率差为 5 Hz，测量 E 与 A 的频率差和幅度差，关闭 A，测量 B 的幅度衰减。改变 A 的频率，重复测试。

当 B 为方波时，固定 A 的频率，分别改变 B 的频率和幅值，最小频率差为 5 Hz，测量 E 与 A 的频率差和幅度差，关闭 A，测量 B 的幅度衰减。改变 A 的频率，重复测试。

响应时间测试：在滤波器能够正常滤除信号 B 的情况下，关闭两个信号源。重新加入信号 B，用示波器观测 E 信号的电压，同时降低示波器水平扫描速度，使示波器能够观测 12 s 内 E 信号包络幅度的变化。测量其从加入信号 B 开始至幅度衰减至 1% 的时间，即为响应时间。

5. 作品成效总结分析

5.1 测试结果

表 E-1-1　测试结果列表

有用信号 A 频率 20 kHz/幅值 0.7 V 噪声信号 B 为正弦波时测试表

B信号幅值	0.5 V				
B信号频率	输出E频率	相对误差	输出E幅值	相对误差	B衰减比例
10 kHz	20.0	0.0%	0.70	0.0%	0.1%
20.01 kHz	20.0	0.0%	0.69	1.4%	0.1%
20.005 kHz	20.0	0.0%	0.69	1.4%	0.1%
80 kHz	20.0	0.0%	0.70	0.0%	0.1%
B信号幅值	0.9 V				
B信号频率	输出E频率	相对误差	输出E幅值	相对误差	B衰减比例
10 kHz	20.0	0.0%	0.70	0.0%	0.1%
20.01 kHz	20.0	0.0%	0.69	1.4%	0.1%
20.005 kHz	20.0	0.0%	0.69	1.4%	0.1%
80 kHz	20.0	0.0%	0.70	0.0%	0.1%

有用信号 A 频率 80 kHz/幅值 0.7 V 噪声信号 B 为正弦波时测试表

B信号幅值	0.5 V				
B信号频率	输出E频率	相对误差	输出E幅值	相对误差	B衰减比例
20 kHz	80.0	0.0%	0.70	0.0%	0.1%
80.01 kHz	80.0	0.0%	0.69	1.4%	0.1%
80.005 kHz	80.0	0.0%	0.69	1.4%	0.1%
100 kHz	80.0	0.0%	0.70	0.0%	0.1%
B信号幅值	0.9 V				
B信号频率	输出E频率	相对误差	输出E幅值	相对误差	B衰减比例
20 kHz	80.0	0.0%	0.70	0.0%	0.1%
80.01 kHz	80.0	0.0%	0.69	1.4%	0.1%
80.005 kHz	80.0	0.0%	0.69	1.4%	0.1%
100 kHz	80.1	0.5%	0.70	0.0%	0.1%

有用信号A频率20 kHz/幅值0.7 V噪声信号B为三角波时测试表

B信号幅值	0.5 V				
B信号频率	输出E频率	相对误差	输出E幅值	相对误差	B衰减比例
10 kHz	19.9	0.5%	0.70	0.0%	0.02%
20.01 kHz	20.0	0.0%	0.69	1.4%	0.02%
20.005 kHz	20.0	0.0%	0.69	1.4%	0.02%
80 kHz	20.1	0.5%	0.70	0.0%	0.02%
B信号幅值	0.9 V				
B信号频率	输出E频率	相对误差	输出E幅值	相对误差	B衰减比例
10 kHz	19.9	0.5%	0.70	0.0%	0.02%
20.01 kHz	20.0	0.0%	0.69	1.4%	0.02%
20.005 kHz	20.0	0.0%	0.69	1.4%	0.02%
80 kHz	20.1	0.5%	0.70	0.0%	0.02%

有用信号A频率80 kHz/幅值0.7 V噪声信号B为三角波时测试表

B信号幅值	0.5 V				
B信号频率	输出E频率	相对误差	输出E幅值	相对误差	B衰减比例
20 kHz	79.9	0.5%	0.70	0.0%	0.02%
80.01 kHz	80.0	0.0%	0.69	1.4%	0.02%
80.005 kHz	80.0	0.0%	0.69	1.4%	0.02%
100 kHz	80.1	0.5%	0.70	0.0%	0.02%
B信号幅值	0.9 V				
B信号频率	输出E频率	相对误差	输出E幅值	相对误差	B衰减比例
20 kHz	79.8	1.0%	0.70	0.0%	0.02%
80.01 kHz	80.0	0.0%	0.69	1.4%	0.02%
80.005 kHz	80.0	0.0%	0.69	1.4%	0.02%
100 kHz	80.1	0.5%	0.70	0.0%	0.02%

有用信号A频率20 kHz/幅值0.7 V噪声信号B为方波时测试表

B信号幅值	0.5 V				
B信号频率	输出E频率	相对误差	输出E幅值	相对误差	B衰减比例
10 kHz	20.0	0.0%	0.70	0.0%	0.02%
20.01 kHz	20.0	0.0%	0.69	1.4%	0.02%
20.005 kHz	20.0	0.0%	0.69	1.4%	0.02%
80 kHz	20.1	0.5%	0.70	0.0%	0.02%
B信号幅值	0.9 V				
B信号频率	输出E频率	相对误差	输出E幅值	相对误差	B衰减比例
10 kHz	20.0	0.0%	0.70	0.0%	0.02%
20.01 kHz	20.0	0.0%	0.69	1.4%	0.02%
20.005 kHz	20.0	0.0%	0.69	1.4%	0.02%
80 kHz	20.1	0.5%	0.70	0.0%	0.02%

有用信号A频率80 kHz/幅值0.7 V噪声信号B为方波时测试表

B信号幅值	0.5 V				
B信号频率	输出E频率	相对误差	输出E幅值	相对误差	B衰减比例
20 kHz	79.9	0.5%	0.70	0.0%	0.02%
80.01 kHz	80.0	0.0%	0.69	1.4%	0.02%
80.005 kHz	80.0	0.0%	0.69	1.4%	0.02%
100 kHz	80.1	0.5%	0.70	0.0%	0.02%
B信号幅值	0.9 V				
B信号频率	输出E频率	相对误差	输出E幅值	相对误差	B衰减比例
20 kHz	79.8	1.0%	0.70	0.0%	0.02%
80.01 kHz	80.0	0.0%	0.69	1.4%	0.02%
80.005 kHz	80.0	0.0%	0.69	1.4%	0.02%
100 kHz	80.1	0.5%	0.70	0.0%	0.02%

5.2 总结

本系统基于FPGA实现了数字自适应滤波器,可根据干扰信号的特征,对混合信号进行滤波,达到恢复有用信号A的目的。输入波形频率范围为10 kHz～100 kHz,干扰信号可为正弦波、三角波或方波,均可完美恢复有用信号波形,测试频率差最小可达1 Hz,响应时间基本稳定在12 ms。各项指标均满足题目要求。

6. 参考资料

[1] (美)Simon Haykin. Adaptive Filter Theory[M]. 3rd Edition. 北京:电子工业出版社,1998.

[2] (美)Michael D. Ciletti. Advanced Digital Design with the Verilog HDL[M]. Second Edition. 北京:电子工业出版社,2014.

报 告 2

基本信息

学校名称	南京邮电大学		
参赛学生 1	郑 楠	Email	zhengcastelec1234@163.com
参赛学生 2	汪 胜	Email	1095113364@qq.com
参赛学生 3	赵鑫晨	Email	237755914@qq.com
指导教师 1	曾桂根	Email	zgg@njupt.edu.cn
获奖等级	全国二等奖		
指导教师简介	曾桂根,从 2002 年至今,负责、参与了国家 863 项目等总计近 20 项科技攻关项目。2011 年获得总参谋部颁发的"军队科技进步二等奖",2009 年获得"南京市科技进步二等奖"。获得国家实用新型专利授权两项,在《通信学报》《仪器仪表学报》等期刊上发表学术论文十多篇。多年来,带领学生参加过各级的 STITP 项目、全国大学生电子设计竞赛。取得过优异成绩,指导经验丰富。		

1. 设计方案工作原理

1.1 方案目标

从外部接入信号,经过由加法器、移相器、自适应滤波器三个部分组成的系统。加法器将有用信号与干扰信号叠加到一起,然后经过移相器进行 0°~180°移相,最后与干扰信号一起送入自适应滤波器,通过自适应算法自动更新的时变系数进行滤波,输出有用信号。

1.2 方案论证

(1) 加法器的选用方案比较

方案 1: 通过模拟电路实现加法器。集成运算放大器可以通过反馈回路实现任意比例的反向放大或者同相放大,在比例放大器的基础上,输入端同时存在两个或两个以上信号输入的时候,即可构成加法器。由于整个系统中存在多种信号的输入,模拟电路可以很好地接收这样的信号。

方案 2: 通过数字电路实现加法器。数字电路实现加法器的方法丰富多样,可以通过纯逻辑电路来实现全加器,也可以通过多种组合逻辑芯片设计加法器,亦可通过时序逻辑电路实现,但是由于本题中有效信号为正弦信号,所以无法使用数字电路实现加法器。

方案确定:经过比较后发现模拟电路实现加法器更方便,并且不占用处理器资源,所以选择方案 1。

(2) 移相器的选取方案比较

方案 1: 通过无源网络实现移相器。由于信号在经过容性阻抗或者感性阻抗的时候会相对于原信号产生相移。通过改变容性或者感性阻抗的大小可以改变信号的相移大小,但无源网络对信号进行移相时,移相的角度范围、对信号有效值的影响都难以确定,因此不适合用在对移相有明确要求的本题中。

方案2: 通过有源电路实现移相器。有源电路同样通过容抗对信号的延迟性对信号进行移相,但相对于无源网络,有源电路对信号的幅值几乎不会有影响,但是有源电路中有电容的存在,在有方波信号经过时,电容的充放电在一定程度上导致信号的失真。

方案确定:经过比较后发现有源电路的实现效果更好,所以选择方案2。

(3) 自适应滤波器的选取方案比较

方案1: 采用最小均方(LMS)算法来改变滤波器的参数和结构。自适应滤波器的系数是由最小均方(LMS)算法更新的时变系数,即其系数自动连续地适应于给定信号,以获得期望响应,从而能够不断的跟踪输入信号的时变特征,达到滤除噪声的作用。

方案2: 采用相关算法,基于回波抵消的原理,在FPGA中将噪声信号与移相器输出信号进行移位乘累加,检测累加结果最大时的移位值,即为原始噪声信号相位的移位值,以此移位值为基准输出相移后的噪声信号,则移相器输出的叠加信号减去相移后的噪声信号即为原始目标信号。

方案确定:经过比较后发现方案2更方便实现,所以选择方案2。

1.3　目标方案系统结构框图

系统结构框图如图E-2-1所示。

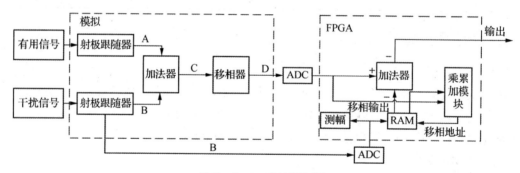

图 E-2-1　系统框架图

加法器模块:加法器实现把A、B两路信号进行叠加得到信号C,C=A+B,然后把C信号送入移相器中。

移相器模块:把加法器输出的信号进行相移,实现在0°～180°手动连续可调。

自适应滤波模块:输入两路信号,分别为噪声信号与移相后的叠加信号,自适应滤波器经过数字算法运算输出原始的目标信号。

2. 核心部件电路设计

2.1　加法器理论设计与计算

加法器采用同相加法器,电路如图E-2-2所示。

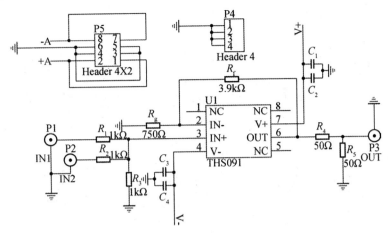

图 E-2-2　加法器电路原理图

根据线性叠加定理,可知输入总电压:

$$u_{in} = \frac{R_2 \parallel R_3}{R_1 + R_2 \parallel R_3} \cdot u_{in1} + \frac{R_1 \parallel R_3}{R_2 + R_1 \parallel R_3} \cdot u_{in2} \tag{1}$$

可得输出电压为:

$$u_{out} = \left(1 + \frac{R_f}{R_g}\right) \cdot \left(\frac{R_5}{R_4 + R_5}\right) \cdot u_{in} \tag{2}$$

根据题意 C＝A＋B 知:当 R_1, R_2, R_3 相等时,

$$u_{in} = \frac{1}{3}(u_{in1} + u_{in2}) \tag{3}$$

所以

$$\frac{R_f}{R_g} = 5 \tag{4}$$

取 $R_f = 3.9\ \text{k}\Omega, R_g = 750\ \Omega, R_1, R_2, R_3 = 1\ \text{k}\Omega$。

2.2　移相器理论设计及计算

移相器采用有源 RC 移相,电路如图 E-2-3 所示。

电路中,运放正极输入电压为:

$$\dot{U}_{in+} = \frac{j\omega R_9 C_9}{1 + j\omega R_9 C_9} \cdot \dot{U}_{in} \tag{5}$$

$$\dot{U}_{in-} = \frac{R_1}{R_1 + R_3}(\dot{U}_{in} - \dot{U}_{out}) - \dot{U}_{out} = k(\dot{U}_{in} - \dot{U}_{out}) \tag{6}$$

根据运放线性状态下的虚短特性可知:

$$\dot{U}_{in+} = \dot{U}_{in-} \tag{7}$$

所以:

$$H_{j\omega} = \frac{k \cdot (1 + \omega^2 R_9^2 C_9^2 - \omega^2 R_9^2 C_9^2 - j\omega R_9 C_9)}{k \cdot (1 + \omega^2 R_9^2 C_9^2)} \tag{8}$$

通过调整 R_9 的大小可改变信号的相位移动大小。

3. 系统软件设计分析

本系统核心部分在 FPGA 上实现,用数字的方式实现了题目中要求的自适应滤波。

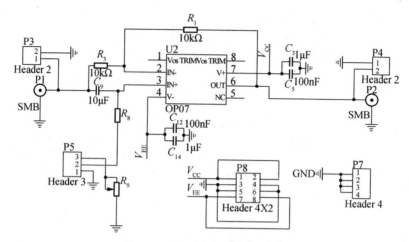

图 E-2-3 移相器电路原理图

自适应滤波器的基本结构如图 E-2-4 所示。

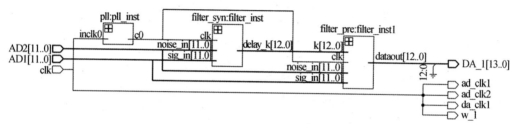

图 E-2-4 自适应滤波器顶层模块图

如图 E-2-4 所示,系统分为三个模块,其中 pll 模块为锁相环 IP 核,将系统时钟倍频到 100 M;filter_syn 模块为自适应滤波的粗测模块,粗略测量输入噪声与输入混合信号中噪声的相位偏移范围,然后将结果送入 filter_pre 模块;filter_pre 模块原理与 filter_syn 模块相同,作用是在前一模块的测量基础上进行更精细的测量,求出精确的相位偏移,然后将输入混合信号减去经偏移后的输入噪声,输出原始目标信号。

滤波算法思想:

采用相关算法,基于回波抵消的原理,在 FPGA 中将噪声信号与移相器输出信号进行移位乘累加,检测累加结果最大时的移位值,即为原始噪声信号相位的移位值,以此移位值为基准输出相移后的噪声信号,则移相器输出的叠加信号减去相移后的噪声信号即为原始的目标信号。

FPGA 电路模块设计框图如图 E-2-5 所示。

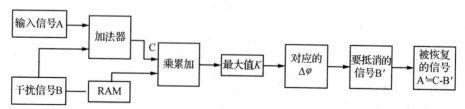

图 E-2-5 FPGA 电路设计框图

4．竞赛工作环境条件

本次作品采用的 FPGA 为 Intel（原 Altera）产品：EP4CE30F23C8；相关模拟电路板均为覆铜板自制；测试中使用了 Tektronix500 MHz 5GSa/s 示波器，RIGOL 100 MHz 1GSa/s 示波器以及 RIGOL 60 MHz 200 MSa/s 信号发生器。

5．作品成效总结分析

本作品采用了回波抵消的思想，利用相关算法通过乘累加的方式测量移位值，在 FPGA 中采用 5 级流水线实现算法，提升了处理速度，有效缩短了 FPGA 的输出延迟，提高了系统响应速度，同时系统输出基于原始输入信号减去移相信号，没有引入新的信号，因此输出目标信号与原始目标信号能够实现相位对齐，达到锁相的效果，实测照片详见网站。

由于核心部分采用数字电路实现，而输出部分采用模拟电路进行阻抗匹配等，数字与模拟的接口部分做得不够完善，在测试中具体的输出信号幅度等指标性能不够好，需要改进。

6．参考资料

［1］（美）U. Meyer-Baese. 数字信号处理的 FPGA 实现［M］. 3 版. 北京：清华大学出版社，2011.

［2］刘东华. Altera 系列 FPGA 芯片 IP 核详解［M］. 北京：电子工业出版社，2014.

［3］杜勇. 数字滤波器的 MATLAB 与 FPGA 实现［M］. 北京：电子工业出版社，2015.

F 题　调幅信号处理实验电路

一、任务

设计并制作一个调幅信号处理实验电路。其结构框图如图 F-1 所示。输入信号为调幅度 50% 的 AM 信号。其载波频率为 250 MHz～300 MHz,幅度有效值 V_{irms} 为 10 μV～1 mV, 调制频率为 300 Hz～5 kHz。

低噪声放大器的输入阻抗为 50 Ω,中频放大器输出阻抗为 50 Ω,中频滤波器中心频率为 10.7 MHz,基带放大器输出阻抗为 600 Ω、负载电阻为 600 Ω,本振信号自制。

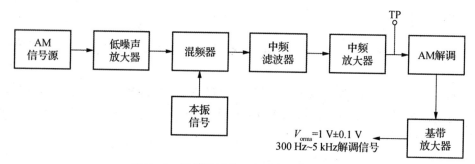

图 F-1　调幅信号处理实验电路结构框图

二、要求

1. 基本要求

(1) 中频滤波器可以采用晶体滤波器或陶瓷滤波器,其中频频率为 10.7 MHz;

(2) 当输入 AM 信号的载波频率为 275 MHz,调制频率在 300 Hz～5 kHz 范围内任意设定一个频率,V_{irms}=1 mV 时,要求解调输出信号为 V_{orms}=1 V±0.1 V 的调制频率的信号,解调输出信号无明显失真;

(3) 改变输入信号载波频率 250 MHz～300 MHz,步进 1 MHz,并在调整本振频率后,可实现 AM 信号的解调功能。

2. 发挥部分

(1) 当输入 AM 信号的载波频率为 275 MHz,V_{irms} 在 10 μV～1 mV 之间变动时,通过自动增益(AGC)控制电路(下同),要求输出信号 V_{orms} 稳定在 1 V±0.1 V;

(2) 当输入 AM 信号的载波频率为 250 MHz～300 MHz(本振信号频率可变),V_{irms} 在 10 μV～1 mV 之间变动,调幅度为 50% 时,要求输出信号 V_{orms} 稳定在 1 V±0.1 V;

(3) 在输出信号 V_{orms} 稳定在 1 V±0.1 V 的前提下,尽可能降低输入 AM 信号的载波信号电平;

（4）在输出信号 V_{orms} 稳定在 $1\,\text{V}\pm0.1\,\text{V}$ 的前提下，尽可能扩大输入 AM 信号的载波信号频率范围；

（5）其他。

三、说明

（1）采用 $+12\,\text{V}$ 单电源供电，所需其他电源电压自行转换；

（2）中频放大器输出要预留测试端口 TP。

四、评分标准

	项　目	主　要　内　容	满分
设计报告	系统方案	比较与选择 方案描述	2
	理论分析与计算	低噪声放大器设计 中频滤波器设计 中频放大器设计 混频器的设计 基带放大器设计 程控增益的设计	8
	电路与程序设计	电路设计与程序设计	4
	测试方案与测试结果	测试方案及测试条件 测试结果完整性 测试结果分析	4
	设计报告结构及规范性	摘要 设计报告正文的结构 图表的规范性	2
	合　计		**20**
基本要求	完成第(1)项		6
	完成第(2)项		20
	完成第(3)项		24
	合　计		**50**
发挥部分	完成第(1)项		10
	完成第(2)项		20
	完成第(3)项		10
	完成第(4)项		5
	(5)其他		5
	合　计		**50**
总　分			**120**

报　告　1

基本信息

学校名称	常州大学		
参赛学生 1	朱飞翔	Email	1412256442@qq.com
参赛学生 2	王　浩	Email	1145345261@qq.com
参赛学生 3	陈宏宇	Email	751229196@qq.com
指导教师 1	朱正伟	Email	zhuzw@cczu.edu.cn
指导教师 2	储开斌	Email	ckb910@163.com
获奖等级	全国二等奖		
指导教师简介	朱正伟，博士，教授，信息数理学院院长。研究方向：在线检测与故障诊断、测控技术及仪器、嵌入式系统；主持承担包括国家科技部中小企业创新基金项目在内的纵向、横向项目 7 项，科技到款近 60 万元，授权国家发明专利 2 项；公开发表学术论文 16 篇，其中多篇论文被 EI 收录，多项课题通过省部级鉴定和结题验收，获得省部级科技进步三等奖 3 项。		

1. 设计方案工作原理

1.1　系统方案设计

（1）低噪声放大器的选择

方案 1：使用分立元件，如三极管、高频场效应管和其他无源器件搭建放大电路，但由于信号小、噪声大，分立器件多，受工艺影响严重，难以达到技术指标要求，而且多级级联使得静态工作点不好调节，调试烦琐，容易自激。

方案 2：采用 Mini-Circuits 公司的超低噪声放大器 PSA545，工作范围在 50 MHz 到 4 GHz，其噪声系数只有 0.8 dB，增益为 20 dB，满足指标要求。

对于本题中低噪声放大器的增益，太低会降低系统噪声系数，太高会减小接收机的动态范围，所以低噪声放大器的增益一般设置在 40～60 dB 之间，故选用方案 2。

（2）混频电路的选择

方案 1：三极管混频电路。利用三极管的非线性特性，本征信号和被测信号通过三极管混频电路产生不同组合的频率分量，再通过 LC 中频带通滤波实现混频。

方案 2：采用模拟乘法器 AD834。其基本功能是实现 $W = XY + Z$，该乘法器芯片可以实现 500 MHz 范围内信号的混频。将本振信号和输入信号相乘得到二者频率的和差信号，达到混频的效果。

由于方案 1 中用到了分立元件三极管，电路中容易产生非线性失真，同时，相对于数字电路来说，该电路性能也不是很稳定。方案 2 外围电路简单，调试方便，而且电路性能要优于采用三极管实现的混频器电路，因此，采用方案 2 实现混频。

（3）本振源方案选择

方案 1：采用分立元件搭建锁相环构成本振源。由于 PD 芯片、运放、电容、电感、变容二极管等对外围电路配置以及电源的稳定性要求较高，尤其是环路滤波器的设计，直接影响整个锁相环系统的特性，同时 VCO 配置电容需要人工绕制，各芯片对电容的材质以及精度都有较高要求。

方案 2：采用 ADF4351 锁相频率合成器组成本振源。ADF4351 具有一个集成电压控制振荡器（VCO），输出频率范围为 35～4 400 MHz，扫频步进可达 1 kHz，锁定时间为微秒级别，使用单片机通过 SPI 通信可以改变控制字，即可实现输出电压频率的控制。

由于方案 1 中用到的分立元件较多，电路复杂，系统稳定性差，调试较为困难，因此选择外围元件少，性能更加稳定的集成芯片，即方案 2 更为合适。

（4）中频滤波器

方案 1：采用电容和电感设计巴特沃斯滤波器，经设计，为达到题目要求的 10.7 MHz 点频带宽接近于 100 kHz 的滤波，巴特沃斯滤波器应在 20 阶以上，并且需要特殊的电感和电容，实际制作十分困难。

方案 2：采用现有的陶瓷滤波器，其滤波性能好，结构简单，无复杂外接电路，选频特性好，能很容易滤出 10.7 MHz 的信号。

综上考虑，选择方案 2。

（5）检波电路

方案 1：采用高频二极管构成包络检波。二极管包络检波器主要由二极管和 RC 低通滤波电路组成。该方案结构简单，只需调节 RC 电路参数，即可实现高频分量的滤除。

方案 2：采用乘法器 MC1496 构成乘积型同步检波电路，把载波与调幅信号相乘，用低通滤波器滤除无用的高频分量，提取有用的低频信号。该方案要求恢复载波与发射端的载波同频同相，否则将使恢复出来的调制信号产生失真，其电路较为烦琐。

综合考虑，选用方案 1。

1.2　系统结构框图

根据方案论证结果，本系统设计的总体方案如图 F - 1 - 1 所示。本振信号采用锁相环原理产生，中频滤波直接使用陶瓷滤波器，单片机选用 STM32，主要用于控制本振源 ADF4351 和程控放大器增益控制。

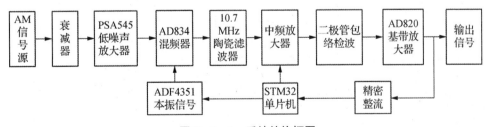

图 F - 1 - 1　系统结构框图

2. 核心部件电路设计

2.1 低噪声放大器设计

本设计要求输入 AM 信号的幅度有效值为 $10~\mu V \sim 1~mV$。显然,输入信号幅值小,信号源输出信号的性能不能很好地满足设计需求。考虑到需要进一步提高信噪比,本设计先将输入 AM 信号的幅度有效值设置为 $1~mV \sim 100~mV$,再通过衰减器衰减 100 倍后送入低噪声放大器进行放大。低噪声放大器由滤波电路和两个 PSA-545 级联组成,增益为 40 dB,相应的电路如图 F-1-2 所示。

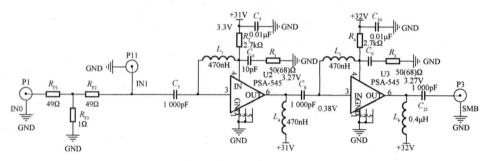

图 F-1-2 低噪声放大器电路

2.2 本振源电路设计

该部分选用集成芯片 ADF4351,根据锁相环原理实现本振源。该芯片由单片机控制,可实现扫频、手动扫频或者预置频率选择等功能,步进可达 1 kHz。本振源电路如图 F-1-3 所示。

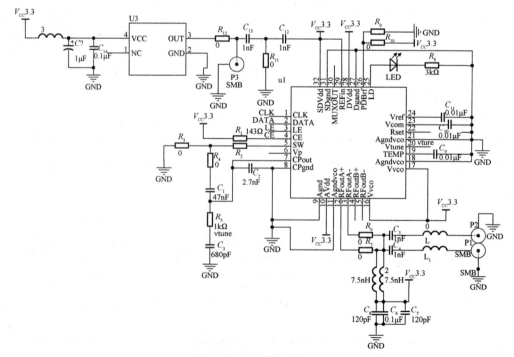

图 F-1-3 本振源电路

2.3　混频器电路设计

AD834 是宽带、高速的四象限模拟乘法器,最高工作频率为 500 MHz,在乘法工作模式下,其满幅度误差仅为 0.5%。利用 AD834 将经过低噪声放大器后的 AM 调制信号与本振源产生的本振信号相乘,完成混频过程,其电路原理图如图 F-1-4 所示。

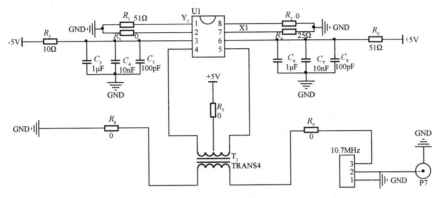

图 F-1-4　混频器电路

2.4　中频滤波器、中频放大器及程控增益电路设计

中频滤波器直接使用 10.7 MHz 的陶瓷滤波器完成;考虑到单级放大电路在高增益使用条件下易产生自激振荡等现象,中频放大器部分由多级放大器级联构成,主芯片依次为 AD8031、VAC821、VAC821 以及 AD8031,中频放大器部分增益可调范围达 60 dB。两级 VAC821 采用串联并控方式,用于实现自动增益控制,其增益控制量由单片机实时给出。电路如图 F-1-5 所示。

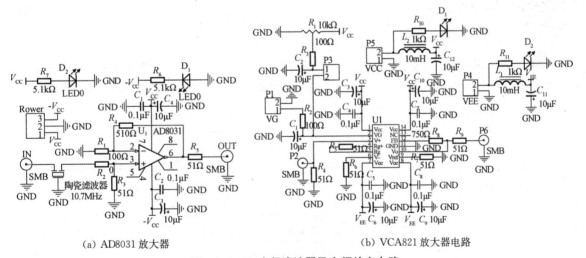

(a) AD8031 放大器　　　　　　　　　　(b) VCA821 放大器电路

图 F-1-5　中频滤波器及中频放大电路

2.5　检波电路设计

检波电路由二极管、RC 低通滤波器、隔直电容构成,如图 F-1-6 所示。

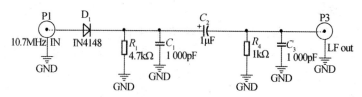

图 F-1-6　检波电路

2.6　基带放大电路设计

检波电路输出的基带信号再经 AD820 放大电路进行放大,增益为 35 dB,如图 F-1-7 所示。

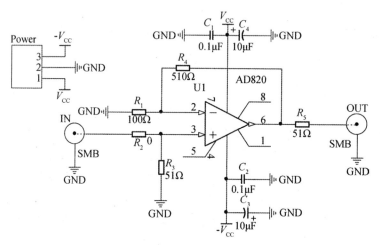

图 F-1-7　基带放大电路

3. 系统软件设计分析

本系统采用 Keil5 编辑环境对 STM32 单片机进行编程。单片机主要功能分为两部分,一是对本振源 ADF4351 实现控制,二是采集精密整流电路的直流信号,调整程控放大器的增益。系统软件设计示意图如图 F-1-8 所示。

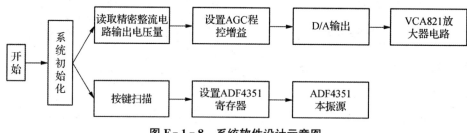

图 F-1-8　系统软件设计示意图

4. 竞赛工作环境分析

测试仪器:Suin TFG3605 信号发生器;固纬 GPD3303S 稳压电源;固纬 GDS-3502 示波器;固纬 GDM 8351 万用表;固纬 GSP 830 频谱仪。

5. 作品成效总结分析

5.1 基本部分测试结果与分析

(1) 指标要求:中频频率为 10.7 MHz。

测试方案:利用频谱仪对中频放大器输出信号的频率进行测试。

测试结果:10.69 MHz。

(2) 指标要求:当载波频率为 275 MHz,调制频率 f_{AM} 在 300 Hz~5 kHz 范围内任意设定一个频率,$V_{irms}=1$ mV 时,要求解调输出为 $V_{orms}=1$ V±0.1 V 的调制频率的信号,波形无明显失真。

表 F-1-1 解调信号输出测试数据表

测试条件	载波频率 275 MHz,$V_{irms}=1$ mV				
f_{AM}(kHz)	0.3	0.6	1	3	5
V_{orms}(V)	1.07	1.00	0.95	0.92	0.94
波形质量	无明显失真	无明显失真	无明显失真	无明显失真	无明显失真

测试结果分析:从测试结果来看,满足设计指标要求。

(3) 指标要求:改变载波频率 250 MHz~300 MHz,步进 1 MHz,调整本振频率后,可实现 AM 信号的解调功能。

表 F-1-2 解调信号输出测试数据表

测试条件	$f_{AM}=5$ kHz,$V_{irms}=1$ mV				
载波频率(MHz)	250	260	270	280	300
本振频率(MHz)	260.7	270.7	280.7	290.7	310.7
V_{orms}(V)	0.95	0.93	0.95	0.95	0.93
波形质量	无明显失真	无明显失真	无明显失真	无明显失真	无明显失真

测试结果分析:从测试结果来看,满足设计指标要求。

5.2 发挥部分测试结果与分析

(1) 指标要求:载波频率为 275 MHz,V_{irms} 在 10 μV~1 mV 之间变动时,通过 AGC 电路,要求输出信号 V_{orms} 稳定在 1 V±0.1 V。

表 F-1-3 解调信号输出测试数据表

测试条件	载波频率 275 MHz				
V_{irms}(mV)	0.01	0.1	0.3	0.5	1
V_{orms}(V)	1.07	0.95	0.95	0.98	0.92
波形质量	无明显失真	无明显失真	无明显失真	无明显失真	无明显失真

测试结果分析:从测试结果来看,满足设计指标要求。

(2) 指标要求:载波频率为 250 MHz~300 MHz(本振信号频率可变),V_{irms} 在 10 μV~

1 mV 之间变动,调幅度为 50%,要求输出信号 V_{orms} 稳定在 1 V±0.1 V。

表 F‐1‐4　解调信号输出测试数据表(f_{AM}=5 kHz)

V_{orms}(V)		载波频率(MHz)					
		250	260	270	280	290	300
调制信号有效值 V_{irms}(mV)	0.01	1.03	0.97	0.94	1.03	1.03	1.03
	0.1	0.98	0.95	0.94	1.00	0.97	0.97
	0.5	0.97	0.95	0.97	0.95	0.95	0.95
	1	0.95	0.93	0.95	0.95	0.93	0.93

测试结果分析:从测试结果来看,满足设计指标要求。

(3) 指标要求:在输出信号 V_{orms} 稳定在 1 V±0.1 V 的前提下,尽可能降低输入 AM 信号的载波信号电平。

表 F‐1‐5　解调信号输出测试数据表

测试条件	载波频率 275 MHz			
V_{irms}(mV)	0.009	0.008	0.007	0.006
V_{orms}(V)	0.93	0.91	0.91	
波形质量	无明显失真	无明显失真	无明显失真	失真

测试结果分析:AM 信号的载波信号电平最低可降低至 7 μV。

(4) 指标要求:在输出信号 V_{orms} 稳定在 1 V±0.1 V 的前提下,尽可能扩大输入 AM 信号的载波信号频率范围。

表 F‐1‐6　解调信号输出测试数据表

测试条件	f_{AM}=5 kHz,V_{irms}=10 μV			
载波频率(MHz)	249	250	330	331
本振频率(MHz)	259.7	260.7	330.7	341.7
V_{orms}(V)		0.91	0.93	
波形质量	失真	无明显失真	无明显失真	失真

测试结果分析:AM 信号的载波信号频率范围可拓展到 250 MHz～330 MHz。

综合以上测试结果分析,本系统设计实现了题目各项指标要求,并有一定程度的提高。作品的设计特色:使用集成芯片,使系统更为简洁,性能比较高,输出波形幅度稳定,波形质量良好。

6. 参考资料

[1] 胡仁杰,堵国樑,黄慧春. 全国大学生电子设计竞赛优秀作品设计报告选编(2015 年江苏赛区)[M]. 南京:东南大学出版社,2016.

[2] 于洪珍. 通信电子电路[M]. 北京:清华大学出版社,2005.

报　告　2

基本信息

学校名称	东南大学		
参赛学生 1	李怡宁	Email	liyining0710@163.com
参赛学生 2	杨孟儒	Email	595627687@qq.com
参赛学生 3	张博文	Email	598064834@qq.com
指导教师 1	郑　磊	Email	bigrocks@foxmail.com
指导教师 2	孙培勇	Email	sun_py6@sohu.com
获奖等级	全国二等奖		
指导教师简介	郑磊,工程师,主要研究方向为模式识别、智能控制系统、电力电子技术,主要从事电子技术类课程的实验教学,自 2012 年以来指导学生参加全国大学生电子设计竞赛,指导的学生多次获得全国和省级奖项,2017 年被江苏省大学生电子设计竞赛组委会评为优秀指导教师。 孙培勇,工程师。长期从事数字系统、微机原理、单片机应用、电力电子的实验教学,多次负责教改项目,曾负责"863"计划 PDP43 寸高清等离子显示器的开关电源设计,多次指导学生在全国大学生电子设计竞赛中获奖。		

1. 设计方案工作原理

1.1　预期实现目标

设计并制作一个调幅信号处理实验电路,如图 F-2-1 所示。输入信号为调幅度 50% 的 AM 信号。其载波频率为 250 MHz~300 MHz,幅度有效值 V_{irms} 为 10 μV~1 mV,调制频率为 300 Hz~5 kHz。

低噪声放大器的输入阻抗为 50 Ω,中频放大器输出阻抗为 50 Ω,中频滤波器中心频率为 10.7 MHz,基带放大器输出阻抗为 600 Ω、负载电阻为 600 Ω,本振信号自制。

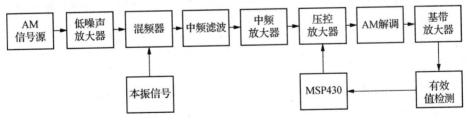

图 F-2-1　调幅处理实验电路框图

1.2　技术方案分析比较

(1) 低噪声放大器

方案 1:采用分立元件三极管或场效应管搭接前级低噪声放大器,采用高频晶体管级联完成放大。但由于分立元件塔接较为复杂,工作点不好控制,且达到射频频段,极易引起自激,同时也会引入较大噪声。

方案2：采用超低噪声集成运放 OPA847 等作为前级低噪声放大器,电路连接相对简单,且噪声引入很小,同时 OPA847 的增益带宽积达 3.9 GHz。但是在 300 MHz 带宽下增益很小,且引入大量噪声。

方案3：采用 Mini-circuits 公司的射频低噪声放大器 ERA-8SM,具有高达 8 GHz 的超高带宽,其噪声系数在 2 GHz 时为 2 dB,具有很好的噪声和带宽性能,适用于射频前级放大电路。

综合考虑,我们选择方案3。

（2）混频器

方案1：乘法器。AD834 乘法器可以在直流条件下工作,并且工作的最高频率可超过 500 MHz,能够满足题目中载波为 300 MHz 的调幅信号与本振混频的要求。但 AD834 阻抗匹配比较复杂,差分±4 mA 满量程输出电流。经过测试,AD834 输出衰减 250 倍左右,对系统增益产生很大影响。

方案2：无源混频器。搭建单二极管混频电路。单二极管混频电路电路简单,但是除了产生所需的混频结果外,还含有大量的组合频率分量,会在系统中引入大量噪声,影响包络检波效果。

方案3：采用二极管双平衡混频器模块 ADE-1,无源混频器输出频谱较纯净,噪声低,工作频带宽,动态范围大,虽然有部分插损,但通过引入平衡电路可以抵消本振信号及本振信号的偶次谐波分量。

综合考虑,我们选择方案3。

（3）本振信号

方案1：采用集成运放和 LC 元件构成振荡电路,但要产生稳定的上百兆的信号难度很高,电路复杂,且不易调节信号频率,很难符合题目要求。

方案2：采用集成芯片形式的 PLL,如 ADF4351、ADF4350 等。ADF4351 的输出频率范围：35～4 400 MHz,可以在宽带宽内快速锁定。

综合考虑,我们选择方案2。

（4）中频滤波器

方案1：采用 LC 滤波电路,利用无源滤波器设计软件 Filter Solutions,设计一个中心频率为 10.7 MHz,带宽为 20 kHz 的带通滤波器。LC 滤波器的 Q 值较低,并且很难将中心频率准确地调节到 10.7 MHz。

方案2：采用中心频率为 10.7 MHz 的晶体滤波器,晶体滤波器具有高 Q 值,小损耗的特点,很符合题目要求,但是其匹配电路较难调试。

方案3：采用中心频率为 10.7 MHz 的陶瓷滤波器,它相对于晶体滤波器 Q 值较小,损耗也较大,但是阻抗匹配电路较容易调试,方便电路前后级联。

综合考虑,选择方案3。

（5）AM 解调

方案1：采用相干解调,相干解调适用于 SSB、DSB 等多种调制方式,但是需要做同步,电路烦琐,要载波提取,然后通过乘法器相乘后再低通滤波,才能实现解调,比较困难。

方案2：采用包络检波,适用于 AM 解调,只需用高频二极管等简单电路元件搭接,方便实用。

综合考虑,选择方案2。

(6) 程控增益放大

方案1：采用 VCA821。VCA821 使用 0～2 V 电压控制,增益范围为－15～15 dB。但是控制电压在 0～2 V 范围内,与增益不完全是线性关系。

方案2：采用单级 VCA810 进行程控放大。单片机经过反向,产生－2～0 V 的控制电压,实现单级－40～40 dB 的增益变化。并且理论固定带宽为 35 MHz。此外,VCA810 的控制电压在－2～0 V 之间与增益满足线性关系,调试方便,满足题目要求。

综合考虑,选择方案2。

2. 核心部件电路设计

2.1 低噪声放大电路

低噪声放大电路由低噪声放大器 ERA-8SM 和 LC 高通滤波器组成。查阅数据手册,ERA-8SM 在 300 MHz、9 V 供电时的增益为 25 dB。考虑到前级放大电路与同轴电缆的匹配,以及输入阻抗为 50 Ω,采用芯片手册的同相放大电路。严格按照芯片手册设计外围电路。

同时使用软件 Filter Solutions 设计巴特沃斯型七阶 LC 高通滤波器,接在低噪放后滤除频率较低的噪声干扰,截止频率设为 250 MHz。输入/输出阻抗匹配为 50 Ω。

2.2 中频滤波器

中频滤波器采用陶瓷滤波器,并在输入和输出端进行 50 Ω 匹配,单独测试陶瓷滤波器电路,陶瓷滤波器带宽约 300 kHz 左右,满足题目设计要求。

2.3 中频放大器设计

中频放大器如图 F-2-2 所示,使用运放芯片 OPA847、VCA810 和 AD637 构成。两级 OPA847 级联可使得增益提高 28 dB。AD637 可检测输出电压有效值,进而控制 VCA810 实现 AGC 功能。通过改变 VCA810 的引脚控制电压,使输出电压的增益范围在－40 dB 到 40 dB。

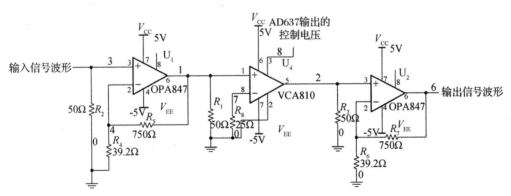

图 F-2-2　中频放大电路

2.4 混频器设计

混频器使用二极管双平衡无源混频电路,混频器 ADE12 的本振、射频信号输入频率为 DC-500 MHz,中频频率为 DC 到 500 MHz,实验中要注意输入阻抗匹配,可使损耗降至 5 dB,满足设计要求。

2.5　AM 解调

AM 解调使用高频二极管搭建倍压检波器。如图 F-2-3 所示,当输入信号在正半周时,二极管 D_1 导通,D_2 截止,电容 C_2 上电压充到输入信号的峰值。当输入信号在负半周时,二极管 D_2 导通,D_1 截止,C_1 电压与电源电压串联对 C_2 充电,将 C_2 电压充到调幅波信号峰值的两倍。因此倍频检波器可以得到 6 dB 的增益。

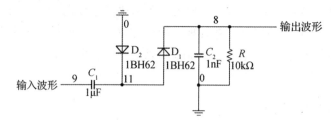

图 F-2-3　AM 检波电路

2.6　基带放大器设计

如图 F-2-4 所示,利用运放 OPA842 设计四阶有源巴特沃斯低通滤波器,将信号中谐波分量滤除,并实现 6 dB 增益,截止频率为 7 kHz。为了提高带负载能力,采用运放 OPA695,将增益提高 20 dB,此外包络检波器由于电容的充放电引入大量的杂散频率分量,信号有一定的直流偏置。在滤波器输出端通过电容滤掉直流偏置,再进行基带放大,可以满足输出信号有效值为 1 V 的要求。

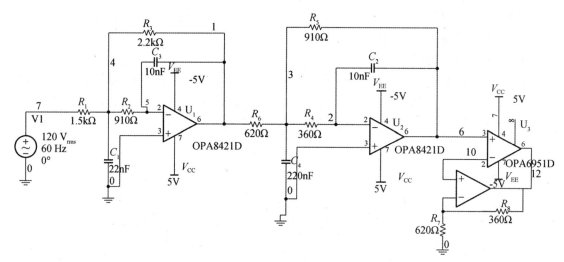

图 F-2-4　基带放大电路

3. 系统软件设计分析

在本系统的设计中,主要通过单片机产生本振信号和 AGC 功能,系统总体工作流程如图 F-2-5 所示。

（1）AGC 模式:通过 A/D 端口输入,对应 D/A 端口输出,当输出信号幅度比较大时,调节控制电压使增益变小。输出小信号时,调节控制电压增益变大,从而保证输出信号幅度稳定。

（2）本振信号产生:通过配置 ADF4351 的 6 个寄存器（R0~R5）产生频率为 200 MHz~

500 MHz 的本振信号。

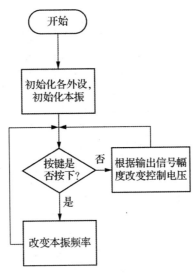

图 F-2-5　单片机程序流程图

4. 竞赛工作环境条件

4.1　设计分析软件环境

Windows 操作系统、CCS（Code Composer Studio）、NI Multisim13.0、Altium Designer10、Matlab、Office 等软件。

4.2　仪器设备硬件平台

示波器、稳压电源、数字万用表、函数发生器。

5. 作品成效总结分析

5.1　系统测试结果及分析

测试结果及分析如下：

（1）中频滤波器利用陶瓷滤波器设计，幅频特性测试结果如表 F-2-1 所示，可以看到滤波器带宽在 300 kHz，满足题目要求。

表 F-2-1　中频滤波器幅频特性测试

频率/MHz	10.5	10.6	10.7	10.8	10.9
输出信号幅度/mV	29.6	56.6	53.2	43.6	23
增益/dB	−10.57	−4.94	−5.48	−7.21	−12.77

（2）在输入 AM 信号的载波频率为 275 MHz、$V_{\text{irms}}=1$ mV 时测试电压输出有效值，测试结果如表 F-2-2 所示，满足题目要求。

（3）在保持调制信号频率（275 MHz）不变时，更改载波频率（300~5 kHz），可以发现输出信号无明显失真。

（4）保持载波频率（275 MHz）和调制信号频率（3 kHz）不变，更改调幅波幅度（1 μV~1 mV），测试输出电压有效值如表 F-2-3 所示，满足题目要求。

表 F-2-2　输出电压测试

f_m/Hz	300	500	800	1 000	1 500	2 000	2 500
V_{out}/V	1.024	0.987	1.045	1.02	1.043	1.042	1.033
f_m/Hz	3 000	3 300	3 600	4 000	4 300	4 600	5 000
V_{out}/V	1.024	1.02	1.027	1.000	1.001	0.970	994

表 F-2-3　输出电压测试

V_{irms}/μV	6	8	9	10	20	50	70
V_{out}/V	1.001	1.001	1.01	1.01	1.001	0.98	1.03
V_{irms}/μV	80	90	100	120	150	180	200
V_{out}/V	0.980	1.046	1.000	1.001	1.02	1.02	1.03
V_{irms}/μV	250	300	350	400	450	500	550
V_{out}/V	1.0	1.01	1.02	0.995	0.972	0.992	1.000
V_{irms}/μV	600	650	700	750	800	850	900
V_{out}/V	1.025	1.011	1.001	1.02	987	1.012	1.047

（5）保持调制信号频率不变,依次更改调幅波幅度和载波频率,观察输出电压有效值,测得输出电压如表 F-2-4 所示,满足题目要求。

表 F-2-4　输出电压测试

调幅波幅度 / 载波频率	10 μV	20 μV	50 μV	100 μV	200 μV	500 μV	1 000 μV
250 MHz	1.02	1.03	1.0	0.987	1.03	0.975	975
260 MHz	1.024	0.980	1.007	0.999	0.984	1.03	1.02
270 MHz	1.02	1.03	1.05	1.02	1.03	0.973	1.02
280 MHz	1.007	1.000	1.007	0.978	0.974	1.05	1.04
290 MHz	1.01	0.999	1.04	1.02	1.03	1.00	985
300 MHz	1.02	1.0	1.05	1.02	1.01	1.02	1.00 V

5.2　成效得失对比分析

本文设计出一种调幅射频电路,当载波频率范围在 200 MHz～300 MHz 时,输入信号幅度在 5 μV～1 mV,使得输出电压稳定输出 1 V,本振信号频率实现在 200 MHz～300 MHz 之间可调,步进增益为 1 MHz。

5.3　创新特色总结展望

本文中设计出的调幅射频电路在乘法器中采用无源混频,和有源混频相比会带来匹配更加复杂的问题,但能够保证微弱信号在低噪声的条件下进行放大。

6. 参考资料

[1] 段鹏程. 射频放大器的设计与研究[D]. 湖南大学,2016.

［2］常亮.二极管包络检波电路原理及失真探究［D］.渤海船舶职业学院,2013.

［3］曹新星.短波接收机高精度本振信号源的设计与实现［D］.武汉理工大学,2009.

［4］胡顺华.高选择性晶体滤波器的研制［D］.电子科技大学,2013.

［5］堵国樑.模拟电子电路基础［M］.北京:机械工业出版社,2014.

报 告 3

基本信息

学校名称	东南大学		
参赛学生 1	李沙志远	Email	915560950@qq.com
参赛学生 2	马小松	Email	897074310@qq.com
参赛学生 3	易 凤	Email	2412095773@qq.com
指导教师 1	黄慧春	Email	huanghuichun@seu.edu.cn
指导教师 2	张圣清	Email	zhangsq@seu.edu.cn
获奖等级	全国二等奖		
指导教师简介	黄慧春,女,副教授,在东南大学电工电子实验中心从事电工电子实验教学,自2005年以来一直担任东南大学全国大学生电子设计竞赛的组织管理和竞赛辅导工作,指导的学生获得过多个全国和省级奖项。 张圣清,男,东南大学教师,研究领域为电力线通信,嵌入式系统等。发表的文章有《低压电力线通信信道噪声特性的测试与分析》《基于OFDM的低压电力线通信网络的协议研究》等。		

1. 设计方案工作原理

1.1 技术方案分析比较

（1）低噪声放大器论证与选择

方案1: 选用 TQP3M9008 可级联高宽带高线性增益放大器,在250 MHz～300 MHz可实现20.6 dB的稳定增益,且该芯片噪声系数低,当输入信号幅度低时,不易被噪声淹没。

方案2: 选用 OPA847 高增益稳定、超宽带电压反馈型运放,其增益带宽积可达3.9 GHz。但经实际调试测量,OPA847 在200 MHz之前基本保持平坦,但在200 MHz以后会出现增益起伏,且噪声系数不如 TQP3M9008 性能好。

综合考虑高带宽和输入信号幅值低的要求,最终选择方案1。

（2）本振源论证与选择

方案1: 采用分立元件。该系统对芯片外围配置要求较高。首先,要求电源稳定,因此需采用稳压芯片。其次,环路滤波器的设计影响整个 PLL 系统的特性,所以运放的选择至关重要。最后,VCO 配置电感需要自己绕制,各芯片对电容的材质以及精度都有要求。

方案2：采用集成芯片。ADF4351具有一个集成电压控制振荡器（VCO），其输出频率范围为35 MHz～4 400 MHz。扫频步进可达1 kHz，可以满足题目中1 MHz步进的要求，使用单片机通过SPI通信改变控制字即可实现输出电压频率的控制。

由于采用变容二极管等模拟电路实现时因分立元件较多，电路复杂，调试困难，因此选择外围元件少，性能更稳定的集成芯片，即方案2。

（3）AM解调方法的选择与论证

方案1：采用相干解调，利用乘法器，输入一路与载频相干的参考信号与载频相乘。然后将解调信号通过一个低通滤波器，即可得到最终的调制信号。但使信号实现相干解调的关键在于接收端要恢复出一个与调制载波同步的相干载波。

方案2：采用包络检波，使用二极管和RC组成简单的电路，调整匹配参数之后进行包络检波。最后经过低通滤波器即可得到最后的调制信号。

由于相干解调对相位要求高，此方案相对于包络检波较为烦琐，所以最终选择方案2。

（4）基带放大器的选择与论证

方案1：选用OPA695电流反馈型运放，压摆率可达4 300 V/μs。当供电电压为±5 V时，可输出2 V有效值，满足题目要求。

方案2：使用THS3091电流反馈型运放，具有5 000 V/μs的压摆率。当供电电压为±15 V时，可以达到2 V有效值输出，满足题目要求。

综合考虑题目要求和功率之后，最终选择方案1。

1.2　系统结构工作原理

本系统主要由前级低噪放模块（TQP3M9008，OPA847，AD8367，OPA695），混频模块（AD834，ADF4351），中频滤波模块，中频放大模块（OPA847），AM解调模块（二极管包络检波，低通滤波器），程控模块（VCA810，AD637）和基带放大模块（OPA695）组成。其总体框图如图F-3-1所示。

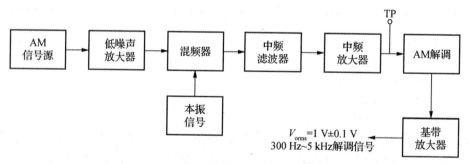

图F-3-1　调幅信号处理实验电路结构框图

2. 核心部件电路设计

2.1　电路设计分析

（1）低噪放大器设计

低噪放大模块中主要在于前级放大电路的选取，由于输入信号有效值在10 μV～1 mV之间变化，所以前级放大器必须具有低噪、对输入信号敏感等特性。TQP3M9008芯片是可级联的高宽带高线性增益放大器,在 250 MHz~300 MHz 之间可实现 20.6 dB 的稳定增益。

（2）中频滤波器设计

中频滤波器采用陶瓷滤波器设计而成,根据其匹配电路即可制作出 10.7 MHz 的中频滤波器。

（3）中频放大器设计

选用 OPA847 作为中频放大电路,其理论增益带宽积为 3.9 GHz,设置放大倍数为 13 倍时,理论带宽为 300 MHz,满足题目中中频 10.7 MHz 的要求。

（4）混频器设计

AD834 是一款单片、激光调整、四象限模拟乘法器,来自每个差分电压输入的跨导带宽（R_L=50 Ω）超过 500 MHz,适合高频率的应用。在乘法模式下,该器件的满量程误差为 0.5%,与应用模式和外部电路无关。而且它的性能相对温度不敏感。适合题目中 250 MHz~300 MHz 的高频乘法运算要求。

（5）本振信号产生设计

ADF4351 数字部分包括一个 10 位 RFR 计数器、一个 16 位 RFN 计数器、一个 12 位 FRAC 计数器和一个 12 位模数计数器。数据在 CLK 的每个上升沿时逐个输入 32 位移位寄存器。数据输入方式是 MSB 优先。在 LE 上升沿时,数据从移位寄存器传输至 6 个锁存器之一。目标锁存器由移位寄存器中的三个控制位（C_3、C_2 和 C_1）的状态决定。单片机通过 SPI 协议改变目标锁存器的控制字即可实现相应操作。

（6）基带放大器设计

选用 OPA695 电流反馈型运放作为基带放大器,压摆率可达 4 300 V/μs。当供电电压为 ±5 V 时,可输出 2 V 有效值,满足题目要求。

（7）程控增益设计

选用高宽带分贝线性可变增益放大器 VCA810 作为程控芯片,其具有 40 dB 的增益调节范围,通过 AD637 有效值检波电路对其 V_g 端口进行控制,使输出电压稳定在 1 V 有效值附近。

2.2　电路设计原理图

（1）低噪放电路

采用 TQP3M9008 低噪放芯片,在 250 MHz~300 MHz 可实现 20.6 dB 的稳定增益。且其噪声系数小,当输入幅度为 10 μV_{irms} 时,信号也不会被噪声淹没。其中 C_1=0.01 μF,C_2=C_6=1 000 pF,L_2=330 nH。其电路图见图 F-3-2。

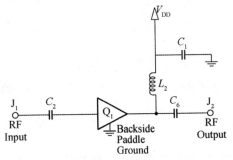

图 F-3-2　前级低噪放电路(TQP3M9008)

（2）锁相环产生本振源电路

采用 ADF4351 集成芯片,配置如图 F-3-3 所示,三线 SPI,单片机控制,可实现所有的功能,包括扫频、手动扫描或预置频率选择,步进可达 1 kHz。满足题中步进 1 MHz 可调的要求。

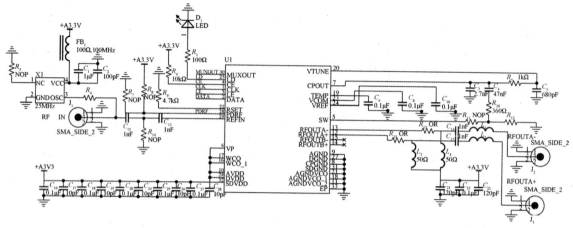

图 F-3-3　锁相环产生本振源电路(ADF4351)

（3）中频滤波电路

中频滤波器采用陶瓷滤波器设计而成,根据其匹配电路即可制作出 10.7 MHz 中频滤波器,其电路图如图 F-3-4 所示。

（4）幅值控制电路

VCA810 是宽带可变增益放大器。控制电压从 0 V～-2 V 变化,可以实现-40～+40 dB 的线性调制。其固定增益下带宽为 35 MHz,满足题目通频带要求。其电路如图 F-3-5 所示。

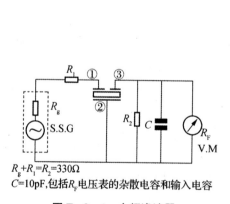

图 F-3-4　中频滤波器

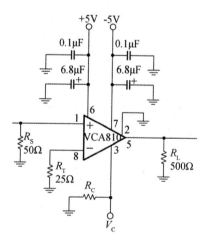

图 F-3-5　幅值控制电路(VCA810)

3. 系统软件设计分析

软件部分通过 MSP4306638 单片机实现了与用户的交互,主要分为手动频率选择和自动增益控制模式。软件工作流程如图 F-3-6 所示。

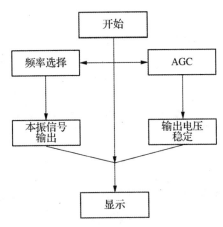

图 F‑3‑6 系统软件工作流程图

4. 作品成效总结分析

4.1 基本要求(1)

将电路级联之后,从测试端子引出信号,调幅信号在 10.7 MHz 输出幅值最大,在其他频率衰减。满足题目要求。

4.2 基本要求(2)

当输入 AM 信号的载波频率为 275 MHz,$V_{\text{irms}} = 1$ mV 时,调制信号在 300 Hz~5 kHz 范围内任意选定若干个频率进行测量,解调输出信号满足 $V_{\text{orms}} = 1$ V± 0.1 V,且输出信号无明显失真。部分实验结果记录情况如表 F‑3‑1 所示。

表 F‑3‑1 调制信号频率测试结果

频率	300 Hz	1 kHz	2 kHz	3 kHz	4 kHz	5 kHz
V_{orms}(V)	1.01	0.998	1.01	1.02	1.01	1.00

4.3 基本要求(3)

改变输入信号载波频率 250 MHz~300 MHz,步进为 0.1 MHz,调整对应的本振频率后,可实现 AM 信号的解调功能;部分实验结果记录情况如表 F‑3‑2 所示。

表 F‑3‑2 载波信号频率测试结果

频率	250 MHz	250.1 MHz	275 MHz	275.1 MHz	300 MHz	300.1 MHz
解调	成功	成功	成功	成功	成功	成功

4.4 发挥部分(1)

当输入 AM 信号的载波频率为 275 MHz,V_{irms} 在 10 μV~1 mV 之间变动时,通过自动增益控制电路,输出信号能稳定在 1 V± 0.1 V;部分实验结果记录情况如表 F‑3‑3 所示。

表 F‑3‑3 载波信号幅度测试结果

V_{irms}	10 μV	20 μV	100 μV	500 μV	800 μV	1 mV
V_{orms}(V)	0.998	1.01	1.00	1.01	1.00	1.00

4.5 发挥部分(2)

当输入信号载波频率为 250 MHz～300 MHz，V_{irms} 在 10 μV～1mV 之间变动，调幅度为 50%时，输出信号能够稳定在 1 V±0.1 V；部分实验结果记录如表 F-3-4～表 F-3-7 所示。

表 F-3-4　载波频率为 250 MHz 时，载波信号幅度测试结果

V_{irms}	10 μV	20 μV	100 μV	500 μV	800 μV	1 mV
V_{orms}(V)	1.03	1.03	1.01	1.00	1.01	1.00

表 F-3-5　载波频率为 270 MHz 时，载波信号幅度测试结果

V_{irms}	10 μV	20 μV	100 μV	500 μV	800 μV	1 mV
V_{orms}(V)	1.03	1.02	1.00	1.00	1.00	1.00

表 F-3-6　载波频率为 290 MHz 时，载波信号幅度测试结果

V_{irms}	10 μV	20 μV	100 μV	500 μV	800 μV	1 mV
V_{orms}(V)	1.02	1.02	1.01	1.00	1.00	1.01

表 F-3-7　载波频率为 300 MHz 时，载波信号幅度测试结果

V_{irms}	10 μV	20 μV	100 μV	500 μV	800 μV	1 mV
V_{orms}(V)	0.999	1.00	1.00	1.01	1.01	1.00

4.6 发挥部分(3)

在输出信号 V_{orms} 稳定在 1 V±0.1 V 的前提下，输入 AM 信号的载波信号电平有效值最低可达 5 μV。部分实验测试结果如表 F-3-8 所示。

表 F-3-8　载波频率为 300 MHz 时，载波信号幅度测试结果

V_{irms}	10 μV	20 μV	100 μV	500 μV	800 μV	1 mV
V_{orms}(V)	0.995	0.994	1.00	0.998	1.00	1.00

4.7 发挥部分(4)

由于仪器测试输出频率范围限制，在输出信号 V_{orms} 稳定在 1 V±0.1 V 的前提下，测得输入 AM 信号的载波信号的频率范围可达 140 MHz～350 MHz。而理论上载波频率可达 140 MHz～540 MHz。部分实验测试结果如表 F-3-9 所示。

表 F-3-9　载波信号频率测试结果

频率	140 MHz	170 MHz	200 MHz	230 MHz	310 MHz	350 MHz
V_{orms}(V)	1.01	1.01	1.00	1.00	1.00	1.01

5. 参考资料

[1] 黄智伟.全国大学生电子设计竞赛常用电路模块制作[M].北京:北京航空航天大学

出版社,2011.

　　[2] 任宝宏.MSP430 单片机原理与应用[M].北京:电子工业出版社,

　　[3] 康华光.电子技术基础:模拟部分[M].北京:高等教育出版社,2006.

　　[4] 武少程,张仁彦,高贯涛.基于单片机的多功能电子秤设计[J].智慧工厂,2011(01).

报　告　4

基本信息

学校名称			东南大学
参赛学生 1	陈翔宇	Email	2855225784@qq.com
参赛学生 2	吉小莹	Email	845788572@qq.com
参赛学生 3	印　政	Email	929901359@qq.com
指导教师 1	胡仁杰	Email	hurenjie@seu.edu.cn
指导教师 2	张圣清	Email	zhangsq@seu.edu.cn
获奖等级			全国一等奖
指导教师简介			胡仁杰,东南大学电工电子实验中心(国家级教学实验示范中心)主任、教授,全国大学生电子设计竞赛江苏赛区组委会秘书长和专家组组长。 张圣清,男,东南大学教师,研究领域为电力线通信,嵌入式系统等。发表的文章有《低压电力线通信信道噪声特性的测试与分析》《基于 OFDM 的低压电力线通信网络的协议研究》等。

1. 设计方案工作原理

　　本系统主要由低噪声放大器模块、混频模块、本振信号源模块、中频滤波放大模块、AM 解调模块、单片机控制显示模块、电源模块组成,下面论证重要模块的选择。

1.1　低噪声放大器的论证与选择

　　方案 1:采用超宽带低噪声电压反馈运算放大器 OPA847。电压反馈型运算放大器 OPA847 具有超宽带,超低噪声的特点,增益带宽积达 3.9 GHz,可作为前级低噪声放大器。但本题目中要求放大近 300 MHz 的高频信号,电压反馈型运放在获得高增益的情况下频带较窄,高频衰减严重,故难以实现。

　　方案 2:采用宽带低噪声电流反馈放大器 THS3021。采用电流反馈型运算放大器不同于电压反馈型运放,在获得高增益的同时,可以得到更宽的通频带,但实际测量中发现噪声系数较大,在输入信号为 10 μV_{rms} 时,信号几乎完全被噪声淹没。

　　方案 3:采用射频低噪声放大器。射频低噪声放大器 SPF5189 具有 50~5 000 MHz 内固定 20 dB 的超宽频带,噪声系数仅为 0.6 dB,性能稳定,能够有效保证后级系统优异的性能。

　　综合以上三种方案,选择方案 3。

1.2 AM解调方案的论证与选择

方案1: 相干解调方案。相干解调是指利用乘法器,输入一路与载频同频同相的参考信号与载频相乘。得到调制信号以及载波的高次谐波,实现信号的解调,它适用于所有线性调制信号的解调,可以使用限幅放大器和模拟乘法器实现,但电路调试较复杂。

方案2: 非相干解调方案。相对于相干解调方式,非相干解调不需要提取载波信息。可以采用包络检波电路实现,仅需要搭建二极管电路即可实现AM信号解调,电路简单,实现容易,且在信噪比较高的情况下,性能与相干解调方式相近。

综合以上两种方案,选择方案2。

1.3 自控增益控制方案的论证与选择

方案1: 采用硬件电路实现自动增益控制。采用均方根检波电路+压控放大器实现增益自动控制,具有响应速度快,性能稳定的特点,且有AD8367等集成芯片可以直接采用,但电路调试较复杂,且难以达到本题目中1 ± 0.1 V_{rms}的要求。

方案2: 采用软件实现自动增益控制。通过AD637真有效值检测芯片实现有效值检测,经过单片机A/D转换获得精确有效值,采用PID闭环控制算法输出控制电压控制VCA芯片增益,可以实现高精度的有效值控制。

综合考虑采用方案2。

2. 核心部件电路设计

系统总体框图如图F-4-1所示,下面将对核心部件电路的设计进行介绍。

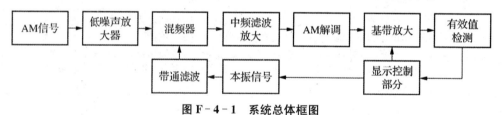

图F-4-1 系统总体框图

2.1 低噪声放大器的设计

为满足题目要求,设计核心应围绕着低噪声性能、通频带、增益分配几个要点进行设计。本方案采用射频超低噪声放大器SPF5189作为前级低噪声放大,通频带高达5 GHz,最小噪声系数仅为0.6 dB,远远超过任务要求。并且内部已经做好50 Ω匹配,使用时只需设计好PCB布局。由于混频器AD834工作的线性范围为差分输入1 V,为尽量提高信噪比并保证工作在线性范围,前级放大应控制在50 dB左右。故我们采用两级分别为20 dB的固定增益放大,总增益为40 dB,实现信号的有效放大。低噪声放大器电路如图F-4-2所示。

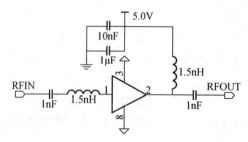

图F-4-2 低噪声放大器

在输入信号较小的情况下,AM 信号经过混频器后信噪比降低严重,为提高信噪比,前级经过一级 AD8367 自动增益控制电路,将信号峰峰值控制在 1 V_{pp},提高混频性能。

2.2　混频器的设计

采用 AD834 四象限模拟乘法器实现混频功能,工作频带高达 500 MHz,可以满足题目要求。AD834 乘法器电路如图 F-4-3 所示。

由于 AD834 为差分电流输出型,使用时后级输出采用巴伦差分转单端的结构,可以有效的抑制谐波。

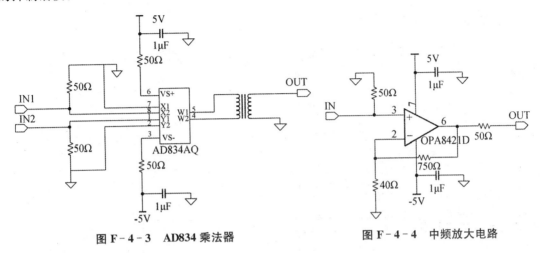

图 F-4-3　AD834 乘法器　　　　图 F-4-4　中频放大电路

2.3　中频放大滤波的设计

采用陶瓷滤波器实现 10.7 MHz 中频滤波,中频放大器采用低失真低噪声放大器 OPA842,输出阻抗为 50 Ω。实际测试中,当输入 AM 信号幅度最大时,中频滤波电路输出信号峰峰值在 200 mV_{pp} 左右,为提高 AM 解调性能,中频放大器输出应尽可能大,并且应保证后级 AM 解调工作在线性范围,将中频放大器增益设置在 18 dB。中频放大电路如图 F-4-4 所示。

2.4　基带放大器的设计

基带放大器要求较低,由于调制信号频带仅有 5 kHz,有大量芯片可供选择,采用 OPA227 高增益低失真运算放大器实现基带信号的放大,配置输出电阻 600 Ω,负载阻抗 600 Ω。由于 VCA 芯片采用 VCA810 实现,VCA810 可控增益范围为 −40 dB~40 dB,为充分利用 VCA810 的增益控制范围,扩大 AGC 范围实现微小信号的放大,实际测量时,输入 VCA810 信号最大幅度为 1 V_{rms},为尽量利用 VCA 负增益的区间,最后一级基带放大增益设置在 30 dB。基带放大器电路如图 F-4-5 所示。

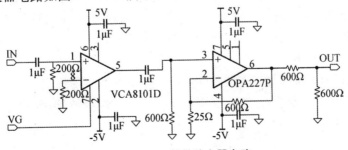

图 F-4-5　基带放大器电路

2.5 程控增益的设计

由于低噪声放大器前级采用一级 AD8367 进行自动增益控制,可以在一定输入信号幅度范围内实现稳定输入,混频器信号幅度在 1 V$_{pp}$,降低了后级信号幅度波动。最后基带信号的 AGC 采用 VCA810 实现增益控制,理论上可以实现 80 dB 的大动态范围。输出信号采用 AD637 实现有效值检测,具有较高的精度。将 AD637 测量的有效值信号经过 A/D 转换输入单片机,之后单片机经过 D/A 转换输出控制电压,控制 VCA810 的增益,实现高稳定性的 AGC 控制,将输出信号幅度稳定在 1 V$_{rms}$。

3. 系统软件设计分析

程序主要完成两个功能,一是完成本振信号源输出频率的调整,二是完成 AGC 控制。程序流程如图 F－4－6 所示。AGC 程序见网站。

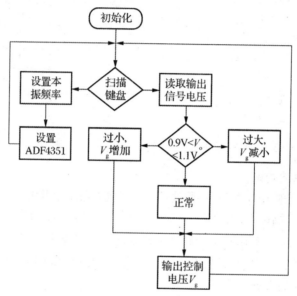

图 F－4－6　程序流程图

4. 竞赛工作环境条件

4.1 测试方案

（1）载波信号幅度范围测量。输入 AM 信号载波频率为 275 MHz,调制频率为 1 kHz,初始输入信号有效值为 1 mV,不断降低输入信号幅度,测量解调输出信号幅度。

（2）载波信号频率范围测量。输入 AM 信号为载波频率 200 MHz～350 MHz,调制频率为 1 kHz,输入信号有效值为 10 μV,测量解调输出信号幅度。

4.2 测试条件与仪器

仪器设备硬件平台、配套加工安装条件：

DG5352 型 350M 函数发生器；DSOX4032A 型 350M 示波器；KXN-305D 型直流稳压电源。

5. 作品成效总结分析

5.1　测试结果

（1）幅度范围测量

输入信号频率：275 MHz；调制频率：1 kHz，测试数据如表 F-4-1 所示。

表 F-4-1　幅度范围测量

输入有效值（mV）	输出有效值（V）	输入有效值（mV）	输出有效值（V）
1	1.013	0.2	1.054
0.9	1.011	0.1	0.965
0.8	1.006	0.09	1.007
0.7	0.998	0.08	1.012
0.6	0.976	0.07	0.947
0.5	1.021	0.06	0.968
0.4	1.011	0.05	1.015
0.3	0.995	0.04	0.973

（2）频率范围测量

输入信号幅度：10 μV_{rms}；调制频率：1 kHz，测试数据如表 F-4-2 所示。

表 F-4-2　频率范围测量

输入频率（MHz）	输出有效值（V）	输入频率（MHz）	输出有效值（V）
200	0.976	280	1.021
210	0.965	290	1.011
220	1.011	300	0.995
230	1.012	310	0.976
240	0.947	320	1.002
250	0.968	330	1.013
260	1.022	340	0.998
270	1.012	350	1.004

5.2　测试分析与结论

根据测试，本调幅信号模拟系统可以在输入 AM 载波信号频率在 200 MHz～350 MHz 范围内，幅度 4 μV_{rms}～1 mV_{rms} 范围内时，对调制深度 50%，调制频率范围 300 Hz～5 kHz 的调制信号进行解调，并将输出解调信号有效值稳定在 1±0.03 V 范围内，输出解调信号无明显失真。

综上测试与分析，本系统完成了全部基本部分和提高部分要求。

6. 参考资料

[1] 高吉祥. 模拟电子线路设计[M]. 北京:高等教育出版社,2013.

[2] 黄智伟. 全国大学生电子设计竞赛基于 TI 器件的模拟电路设计[M]. 北京:北京航空航天大学出版社,2014.

[3] 谭浩强. C 语言程序设计[M]. 4 版. 北京:清华大学出版社,2010.

报 告 5

基本信息

学校名称	东南大学		
参赛学生 1	俞 峰	Email	2713277400@qq.com
参赛学生 2	吴 楠	Email	635521908@qq.com
参赛学生 3	郭鹏鹏	Email	361751809@qq.com
指导教师 1	赵 宁	Email	njzhao88@163.com
指导教师 2	孙培勇	Email	sun_py6@sohu.com
获奖等级	全国一等奖		
指导教师简介	赵宁,1961 年生,工程师。从事电子技术、真空科学与技术的教学与科研工作。参与多项国家、省级科研项目的研究工作,主持科研开发项目并获得省级技术鉴定。并在核心期刊上发表数篇科技论文,获得国家发明专利的授权。 孙培勇,工程师。长期从事数字系统、微机原理、单片机应用、电力电子的实验教学,多次负责教改项目,曾负责"863"计划 PDP43 寸高清等离子显示器的开关电源设计,多次指导学生在全国大学生电子设计竞赛中获奖。		

1. 系统方案论证与比较

1.1 项目预期指标分析

本题的主要任务是设计并制作调幅信号处理电路,将 AM 调制信号通过混频与解调的方式,最终将调制频率为 300 Hz～5 kHz,幅值为 10 μV_{rms}～1 mV_{rms} 的信号放大到 1 V_{rms} 左右输出,其中载波信号的频率为 250～300 MHz。当 AM 信号的载波频率与幅度不断变化时,系统能够实现解调功能,并且满足 1 V_{rms} 的稳定输出。此外,AM 信号的载波幅度与载波频率的范围要尽可能宽,电路需要具有自动增益控制(AGC)功能。

1.2 设计方案工作原理

（1）低噪声放大器设计

方案 1：采用单片集成低噪声运算放大器 OPA847。OPA847 为高稳定增益、超高带宽的电压反馈型运放。其增益带宽积可达 3.9 GHz,放大 12 倍时,通过理论计算可知,带宽可以达到 370 MHz,噪声低,具有良好的前级匹配和放大性能。

　　方案 2:采用可变增益放大器 AD8368。由于输入信号的幅值范围变化较大,因此需要在前级低噪放大的过程中加入可控增益放大的模块,以保证大信号和小信号经过前级放大后提供给后级的输入为幅值范围较窄的信号。采用 AD8368 可变增益放大器,增益范围为−12 dB ~20 dB,满足题目要求。

　　经过对系统增益与稳定性的考虑,最终选择方案 1 和方案 2 同时使用,即采用 OPA847 与 OPA695、AD8368 级联的方式进行整体前级低噪声放大。

　　(2)混频器模块设计

　　方案 1:采用单片集成芯片 AD834。混频电路采用集成芯片 AD834 构成的乘法器电路进行混频处理,将信号搬至中频段。AD834 是一种四象限模拟乘法器,适合高频应用,在乘法模式下,该器件的满量程误差为 0.5%,与应用模式及外界电路无关,性能对温度不敏感,满足题目要求的带宽及混频要求。

　　方案 2:采用单片集成芯片 AD539。AD539 是一种低失真的模拟乘法器,可以提供线性可控的增益范围。其主要应用于速度重要的应用中,且具有很高的精度,失真度较低。但相比较而言,AD539 的带宽较低,可能无法满足本题目中对信号频率的要求。

　　经过对系统带宽以及实用性的考虑,最终选择方案 1。

　　(3)本振信号模块设计

　　方案 1:采用 AD9910 构成高速 DDS 信号发生器。AD9910 是一款内置 14 bitDAC 的直接数字频率合成器(DDS),具有高达 1 GS/s 的采样频率。AD9910 的频率分辨率可达 0.23 Hz,可通过单片机编程控制 DDS 信号的频率、相位和振幅。

　　方案 2:采用 ADF4351 锁相环构成的射频信号源。ADF4351 信号输出范围为 53.125 MHz~6 800 MHz,远远大于题目要求,且其输出信号幅值范围大,但输出在 300 MHz 左右时波形失真比较严重。

　　经过实际测试,AD9910 可输出稳定的波形,选用方案 1。

　　(4)中频滤波器设计

　　题目要求中提及中频滤波器可采用晶体滤波器以及陶瓷滤波器两种,中心频率为 10.7 MHz。经过实际测试得出结论,两者都能起到非常良好的滤波效果,但晶体滤波器的带宽较窄,陶瓷滤波器的带宽相对较宽。最终选择晶体滤波器作为中频滤波器。

　　(5)中频放大器设计

　　方案 1:采用单片集成低噪声运算放大器 OPA847。由于输入信号的幅值较低,可采用 OPA847 进行高增益放大,且 OPA847 在高增益的情况下具有低失真的特点,符合整个电路系统的特性要求。

　　方案 2:采用电流反馈型运算放大器 OPA695。OPA695 具有很大的输入范围,可作为级联后的第二级放大,但 OPA695 的放大倍数无法做到较大,会出现失真现象。因此可通过与 OPA847 芯片的级联来进行二次放大。

　　经过对系统增益与稳定性的考虑,最终选择方案 1。

　　(6)AM 解调器设计

　　本题可采用二极管包络检波电路,主要由二极管和 RC 低通滤波器组成,电路结构十分简单,最终采用该方案进行包络检波。

（7）基带放大器设计

方案：采用 NE5532 构成的放大电路。NE5532 可作为基带放大器，对解调后的低频小信号可以放大至 1 V_{rms} 的稳定输出，并且在实际测试中，NE5532 的放大特性良好，并且能够满足 600 Ω 的带载能力的要求，因此采用该方案进行基带放大。

（8）程控增益设计

方案 1：采用 VCA810 构成的自动增益控制电路。VCA810 构成的增益控制模块具有很大的增益控制范围（−40 dB～40 dB），信号无失真的情况下输出可达 1 V_{rms}，最大输出为 1.25 V_{rms}，满足题目最终要求的信号以 1 V_{rms} 稳定输出。该模块在低频情况下性能较为优越，频率较高时则有较大的失真。

方案 2：采用软件控制 AD8368 构成自动增益控制电路。由于 AD8368 可进行程控增益放大，因此 AD8368 可通过程序控制前级低噪放大的倍数，可采用峰值检波电路对输出进行采样，根据采样值控制 AD8368 的程控电压值，达到稳定输出 1 V_{rms} 的功能，且通过实测可知进入混频器的两信号需要一定的幅度，因此我们采用在高频部分进行增益控制，来满足混频器要求，提高系统稳定性。

经过对方案可实现性与系统简化的考虑，最终选择方案 2。

2. 理论分析与计算

系统的整体框图如图 F-5-1 所示。

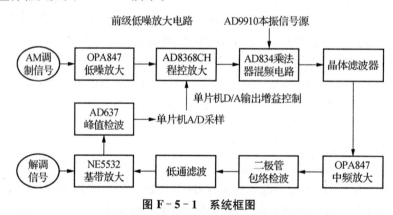

图 F-5-1 系统框图

2.1 低噪声放大器增益与带宽分析计算

前级低噪声放大采用两级 OPA847 与两级 AD8368 级联构成。OPA847 放大倍数为 12 倍时，带宽为 325 MHz；AD8368 最大增益为 10 倍时，可调范围为 30 dB，带宽为 450 MHz，通过两级 AD8368 可调范围达到 60 dB，总体满足题目要求。

2.2 中频滤波器分析计算

中频滤波器应用带宽较窄的晶体滤波器进行滤波，将混频后的信号滤波至 10.7 MHz 附近，便于后续处理应用。

2.3 中频放大器分析计算

经过乘法器与中频滤波器后，信号会有约 30 dB 的衰减，信号幅度较小，中频放大器采用 OPA847 进行 50 倍的高增益放大，此时 OPA847 的带宽较小，但仍满足题目对于中频放大器的要求。

2.4　本振信号分析计算

本振信号采用 AD9910 构成的高速 DDS 信号源模块,可通过软件程序控制信号源的输出频率与输出幅度。输出信号的振幅最大为 200 V_{ms},需要进行适当的放大后与输入信号进行混频处理。

2.5　混频器分析计算

混频器采用乘法器 AD834,实测后可得到:输入信号与本振信号的振幅相差越小时,混频后输出波形失真度越低。因此,应对两信号幅度进行适当控制,使 AD834 混频后的效果达到最佳。

2.6　基带放大器分析计算

基带放大器采用 NE5532 设计电路,其作用主要是将解调信号放大至 1 V_{ms} 输出,因此可将基带放大器设计成增益可调,根据级联后输出幅度的具体值调试放大倍数。

3. 核心部件电路设计

3.1　电路设计

（1）前级低噪放大电路

采用两级低噪声高带宽运放 OPA847,设置为 12 倍放大,经过输入/输出阻抗匹配后为 6 倍放大,具体电路如图 F-5-2 所示。

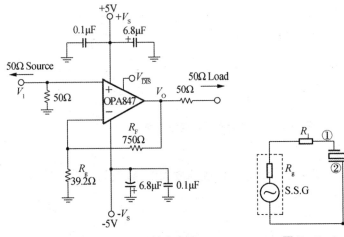

图 F-5-2　OPA847 放大电路

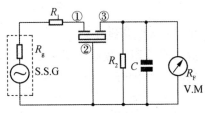

图 F-5-3　晶体滤波器电路

（2）中频滤波电路与放大电路

采用晶体滤波器构成典型的滤波电路,放大电路采用 OPA847 进行高增益放大,OPA847 电路如图 F-5-2 所示,晶体滤波器具体电路如图 F-5-3 所示。

（3）本振信号电路设计

AD9910 构成的 DDS 信号源模块具有很高的集成度,经过实际测试,模块在低频段和高频段都能够输出较为优秀的正弦波信号。

（4）混频器电路设计

AD834 乘法器模块经测试后混频效果良好,但具有很高的衰减,需要有较大的幅值输入才能避免信号输出过小的问题,具体电路如图 F-5-4 所示。

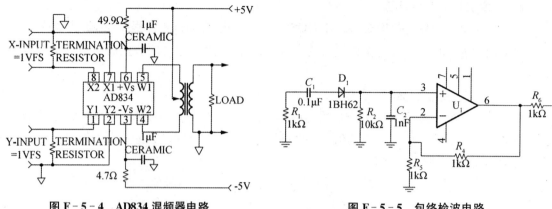

图 F-5-4　AD834 混频器电路　　　　图 F-5-5　包络检波电路

(5) AM 解调—包络检波电路设计

采用二极管与 RC 滤波器构成的包络检波电路可实现解调的功能,但输入信号有阈值限制,需要满足条件才能工作,具体电路如图 F-5-5 所示。

(6) 四阶有源低通滤波器设计

为了提高系统的稳定性,减少输出音频信号的噪声,我们设计了四阶有源低通滤波器,具体电路如图 F-5-6 所示。

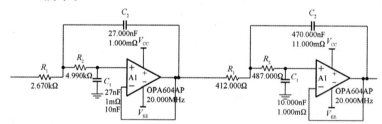

图 F-5-6　四阶有源低通滤波器

(7) 基带放大电路设计

基带放大是采用音频放大器 NE5532 运放构成的放大电路,较为简单,输出功率较大,噪声较小,具体电路如图 F-5-7 所示。

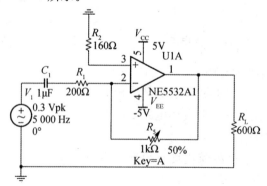

图 F-5-7　基带放大电路

3.2　系统软件设计

软件设计流程如图 F-5-8 所示,通过对输出值的采样进而控制程控放大器的增益输出,调整电路的增益情况,达到稳定 1 V_{rms}输出的目的。

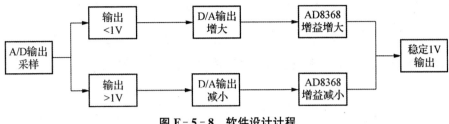

图 F-5-8　软件设计计程

4. 竞赛工作环境条件

测试仪器:SP2461-300M 函数发生器,DSO-X305A-500M 示波器,学生电源。

5. 作品成效总结分析

5.1　测试结果与分析

(1) 275 MHz 载波频率下,V_{irms}在 10 μV_{rms}～1 mV_{rms}范围内变动。

表 F-5-1　275 MHz 载波频率下的输出电压(调制频率为 1 MHz)

V_{irms}	10 μV	20 μV	30 μV	50 μV	80 μV	100 μV	200 μV	300 μV
V_{orms}	1.007 V	1.014 V	1.002 V	0.987 V	1.04 V	1.034 V	0.957 V	0.986 V
V_{irms}	400 μV	500 μV	600 μV	700 μV	800 μV	900 μV	1 000 μV	
V_{orms}	0.958 V	0.9747 V	1.010 V	1.012 V	1.000 V	1.002 V	1.046 V	

结论:由表 F-5-1 可知,当输入 AM 载波频率为 275 MHz,测试调制频率为 1 kHz,输出随着输入的变化,稳定在 1 V_{rms}±0.1 V 的范围内。

(2) V_{irms} 在 10 μV_{rms}～1 m V_{rms}间,载波频率在 250 MHz～300 MHz 间变动,调制频率为 5 kHz,输出电压的测试数据见表 F-5-2。

表 F-5-2　输入电压与载波频率均可变下的输出电压

$V_{irms}=1$ mV	250 M	260 M	270 M	275 M	280 M	290 M	300 M	310 M
	1.008 V	1.003 V	1.02 V	1.009 V	1.01 V	1.01 V	1.01 V	0.91 V
$V_{irms}=200$ μV	250 M	260 M	270 M	275 M	280 M	290 M	300 M	310 M
	1.05 V	1.04 V	1.01 V	1.03 V	1.07 V	1.02 V	0.97 V	0.95 V
$V_{irms}=50$ μV	250 M	260 M	270 M	275 M	280 M	290 M	300 M	310 M
	1.03 V	1.08 V	1.02 V	1.05 V	1.01 V	1.04 V	0.98 V	0.92 V
$V_{irms}=3.0$ μV	250 M	260 M	270 M	275 M	280 M	290 M	300 M	310 M
	1.05 V	1.02 V	1.05 V	1.04 V	1.01 V	1.02 V	1.03 V	0.94 V

(3) V_{orms}稳定 1 V 输出,载波频率为 275 MHz,调制频率为 5 kHz 时,载波信号电平范围的测试数据见表 F-5-3。

表 F-5-3　输入 10 μV 下的载波信号电平范围

3.0 μV	5.0 μV	6.0 μV	7.0 μV	8.0 μV	9.0 μV	10 μV
0.902 V	0.988 V	1.04 V	0.977 V	0.969 V	1.04 V_{rms}	0.993 V_{rms}

(4) V_{orms} 稳定在 1 V 输出时载波信号频率范围(调制频率为 5 kHz,测试数据见表 F-5-4)。

表 F-5-4　输出 1 V 时的载波信号频率范围

20 MHz	230 MHz	240 MHz	250 MHz	260 MHz	270 MHz	275 MHz	300 MHz	400 MHz	480 MHz
1.06 V	1.04 V	1.02 V	1.06 V	1.03 V	1.006 V	1.01 V	0.97 V	0.93 V	0.91 V

结论:改变载波的频率以及输入信号的幅度,输出电压稳定在 1 ± 0.1 V_{rms}。实现了 AGC 的调节功能。输入信号的最小值达到 3.0 μV 不失真,同时输入载波范围 20 MHz~480 MHz,信号输出仍然可以维持在 1 ± 0.1 V_{rms},完成了发挥部分的要求(数据均为有效值)。

6. 参考文献

[1] TI. Wideband,Ultra-Low Noise,Voltage-Feedback OPERATIONAL AMPLIFIER with Shutdown[DB/OL]. http://www.ti.com.cn/cn/lit/ds/symlink/opa847.pdf

[2] TI. Ultra-Wideband,Current-Feedback OPERATIONAL AMPLIFIER With Disable[DB/OL]. http://www.ti.com.cn/cn/lit/ds/symlink/opa695.pdf.

[3] TI. Ultra-Wideband,> 40 dB Gain Adjust Range,Linear in dB VARIABLE GAIN AMPLIFIER[DB/OL]. http://www.ti.com.cn/cn/lit/ds/symlink/vca821.pdf.

[4] TI. Ultra-Wideband,> 40 dB Gain Adjust Range,Linear in V/V VARIABLE GAIN AMPLIFIER[DB/OL]. http://www.ti.com.cn/cn/lit/ds/symlink/vca824.pdf.

[5] TI. 1.8-GHz,LOW DISTORTION,CURRENT-FEEDBACK AMPLIFIER[DB/OL]. http://www.ti.com.cn/cn/lit/ds/symlink/ths3201.pdf.

[6] 堵国樑,吴建辉,樊兆雯. 模拟电子电路基础[M]. 北京:机械工业出版社,2014.

[7] RF/IF 差分放大器 AD8368800 MHz,线性 dB VGA 内置 AGC 检测器. http://www.analog.com/cn/search.html? q=ad8368

[8] 模拟乘法器和除法器 AD834,500 MHz 四象限乘法器. http://www.analog.com/cn/search.html? q=ad834

报　告　6

基本信息

学校名称	陆军工程大学		
参赛学生 1	马啸天	Email	13814523621@163.com
参赛学生 2	雷　维	Email	1368168538@qq.com
参赛学生 3	陈　雪	Email	
指导教师 1	潘克修	Email	kxpan@sina.com
指导教师 2	晋　军	Email	
获奖等级	全国二等奖		
指导教师简介	潘克修,陆军工程大学通信工程学院教授。主要从事电子技术、仪器仪表的研发和应用。自 2007 年以来,一直负责学院电子设计竞赛的组织、训练和指导工作。 晋军,陆军工程大学通信工程学院教师。主要从事微波电路、射频通信装备的研发和应用。曾多次指导学生参加全国大学生电子设计竞赛,获一、二等奖 2 项。		

1. 设计方案工作原理

题目要求:

输入调制信号频率范围为 300 Hz～5 kHz,载波频率在 250 MHz～300 MHz,幅度在 10 μV_{rms}～1 mV_{rms},本振信号在 250 MHz～300 MHz 手动可调,步进为 1 MHz,解调输出的幅度稳定在 1±0.1 V_{rms},波形无明显失真。其系统框图如图 F-6-1 所示。

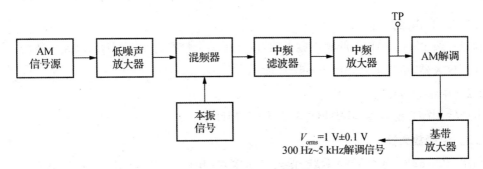

图 F-6-1　系统设计框图

本设计通过 PSA4-5043＋低噪声放大器将外部提供的 AM 信号放大 1 000 倍,利用 ADF4350 产生与 AM 信号频率相差 10.7 MHz 的 100 mV_{rms} 的本振信号,将放大的调幅信号与本振信号送到混频器 AD831,将频率变换到固定中频 10.7 MHz,然后经过中频滤波和中频放大,使得信号在 2 V_{pp} 左右,再通过包络解调,将解出的调制信号经过采样送到 MSP430 单片机,通过处理,变换成直流控制电压反馈给程控增益放大器 VCA821,形成数字 AGC 环路,从而获得输出稳定的调制信号。具体实现的思路图如图 F-6-2 所示。

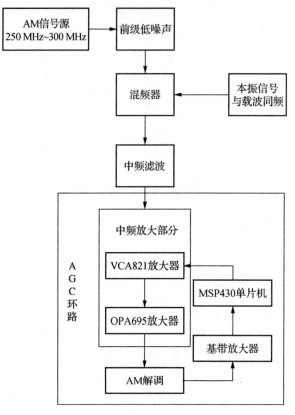

图 F-6-2   设计方案具体实现思路图

2. 核心部件电路设计

2.1   低噪声放大器

利用三级 PSA4-5043+低噪声放大器,设计了一个带宽为 500 MHz、放大倍数为 1 000 倍的低噪声放大器,单级电路如图 F-6-3 所示。

2.2   中频滤波器

本处使用陶瓷滤波器,其中频频率为 10.7 MHz。

2.3   中频放大器

利用 VCA821 和 OPA695 级联,作为中频放大,并且 VCA821 作为 AGC 回路的一部分,实现自动增益,电路如图 F-6-4 所示。

2.4   混频器

以 AD831 为核心器件制作的混频器电路,将载波频率为 250 MHz~300 MHz 的 AM 信号变为固定中频频率为 10.7 MHz 的信号,电路如图 F-6-5 所示。

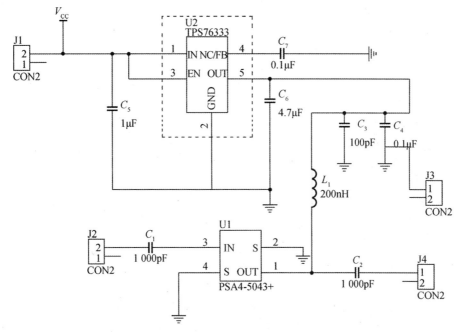

图 F‑6‑3　PSA4‑5043＋低噪声放大器电路图

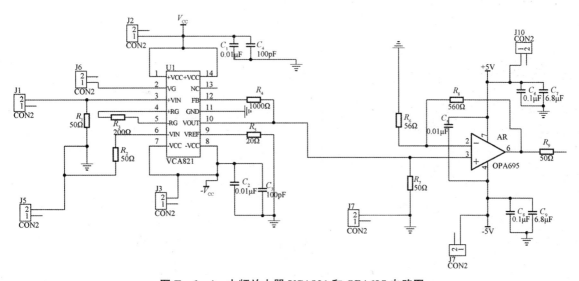

图 F‑6‑4　中频放大器 VCA821 和 OPA695 电路图

2.5　本振信号

将 ADF4350 结合外部环路滤波器和外部基准频率使用,实现整数 N 分频或小数 N 分频锁相环(PLL)频率合成器。

ADF4350 具有一个集成电压控制振荡器(VCO),其基波输出频率范围为 2 200 MHz～4 400 MHz,电路如图 F‑6‑6 所示。

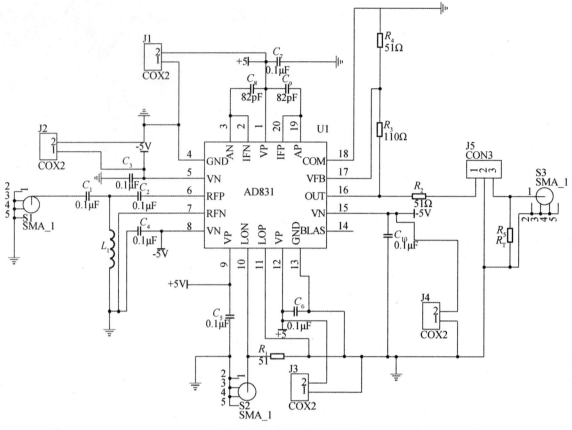

图 F‑6‑5 混频器 AD831

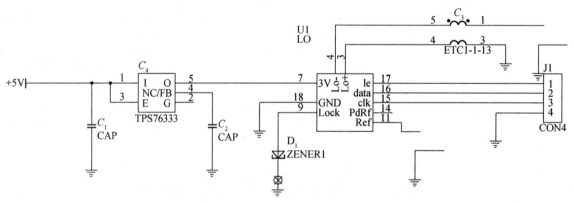

图 F‑6‑6 ADF4350 本振信号

2.6 自动增益 AGC 环路

将解调之后的调制信号送到单片机,单片机采样读取调制信号的幅度值,通过程序处理,生成直流信号给 VCA821 的控制端口,从而实现 AGC 环路,将解调信号稳定在 1 V_{rms}。

根据题目要求,解调信号频率为 300 Hz~5 kHz,故 AGC 环境中使用 TL084 芯片,实现截止频率为 6 kHz 的低通滤波功能。

3. 系统软件设计分析

3.1 程序功能描述与设计思路

程序功能描述:根据题目要求,软件部分主要实现键盘的设置和显示。

(1) 键盘实现功能:设置频率值、频段、电压值以及设置输出信号类型。

(2) 显示部分:显示电压值、频段、步进值、信号类型、频率。

程序设计思路:

根据提供的 AM 波的频率,由键盘输入本振信号的频率,然后使得对应模块输出想要的本振信号。程序流程如图 F-6-7 所示。

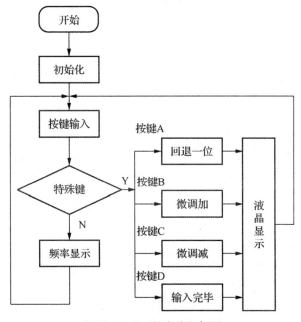

图 F-6-7　程序流程框图

3.2 程序结构模块

(1) 初始化模块:包括时钟初始化和键盘初始化,采用 320×240 TFT 彩屏,TFT 彩屏显示初始界面,采用 4×4 矩阵键盘,区分数字键与特殊功能键,扫描 I/O 端口获得键值;TFT 彩屏使用模拟 SPI 通信。

(2) 特殊功能模块:当扫描到特殊功能键,执行对应命令,当输入完毕之后,通过输入频率计算出 ADF4350 的寄存器配置参数,写入寄存器,输出对应频率的信号到混频器。

4. 竞赛工作环境条件

软件条件:Windows 7 以上操作系统,VC 软件。

硬件条件:示波器(Tektronix TDS3052B 500 MHz)一台;直流稳压电源 YB1731A 3A 一台;SIGLENT SDG6052×500 MHz 函数发生器一台,万用表一台;高频毫伏表一台。

5. 作品成效总结分析

5.1 本振源性能测试结果如表 F‑6‑1 所示。

表 F‑6‑1　本振源性能测试数据表

f_b/MHz	40	200	200.01	300	350	400	400.01	500
V_b/mV_{pp}	150	148	150	151	147	148	151	149

根据上表测试数据，可以得出以下结论：

本振源可以输出 40 MHz～500 MHz 稳定、精确的信号，并且步进可以做到 10 kHz。

5.2 电路性能测试结果如表 F‑6‑2 所示。

表 F‑6‑2　电路性能测试数据表

f_c/MHz	幅度	1	2	3	4	5	6	7	8
40	V_{irms}/μV	100	60	40	20	10	1	0.9	0.8
	V_{orms}/V	1.01	1.02	1.00	1.00	1.02	0.99	0.99	0.98
275	V_{irms}/μV	100	60	40	20	10	1	0.9	0.8
	V_{orms}/V	1.02	1.02	1.01	1.01	0.99	1.00	0.99	0.98
300	V_{irms}/μV	100	60	40	20	10	1	0.9	0.8
	V_{orms}/V	1.01	1.01	1.02	1.00	1.00	1.01	0.99	0.99
450	V_{irms}/μV	100	60	40	20	10	1	0.9	0.8
	V_{orms}/V	1.00	1.00	1.02	1.00	1.00	0.99	0.98	0.99

根据上表测试数据，可以得出以下结论：

（1）当载波为 250 MHz～300 MHz，调制信号为 300 Hz～5 kHz，幅度为 1 μV_{rms}～1 mV_{rms} 时，可以输出 1±0.1 V_{rms}，与调制信号同频的信号，波形无明显失真，可以实现解调功能；

（2）当载波在 250 MHz～300 MHz 之间，调制信号在 300 Hz～5 kHz 之间，幅度在 1 μV_{rms}～1 mV_{rms} 之间变动时，输出始终稳定在 1±0.1 V_{rms}，波形无明显失真，可以实现 AGC 环路功能；

（3）在输出始终稳定在 1±0.1 V_{rms} 的情况下，可以做到输入 AM 信号频率在 40 MHz～450 MHz。

综上所述，本作品指标达到了设计要求。

报 告 7

基本信息

学校名称	南京信息工程大学		
参赛学生 1	王 硕	Email	1046834291@qq.com
参赛学生 2	张经纬	Email	993987093@qq.com
参赛学生 3	黄武奇	Email	1774705659@qq.com
指导教师 1	刘建成	Email	000419@nuist.edu.cn
指导教师 2	王丽华	Email	wlh_nj@163.com
获奖等级	全国二等奖		
指导教师简介	刘建成,男,副高职称,南京信息工程大学电信学院实验中心常务副主任,主要从事电子技术类课程的理论及实践教学,组织并指导学生参加全国大学生电子设计竞赛,指导的学生曾多次获得全国和省级奖项,2015 年获得全国大学生电子设计竞赛江苏赛区优秀指导教师称号。		

1. 设计方案工作原理

1.1 方案比较与选择

（1）低噪放大器设计

方案 1： 使用超低噪声放大器 OPA847 和 2 级 1.8 GHz 电流反馈放大器 THS3201 实现固定放大 1000 倍。

方案 2： 使用超低噪声放大器 OPA847、2 级 1.0 GHz 带宽的 HMC580 增益模块放大器和低噪放大器 OPA657,共 4 级级联实现 2500 倍固定增益放大,再经过 500 MHz 的 AD8367 AGC 模块实现信号稳幅。

经比较:方案 1 的固定增益放大虽然能实现基本要求,但是对于 10 μV 的小信号,波形放大倍数太小。况且对于不同的信号不能稳定的输入混频器,而 AD8367 一片芯片就能实现高频 AGC 功能。因此选择方案 2。

（2）本振信号源及混频器模块设计

方案 1： 采用 180 MHz DDS 模块 AD9851 作为本振信号源。使用 250 MHz 带宽的 AD835 乘法器作为混频器芯片。

方案 2： 采用 400 MHz DDS 模块 AD9910 作为本振信号源。使用 ADL5391 高性能乘法器作为混频器。经比较选择方案 2。

（3）中频滤波器及 AM 解调电路设计

方案 1： 中频滤波器使用多阶 LC 带通滤波器实现 10.7 MHz 滤波。再经过包络检波电路,将调幅信号从包络中检波出来。

方案 2：中频滤波器直接使用高性能的 10.7 MHz 陶瓷滤波器。经过 AD8307 芯片检波，直接将调幅信号从包络中检波出来。

经比较：多阶 LC 滤波较难实现，而且包络检波电路在搭建过程中误差较大，因此选择方案 2。

1.2 系统方案描述

本系统框图如图 F‐7‐1 所示。系统低噪放大采用 OPA847、HMC580、OPA657、HMC580 4 级对信号进行固定增益放大 2 500 倍，后面使用 AD8367 作为 AGC 电路让信号稳定在 1 V_{pp}；本系统采用 FPGA 作为主控芯片，FPGA 程控 AD9910 DDS 模块作为本振信号源输出 250 MHz～300 MHz 信号，输出频率使用 TFT 触摸彩屏进行设置；混频器采用 ADL5391 高性能乘法器；信号经过 10.7 MHz 陶瓷滤波器和 OPA842 构成的中频放大器，再经过 AD8307 对数放大器检波输出 300 Hz～5 kHz 解调信号；末级采用由 AD603 程控放大模块加 MSP430 组成的 AGC 电路和 AD8021 固定增益放大器将 300 Hz～5 kHz 信号稳幅在 1±0.1 V_{rms}，实现调幅信号处理实验电路。

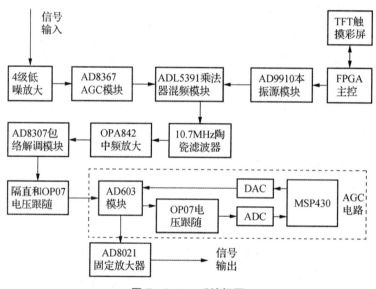

图 F‐7‐1 系统框图

2. 核心部件电路设计

2.1 低噪声放大器设计

低噪放大器连接图如图 F‐7‐2 所示。因为发挥部分要求 V_{irms} 在 10 μV～1 mV 之间变化，所以要让信号能够顺利送入混频器，10 μV 的小信号至少要放大 1 000 倍，而 10 μV 到 1 mV 有 100 倍的差距，对于这么大范围的放大倍数，为了兼顾大信号和小信号，需要使用高性能的 AGC 电路。在使 AGC 稳定输出时，由于输入的幅值有限制，故设置固定增益放大倍数为 2 500 倍，可让所有信号达到 AGC 输入信号的电压范围，再经过 AD8367 的 AGC 电路，让输出信号稳定在 1 V_{pp}。AD8367 具有 500 MHz 带宽，并且单级芯片就能够实现 AGC 功能，所以 AD8367 完全能够胜任稳幅。低噪声放大器电路如图 F‐7‐3 所示。

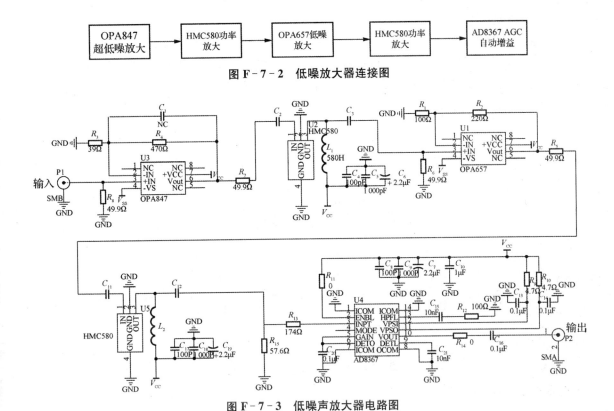

图 F-7-2　低噪放大器连接图

图 F-7-3　低噪声放大器电路图

2.2　中频滤波器设计

使用单个 10.7 MHz 陶瓷滤波器实现中频滤波,如图 F-7-4 所示。

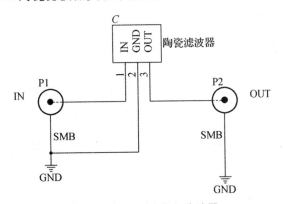

图 F-7-4　陶瓷中频滤波器

2.3　中频放大器设计

使用低失真电压反馈放大器 OPA842 放大 10 倍,OPA842 具有 200 MHz 增益带宽,由增益带宽积的概念,OPA842 对于 10.7 M 的信号放大 10 倍已经足够。并且,OPA842 对于放大 10 倍的信号最多有 20 MHz 的增益带宽。对于大于 20 MHz 的信号,此中频放大器能够起到很好的滤除作用。

2.4 混频器的设计

混频器采用 ADL5391 乘法器。该芯片具有 DC-2.0G 的对称模拟乘法器,采用 ADI 公司专有的高性能 65 GHz SOI 互补 SiGe 双极性 IC 工艺制造。对于本题的 300 M 信号可以实现高精确的模拟乘法。电路图如图 F-7-5 所示。

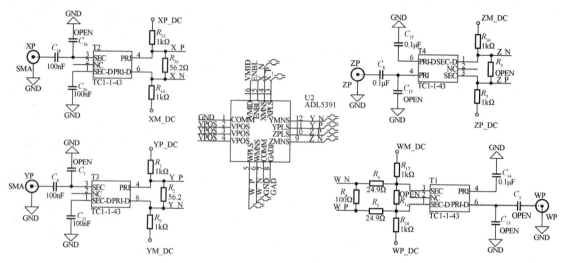

图 F-7-5 ADL5391 乘法器模块

2.5 解调电路设计

AD8307 是一款对数放大器,具有较好的解调功能。电路图如图 F-7-6 所示。

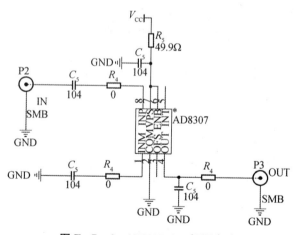

图 F-7-6 AD8307 AM 解调电路

2.6 程控增益的设计

程控增益使用 AD603 和 MSP430F169 配合完成 AGC 功能,AD603 是程控增益放大器,两级 AD603 最大具有 60 dB 的增益。MSP430F169 具有 ADC 和 DAC 功能,省去了其他单片机需要额外 DAC 的麻烦。用 MSP430 的 ADC 采集 AD603 的输出电压,再将采得的电压与设置的阈值电压相比较,进行判断,进而控制 DAC 的输出电压,使输出信号幅值稳定,实现自动增益控制。电路图如图 F-7-7 所示。

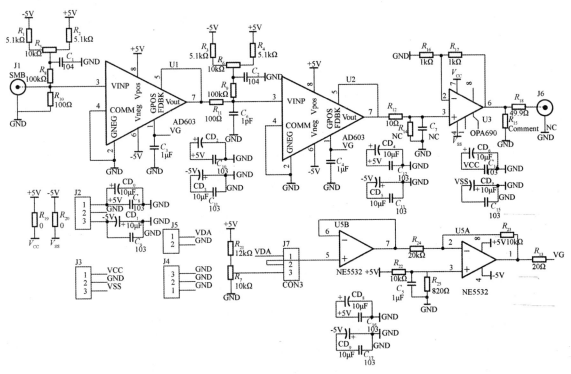

图 F-7-7 AD603 AGC 模块电路

3. 系统软件设计分析

作品设计中,选用 FPGA 作为系统主控芯片,其中 FPGA 主要负责对本振源(AD9910)的控制,并通过 TFT 屏显示参数,TFT 屏的触摸中断触发以后,处理相应的事件,即实时修改 AD9910 的控制字,改变 AD9910 输出的频率、电压。MSP430 则需要通过 ADC 采集实时电压,并通过 DAC 控制 AD603 的放大倍数,达到稳定输出 1 V_{rms} 的目的。

DDS 模块首先进行 AD9910 的初始化设置,选择 profile0 作为 ASF 设置,并将 IC 寄存器复位,然后利用 SPI 传输协议,直接调用 DDS 函数,将 DDS 输出信号的参数发给 IC,最后输出一个符合要求的波形。显示模块主要分为:TFT32 的初始化,以及显示界面函数两种。选用的 3.2 寸液晶屏驱动是 ili9320,显示界面函数通过调用自建字库显示汉字等字符。触摸模块主要分为:ADS7843 启动、触摸检测、触摸事件触发等。用软件滤波的方式去除噪声误碰的影响。程控模块主要分为:DAC 初始化、ADC 初始化、ADC 采样、DAC 输出等。ADC 采样是测量正弦信号的最大值,经测试在 300 Hz~5 kHz 的范围内,测量值误差不超过 3%。采用分区查表的算法,可极大地减少 DAC 的反应时间。FPGA 程序流程图如图 F-7-8 所示。MSP430 程序流程图如图 F-7-9 所示。

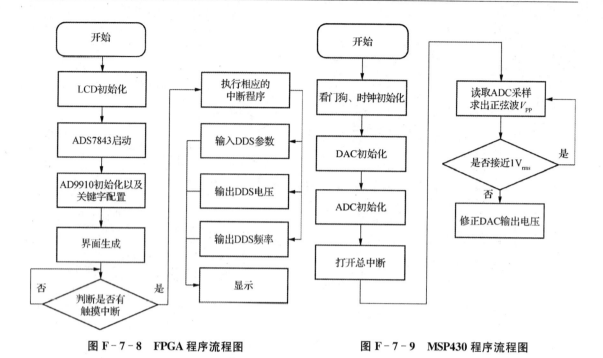

图 F-7-8 FPGA 程序流程图   图 F-7-9 MSP430 程序流程图

4. 竞赛工作环境条件

（1）安捷伦示波器 MSO7052B；

（2）RIGOL 线性直流稳压源 DP832；

（3）鼎阳信号源 SDG6052X-E。

5. 作品成效总结分析

5.1 测试方案

（1）输入 AM 信号的载波频率为 275 MHz，调制频率选取 300 Hz～5 kHz，$V_{irms}=1$ mV 时，测输出信号的 V_{orms}。

（2）改变 AM 信号载波频率为 250 MHz～300 MHz，并在调整本振频率后，测输出信号的 V_{orms}。

（3）输入 AM 信号的载波频率在 250 MHz～300 MHz 之间变化，V_{irms} 为 10 μV～1 mV，测输出信号 V_{orms}。

（4）其他，如用三角波作为调制信号，提高调制频率的范围。

5.2 测试结果完整性

（1）载波频率为 275 MHz 时的测试结果。

频率/Hz	300	1 k	2.2 k	3 k	4 k	5 k	15 k
输出电压有效值/mV	1 062	1 077	1 013	1 011	991	980	900

（2）调制信号为 1 kHz，500 μV 下的测试结果。

频率/MHz	207	250	265	278	288	300	410.7
输出电压有效值/mV	1 104	1 035	1 031	1 023	1 027	1 028	1 055

（3）载波频率分别在 250 MHz～300 MHz 之间变化，调幅信号为 3 K，改变 V_{irms} 下的测试结果。

频率＼有效值	10 μV	50 μV	100 μV	500 μV	1 mV
250 MHz	932 mV	983 mV	998 mV	1 010 mV	1 001mV
275 MHz	956 mV	996 mV	1 005mV	0.995 mV	1 003 mV
300 MHz	937 mV	990 mV	1 011 mV	1 002 mV	993 mV

5.3　测试结果分析

分析（1）（2）（3）测试结果，可看出测试完全符合要求，调制信号更是可以到达 15 kHz，载波可以在 207 MHz～410.7 MHz 内变化，完全满足题目要求，甚至远超发挥部分。

6.　参考资料

［1］樊昌信，曹丽娜. 通信原理［M］. 6 版. 北京：国防工业出版社，2013.

［2］华成英，童诗白. 模拟电子技术基础［M］. 4 版. 北京：高等教育出版社，2006.

报　告　8

基本信息

学校名称	南京邮电大学		
参赛学生 1	朱立宇	Email	244740498@qq.com
参赛学生 2	刘雨柔	Email	liuyurou616@qq.com
参赛学生 3	冯备备	Email	beibei.feng@outlook.com
指导教师 1	林　宏	Email	linh@njupt.edu.cn
指导教师 2	林建中	Email	linjz@njupt.edu.cn
获奖等级	全国一等奖		
指导教师简介	林宏，多年来一直担任南京邮电大学电子竞赛辅导教师，被聘请为强化部"创新指导教师"、电子学院"科协指导教师"。2015 年，被评为南京邮电大学教学标兵。给全校学生开设了"电源设计""PCB 制作""FPGA 设计"等大学生电子竞赛技术培训课程。 　　林建中，多年来担任江苏省电子设计竞赛评委，负责南京邮电大学通信方向的电子设计竞赛指导。指导的学生多次在电子设计竞赛中获奖。		

1. 设计方案工作原理

1.1 整体方案设计

本调幅接收机系统主要由本振信号发生模块、低噪放、混频器、中频滤波模块、AGC 模块、包络检波器、基带放大器、自制开关稳压电源以及单片机组成，系统框图如图 F-8-1 所示。

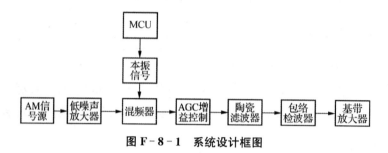

图 F-8-1 系统设计框图

1.2 低噪声放大器分析与计算

本系统需要在放大信号的同时产生尽可能低的噪声以及失真，且带宽要求较高，选用宽带低噪声放大器 MAAM-011229。

1.3 中频滤波器分析与计算

中频滤波采用两级陶瓷滤波器级联，已知陶瓷滤波器阻抗为 470 Ω，而前后级电路输入/输出阻抗均为 50 Ω，利用 Advanced Design System 软件计算可得阻抗匹配 LC 网络 $L=2.2\ \mu\text{H}$、$C=91\ \text{pF}$。具体史密斯圆图计算与 S 参数图见图 F-8-2。

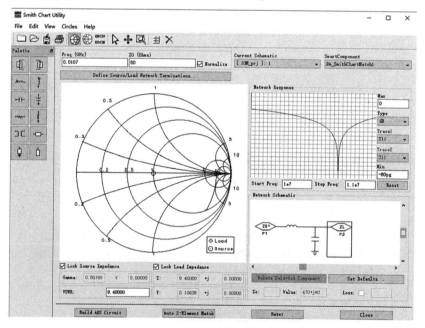

图 F-8-2 史密斯圆图计算与 S 参数图

1.4　中频放大器分析与计算

题目要求输入信号大小为 10 μV～1 mV,动态范围为 40 dB,考虑到后级包络检波器线性度的问题,为使包络检波器输出信号大小为 40 mV,将中频 AGC 输出信号大小设为 −9 dBm。具体电路详见图 F‑8‑3。

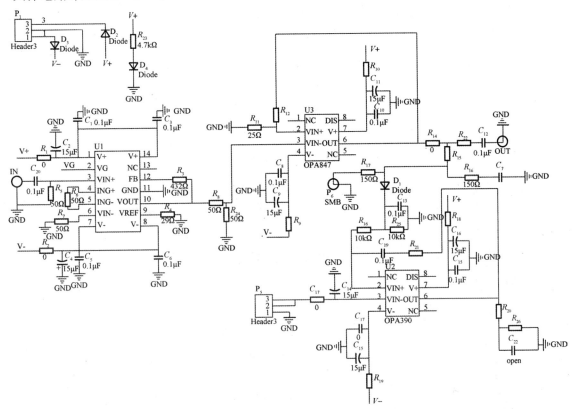

图 F‑8‑3　中频放大器电路

1.5　混频器分析与计算

混频器原理公式:

$$\cos\alpha\cos\beta = \frac{1}{2}\left[\cos(\alpha+\beta) + \cos(\alpha-\beta)\right]$$

α 为 LO 信号频率,β 为 RF 信号频率,经混频器、中频滤波后得到 $\alpha-\beta$ 的频率分量,即为 IF 信号。

1.6　程控增益部分的分析与计算

包络检波器输出电压大小为 40 mV 有效值,利用 VCA824 作程控增益,使输出信号大小稳定于 500 mV。具体电路详见图 F‑8‑4。

1.7　基带放大器分析与计算

在程控增益放大器后级设计一个增益为 12 dB 的基带放大器,设置输出阻抗为 600 Ω,负载为 600 Ω。

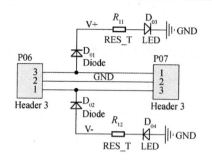

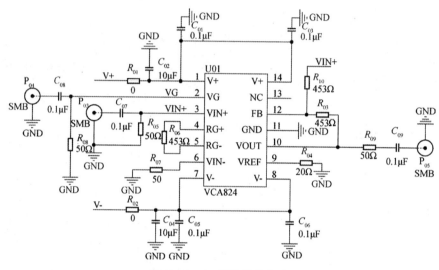

图 F-8-4　程控增益电路

2. 核心部件电路设计

2.1　本振信号产生电路

本振信号采用 ADF4351 芯片产生,ADF4351 是集成 VCO 的宽带频率合成器,具有高带宽、低噪声的优点,且控制方便,电路原理图见图 F-8-5。

2.2　低噪声放大器

低噪声放大器使用 RF 增益块搭建放大器,使用两级串联模式,具有低噪宽带的优点,电路原理图见图 F-8-6。

2.3　电源电路

电源电路使用 DC/DC 开关稳压+LDO 降压,具有纹波小、效率高的优点,电路原理图见图 F-8-7。

3. 系统软件设计分析

3.1　MCU 程序功能

MCU 的主要功能是通过检测触摸屏键盘上输入的数据,将其转换为频率控制字送入 ADF4351 相应的寄存器中以产生本振信号。

3.2　MCU 程序流程图

MCU 程序流程图如图 F-8-8 所示。

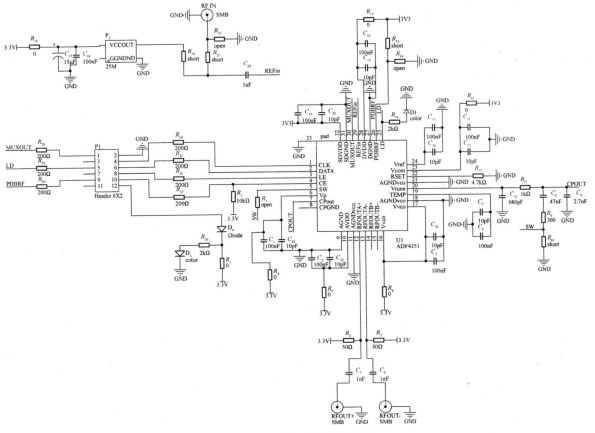

F - 8 - 5　本振信号产生电路

4. 竞赛工作环境条件

4.1　测试条件

仿真电路、硬件电路与系统原理图完全相同,硬件电路保证无虚焊。

4.2　仪器设备

(1) 是德 E5071C 300 kHz~20 GHz ENA 网络分析仪;

(2) 泰克 MDO4104B-3 内置频谱分析仪(3 GHz)混合域示波器(1 GHz 5GS/s);

(3) 泰克 TSG4100A 4 GHz 射频矢量信号发生器。

5. 作品成效总结分析

5.1　测试结论

调幅信号处理电路的带宽、输出幅度和解调性能达到要求。

5.2　创新部分

从测试数据中可以看出,该 AM 解调电路的频率范围可以达到 25 MHz 到 4 GHz,载波频率最小步进可以达到 1 kHz,远远超出了题目要求。

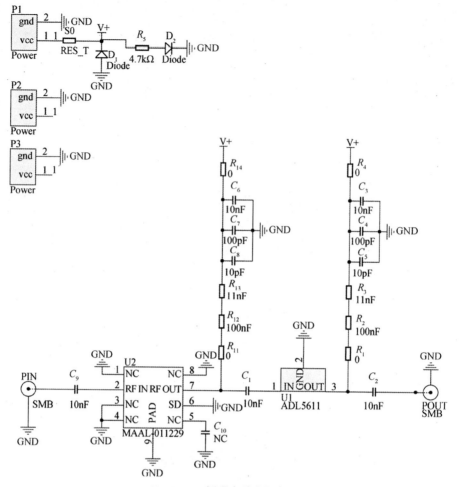

F－8－6　低噪声放大器电路

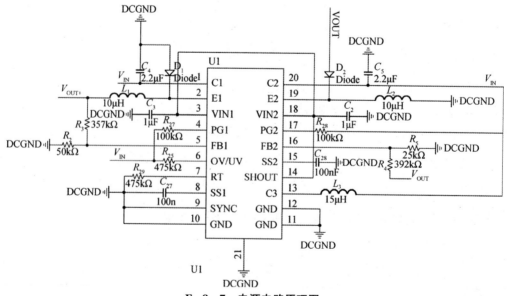

F－8－7　电源电路原理图

F - 8 - 8　MCU 程序流程图

6. 参考资料

［1］黄玉兰. ADS 射频电路设计基础与典型应用［M］. 北京:人民邮电出版社,2015.

［2］陈伟,黄秋元,周鹏. 高速电路信号完整性分析与设计［M］. 北京:电子工业出版社,2009.

［3］刘火良,杨森. STM32 库开发实战指南:基于 STM32F4［M］. 北京:机械工业出版社,2017.

H 题 远程幅频特性测试装置

一、任务

设计并制作一远程幅频特性测试装置。

二、要求

1. 基本要求

（1）制作一信号源。输出频率范围：1 MHz～40 MHz；步进：1 MHz，且具有自动扫描功能；负载电阻为 600 Ω 时，输出电压峰峰值在 5 mV～100 mV 之间可调。

（2）制作一放大器。要求输入阻抗：600 Ω；带宽：1 MHz～40 MHz；增益：40 dB，要求在 0～40 dB 连续可调；负载电阻为 600 Ω 时，输出电压峰峰值为 1 V，且波形无明显失真。

（3）制作一用示波器显示的幅频特性测试装置，该幅频特性定义为信号的幅度随频率变化的规律。在此基础上，如图 H-1 所示，利用导线将信号源、放大器、幅频特性测试装置等三部分连接起来，由幅频特性测试装置完成放大器输出信号的幅频特性测试，并在示波器上显示放大器输出信号的幅频特性。

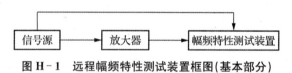

图 H-1　远程幅频特性测试装置框图（基本部分）

2. 发挥部分

（1）在电源电压为 +5 V 时，要求放大器在负载电阻为 600 Ω 时，输出电压有效值为 1 V，且波形无明显失真。

（2）如图 H-2 所示，将信号源的频率信息、放大器的输出信号利用一条 1.5 m 长的双绞线（一根为信号传输线，一根为地线）与幅频特性测试装置连接起来，由幅频特性测试装置完成放大器输出信号的幅频特性测试，并在示波器上显示放大器输出信号的幅频特性。

图 H-2　有线信道幅频特性测试装置框图（发挥部分（2））

（3）如图 H-3 所示，使用 Wi-Fi 路由器自主搭建局域网，将信号源的频率信息、放大器的输出信号信息与笔记本电脑连接起来，由笔记本电脑完成放大器输出信号的幅频特性测试，并以曲线方式显示放大器输出信号的幅频特性。

图 H-3　Wi-Fi 信道幅频特性测试装置框图(发挥部分(3))

(4) 其他。

三、说明

(1) 笔记本电脑和路由器自备(仅限本题)。
(2) 在信号源、放大器的输出端预留测试端点。

四、评分标准

<table>
<tr><th colspan="2">项　目</th><th>主　要　内　容</th><th>满分</th></tr>
<tr><td rowspan="11">设计报告</td><td>系统方案</td><td>比较与选择
方案描述</td><td>2</td></tr>
<tr><td>理论分析与计算</td><td>信号发生器电路设计
放大器设计
频率特性测试仪器</td><td>8</td></tr>
<tr><td>电路与程序设计</td><td>电路设计
程序设计</td><td>4</td></tr>
<tr><td>测试方案与测试结果</td><td>测试方案及测试条件
测试结果完整性
测试结果分析</td><td>4</td></tr>
<tr><td>设计报告结构及规范性</td><td>摘要
设计报告正文的结构
图表的规范性</td><td>2</td></tr>
<tr><td>合　计</td><td></td><td>**20**</td></tr>
<tr><td colspan="3"></td></tr>
<tr><td colspan="3"></td></tr>
<tr><td colspan="3"></td></tr>
<tr><td colspan="3"></td></tr>
<tr><td colspan="3"></td></tr>
<tr><td rowspan="5">基本要求</td><td>完成第(1)项</td><td></td><td>20</td></tr>
<tr><td>完成第(2)项</td><td></td><td>17</td></tr>
<tr><td>完成第(3)项</td><td></td><td>5</td></tr>
<tr><td>完成第(4)项</td><td></td><td>8</td></tr>
<tr><td>合　计</td><td></td><td>**50**</td></tr>
<tr><td rowspan="5">发挥部分</td><td>完成第(1)项</td><td></td><td>10</td></tr>
<tr><td>完成第(2)项</td><td></td><td>20</td></tr>
<tr><td>完成第(3)项</td><td></td><td>15</td></tr>
<tr><td>其他</td><td></td><td>5</td></tr>
<tr><td>合　计</td><td></td><td>**50**</td></tr>
<tr><td colspan="3" align="center">总　分</td><td>**120**</td></tr>
</table>

报 告 1

基本信息

学校名称	东南大学		
参赛学生 1	刘诚恺	Email	346714414@qq.com
参赛学生 2	李明昊	Email	517486522@qq.com
参赛学生 3	李依凡	Email	651141581@qq.com
指导教师 1	黄慧春	Email	huanghuichun@seu.edu.cn
指导教师 2	孙培勇	Email	sun_py6@sohu.com
获奖等级	全国一等奖		
指导教师简介	黄慧春，女，副教授，在东南大学电工电子实验中心从事电工电子实验教学，自 2005 年以来一直担任东南大学全国大学生电子设计竞赛的组织管理和竞赛辅导工作，指导的学生获得多个全国和省级奖项。 孙培勇，男，工程师。长期从事数字系统、微机原理、单片机应用、电力电子的教学实验，多次负责教改项目，曾负责"863"计划 PDP43 寸高清等离子显示器的开关电源设计，多次指导学生在全国大学生电子竞赛中获奖。		

1. 设计方案工作原理

1.1 预期实现目标定位

以 MSP430 单片机为控制和数据处理核心，利用运算放大器、网络模块等元器件设计制作一个远程幅频特性测试装置。

1.2 技术方案分析比较

（1）信号源模块

方案 1：利用锁相环（PLL）进行间接频率合成。压控振荡器可以通过控制电压产生相应的振荡频率，用锁相环将压控振荡器输出的频率锁定在所需频率上。PLL 保证输出频率的稳定度和精度，但硬件复杂，调试难度大。

方案 2：直接数字合成法（DDS）。该方法采用 DDS 芯片 AD9854 不仅可以产生不同频率的稳定的正弦波，还可以控制幅值大小，频率分辨率高，易于控制，电路简单易行。

综合考虑，采用方案 2 实现正弦信号发生器，处理方便，稳定性好。

（2）放大器模块

方案 1：采用可变电阻控制增益。在 OPA820 的反馈电阻处焊接电位器，通过调节电位器调整放大电路增益，可实现连续倍数增益或衰减。但电位器不利于电路整体稳定，同时放大倍数较难读取。优势在于该电路可在单电源＋5 V 供电下正常工作。

方案 2：采用程控放大器 VCA821。通过检波及单片机输出控制电压改变放大电路增益，实现连续倍数增益及衰减,输出稳定,但无法在单电源+5 V下工作。

综合考虑,本设计选用方案1,改变反馈电阻控制增益及衰减倍数,同时配合固定倍数放大器,以达到输出幅值要求及无源滤波器输出带宽要求。

(3) 有线信道模块及幅频特性测试模块

方案1:采用 AD8307 进行检波,通过有线信道传输数字信号。AD8307 能够实现 40 MHz 带宽要求,但其作为有效值检波,输出与输入电压关系不为线性。

方案2:利用 MSP430 单片机 A/D 转换器直接对放大器输出波形进行采样,有线信道通过处理同时传输数字信号和模拟信号,对模拟信号的质量和数据传输方式有较高要求。

综合考虑,本设计选用方案1,通过拟合函数改善 AD8307 的输出特性,在双绞线上进行数字信号的传输。

(4) Wi-Fi 传输模块

利用 Wi-Fi 模块以及路由器、笔记本电脑构建无线网络,USR-Wi-Fi232-B2 模块能够与单片机或笔记本电脑通过串口进行通信,实现远程数据传输和显示。

(5) 单片机及显示模块

通过 ADC 模块进行模拟信号和数字信号的转换,通过 MSP430F6638 内部编程,完成 USR-TCP232-T2 模块串口数据传输,实现远程显示。

1.3 系统总体方案

系统设计框图如图 H-1-1 所示。

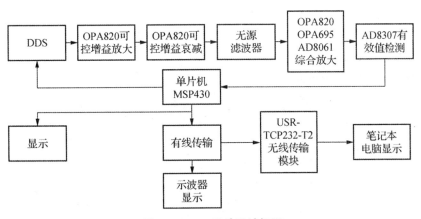

图 H-1-1 系统设计框图

2. 核心部件电路设计

2.1 信号源处理模块

以 DDS 作为前级输入的信号处理部分硬件电路,需要对信号进行一定的放大或缩小。由于题目要求信号源需实现 5 mV～100 mV 峰峰值输出,配合固定增益 OPA690 模块,采用 OPA820 改变反馈电阻的可控增益放大/衰减实现该指标。电路原理图如图 H-1-2 所示。

2.2 放大器模块

放大器模块作为可独立测量模块,需要在通频带内具有尽可能稳定的放大性能。由于涉及的正弦波信号幅值范围较大,设计时采用"跟随器—可控增益放大器—固定倍数增益放大

器"的思路进行制作。经过测试选取 1 MHz～40 MHz 通频带较为稳定的芯片 OPA820,
OPA695,AD8061 进行综合放大。

放大器要求带宽在 1 MHz～40 MHz 之间,为达到该要求,设计了一个 1 MHz 无源高通滤波器,原理图如图 H‑1‑3 所示。经测试,放大器在 40 MHz 衰减已达到－3 dB,故不需再次进行滤波。

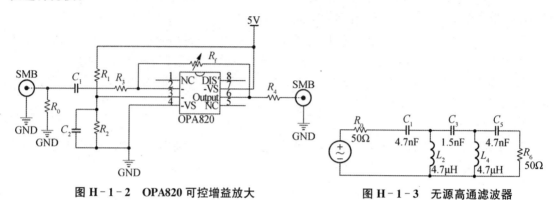

图 H‑1‑2 OPA820 可控增益放大   图 H‑1‑3 无源高通滤波器

2.3 幅值检测模块

AD8307 能够实现在单电源＋5 V 供电情况下,对波形进行有效值检测,通过函数拟合,可以得到较为准确的幅值,并使其在双绞线上进行稳定传输,经接收端单片机处理后显示在示波器上,如图 H‑1‑4 所示。

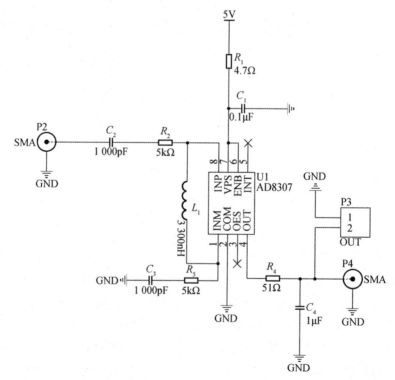

图 H‑1‑4 AD8307 幅值检测模块

3. 系统软件设计分析

3.1 系统总体工作流程

软件设计流程图如图 H‐1‐5 所示。

3.2 主要模块程序设计

本系统中共用两个 MSP430F6638 单片机,分别作为本地控制端和接收端。

本地控制端通过对 AD9854 的设置,实现信号输出,并在 HMI 串口显示屏上设计友好的人机界面,进行频率设置、扫频控制以及参数显示。在扫频程序中,在定时器的控制下进行 DDS 的更新和 ADC 采样,并且将采样得到的数据整帧送入发送队列实现异步发送。

接收端需要接收来自本地控制端的数据包,对其进行解析并保存。接收到数据包后实时更新 DAC 的输出,在示波器上显示出幅频特性,同时将幅频特性绘制在串口显示屏上。

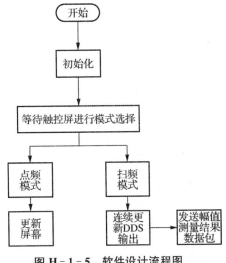

图 H‐1‐5 软件设计流程图

Matlab 程序主要用于实现笔记本电脑的显示界面,利用 COM 接口二次开发,接收通过 Wi‐Fi 传输来的数据包,解析后存入内存,利用绘图功能绘制幅频特性曲线。

4. 竞赛工作环境条件

4.1 设计分析软件环境

(1) 单片机开发环境:Windows 7,IAR。

(2) 笔记本电脑显示开发环境:Windows 7,Matlab R2014a。

4.2 测试仪器

(1) Aglient MSO‐X2024A 200 M 示波器;

(2) Silent SDG2042X 40 M 函数发生器;

(3) Silent SPD3303C 稳压电源;

(4) Silent SDM3055X‐E 万用表。

4.3 测试方案

(1) 信号源测量

当负载为 600 Ω 时,利用单片机控制信号源输出频率,在 1 MHz~40 MHz 频带内分别采用步进和预置的方式输出,每个频率点分别取 5 mV~100 mV 范围内的峰峰值,接入示波器并读取测量值;验证自动扫描功能,在示波器上读取频率值。

(2) 放大器测量

当输入阻抗为 600 Ω 时,分别在输入信号不同频率和不同幅值下,对放大器增益进行测量,计算其实际放大倍数是否满足题目要求。

(3) 远程幅值检测装置测量

分别在放大器输出幅值不同的情况下,利用信号发生模块的扫频功能,测量放大器的输出信号幅频特性；利用有线传输在示波器上显示幅频特性曲线；利用 Wi-Fi 信号传输在笔记本电脑上显示幅频特性。

5. 作品成效总结分析

5.1 测试结果

以下测量均在电源电压＋5 V，有线、Wi-Fi 传输配置完成，能够实现远程数据传输及远程显示的条件下进行。

（1）信号源

经测试，信号源在负载 600 Ω 时，能够实现 1 MHz～40 MHz 范围内频率可调、可预置，输出电压峰峰值在 5 mV～100 mV 之间可调。

表 H-1-1 信号源测试结果数据表

频率—预置(MHz)	1.00	10.0	30.0	40.0	40.0	15.0	1.00
频率—实测(MHz)	1.00	10.00	30.00	39.69	40.00	15.02	1.00
输出幅值(mV)	5.0	5.0	5.0	5.0	50.0	50.0	50.0
频率—预置(MHz)	1.00	30.0	40.0	40.0	30.0	10.0	1.0
频率—实测(MHz)	1.00	30.00	40.00	40.00	30.00	10.00	1.00
输出幅值(mV)	80.0	80.0	80.0	100.0	100.0	100.0	100.0

（2）放大器

经测试，放大器能够在输入阻抗 600 Ω 时，在 1 MHz～40 MHz 频率范围内，实现 0～40 dB 增益连续可调；同时当负载为 600 Ω，2 MHz 频率点输入 100 mV_{pp} 时，输出电压能够达到峰峰值 2.87 V（1.01 V_{rms}），波形无明显失真。

表 H-1-2 放大器测试结果数据表

信号频率(MHz)	2.0	20.0	40	40	40	10	10
输入幅值(mV)	20.0	20.0	20.0	50.0	5.0	10.0	10.0
增益(dB)	0	0	0	26	26	26	32
输出幅值(mV)	20.0	20.0	20.0	400	100.0	200.0	400
信号频率(MHz)	30	30	30	40	40	2	10
输入幅值(mV)	10.0	50.0	5.0	5.0	20.0	20.0	20.0
增益(dB)	32	32	40	40	40	40	40
输出幅值(mV)	400	2×10^3	500.0	500	2×10^3	2×10^3	2×10^3

（3）幅频特性测试

将信号源、放大器和幅频特性测试部分级联测量，当放大器输入信号幅值在 50 mV_{pp}，使之放大至输出信号幅值 700 mV 左右时，输出的幅频特性较为平坦，验证放大器通频带为 1 MHz～40 MHz，在笔记本电脑上显示如图 H-1-6 所示。

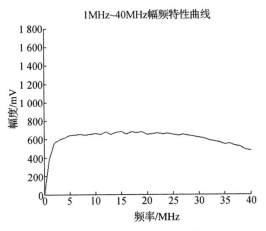

图 H-1-6　放大器幅频特性曲线图

6. 参考资料

[1] 堵国樑. 模拟电子电路基础[M]. 北京：机械工业出版社，2014.

[2] 胡仁杰，堵国樑，黄慧春. 全国大学生电子设计竞赛优秀作品设计报告选编（2015 年江苏赛区）[M]. 南京：东南大学出版社，2016.

[3] 黄志伟. 全国大学生电子设计竞赛训练教程（修订版）[M]. 北京：电子工业出版社，2010.

报 告 2

基本信息

学校名称	东南大学		
参赛学生 1	苗爱媛	Email	15850608798@163. com
参赛学生 2	朱名扬	Email	346247738@qq. com
参赛学生 3	李灵瑄	Email	1091131200@qq. com
指导教师 1	堵国樑	Email	dugl@seu. edu. cn
指导教师 2	黄慧春	Email	huanghuichun@seu. edu. cn
获奖等级	全国一等奖		
指导教师简介	堵国樑，男，教授，东南大学电工电子实验中心副主任，主要从事电子技术类课程的理论和实验教学，组织指导学生参加全国大学生电子设计竞赛，指导的学生曾多次获得全国和省级奖项，2013 年获得江苏省优秀指导教师奖称号。 黄慧春，女，副教授，在东南大学电工电子实验中心从事电工电子实验教学，自 2005 年以来一直担任东南大学全国大学生电子设计竞赛的组织管理和竞赛辅导工作，指导的学生获得多个全国和省级奖项。		

1. 设计方案工作原理

1.1 信号源模块

方案 1：采用 DDS 模块（如 AD9854）实现信号输出。实际测量发现 DDS 模块输出信号幅度随频率变化明显，信号输出幅度不稳定。

方案 2：以现场可编程门阵列（FPGA）为核心，利用 FPGA 核心板上配置的高速 DA 芯片 DAC3162 实现信号输出，该芯片内置时钟可达 500M，输出信号较稳定，同时还可实现多波形，如方波、三角波、调幅波等信号输出。

综合比较，选用方案 2。

1.2 放大器模块

方案 1：主要利用程控放大器 VCA821 实现，通过改变控制电压的方式实现对输出信号幅度的控制调整。考虑到要求电源电压为 +5 V，而 VCA821 不满足单电源供电要求，因此该方案不满足要求。

方案 2：利用 OPA820 以及 OPA847 等可单电源供电的放大器，幅度控制通过调节 OPA820 反馈电阻实现，由于单电源供电限制放大器输出电压幅度，同时频率范围较大，因此采用多级级联的方式实现 1～40 MHz 带宽，增益 0～40 dB 连续可调。

经过比较，本作品选择方案 2。实现了带宽 1～40 MHz，增益 0～40 dB 连续可调，且可实现有效值为 1 V，波形无明显失真的输出。

1.3 幅频特性测试模块

方案 1：使用二极管与电阻、电容搭建的峰值检测电路产生对应直流信号。分立元件的峰值检测电路在某一段频率测量较为准确，但比较难覆盖更大的频率范围，并且电路不够稳定，测量误差不方便校准。

方案 2：使用对数放大器 AD8307 进行幅值检波，AD8307 频率范围为 DC 到 500 MHz，线性度为 ±1 dB，满足题目 1～40 MHz 频率要求，幅度测量结果稳定。

综合考虑，使用 AD8307 进行信号幅值检测，单片机采集幅度信息和频率信息后通过两路 DA 分别输出到示波器 X、Y 通道，在示波器上显示幅频特性曲线。

1.4 远程信号传输

远程信号传输主要分为有线信道双绞线以及无线信道 Wi-Fi 路由器。双绞线一根为信号传输线，一根为地线，将放大器输出信号的信息传输给幅频特性测试装置，从而实现远程幅频特性显示；Wi-Fi 路由器将放大器输出信号无线传输给电脑，电脑利用 Matlab 接收数据后画出幅频特性曲线。

1.5 系统流程图

系统流程图如图 H-2-1 所示。

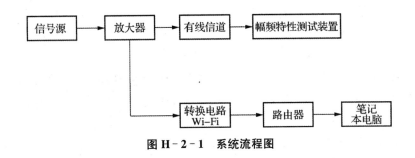

图 H-2-1 系统流程图

2. 核心部件电路设计

2.1 信号源部分

信号源模块的核心部分是 XC7A50T-CSG324 FPGA,利用板载高速 DA 做数字频率合成产生信号。使用 FPGA 内 DDS IP 核、ROM IP 核、DSP IP 核资源,产生正弦波、方波、三角波和调幅波等多种波形,并能精准控制频率。板载 DAC 为 TI DAC3162,500 M SPS 双通道高速 DAC。实测 DAC3162 输出信号幅度较小时较稳定,因此通过内部补偿将 D/A 输出信号幅度固定为 200 mV 峰峰值,通过后级可调反相衰减器 OPA820(如图 H-2-2)实现输出信号峰峰值 5~100 mV 可调,频率 1~100 MHz 可调。FPGA 与单片机进行 UART 串口通信,通过单片机控制 FPGA 的产生波形。

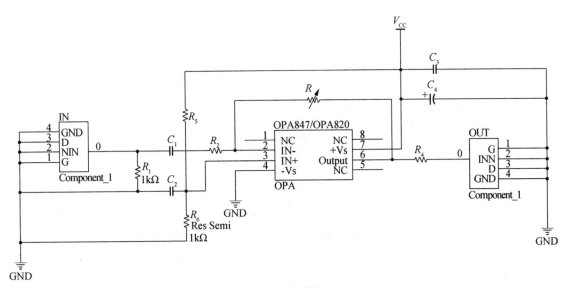

图 H-2-2 可调增益 OPA820

2.2 放大器部分

放大器模块主要由单电源供电放大器 OPA820 和 OPA847 组成,由于 OPA820 的带宽限制,为了满足题目带宽要求,同时尽可能保持通频带内平坦,通过滑动变阻器将 OPA820 的最大增益控制在 2,同时实测过程中发现,OPA847 不宜工作在较小的增益状态。最大输出不失真波形的峰峰值约为 1.5 V,因此最终设计电路如图 H-2-3 所示。

图 H-2-3　放大器模块

其中有三级 OPA820 为可调增益,且控制最大增益以保证增益带宽积,第一级 OPA820 正常工作状态为 2 倍增益以补偿阻抗匹配,当输入电压较大时缩小幅值以保证后级 OPA820 放大波形不失真;第二级 OPA820 主要工作在缩小状态,保证增益可调范围,同时保证后级 OPA847 不失真;由于 OPA847 最大输出电压峰峰值为 1.5 V,为了达到 1 V_{rms} 输出,需要第三级 OPA820 进行小幅放大。固定增益 OPA847 和 OPA820 用来达到 40 dB 的增益,通过 OPA820 的频响补偿,可以控制放大器的 3 dB 带宽为 40 MHz。

2.3　幅频特性测试部分

幅频特性测试模块主要由 AD8307 幅值检波模块,MSP430 单片机和示波器组成。由于频率范围为 1 MHz～40 MHz,因此普通的峰值检测芯片(如 AD637 等)无法准确测量,同样二极管检波电路也无法覆盖较大的频率范围,因此采用对数放大器 AD8307 进行幅值检测,芯片的频率范围为 DC 到 500 MHz。芯片的输出为直流信号,由单片机进行 A/D 采样后根据测得的 AD 值与实际输入信号幅值进行拟合,根据拟合曲线即可得到实际信号的幅值。AD8307 原理图如图 H-2-4 所示。

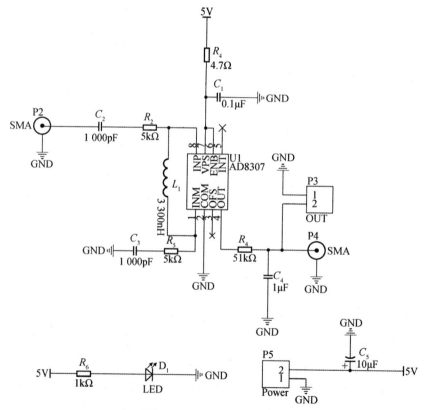

图 H-2-4　AD8307 原理图

由于 FPGA 的 D/A 输出波形的频率由 STM32 单片机控制,STM32 与 MSP430 通过有线信道进行通信,MSP430 根据频率和幅值通过两路 D/A 输出到示波器的 X、Y 通道,通过示波器即可看到被测放大器的幅频特性曲线。

3. 系统软件设计分析

3.1 FPGA 内部处理结构

FPGA 接收 STM32 发送的指令,进行波形发生,流程如图 H‑2‑5 所示。使用 DAC3162 高速 DA 配合 FPGA 丰富的 IP 资源,可以做到正弦波、方波、三角波、调幅波等波形的发生。正弦波频率、幅度能精确控制,可任意产生 1 MHz~100 MHz 的正弦波信号。

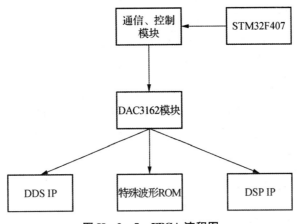

图 H‑2‑5　FPGA 流程图

3.2 单片机程序设计

单片机程序设计流程图如图 H‑2‑6 所示,通过矩阵键盘进行菜单选项控制进入不同的测试模式,同时与 FPGA 之间进行通信,控制 FPGA 的工作模式,测试得到的结果通过液晶显示屏显示或者 XY 双踪输出到示波器显示。

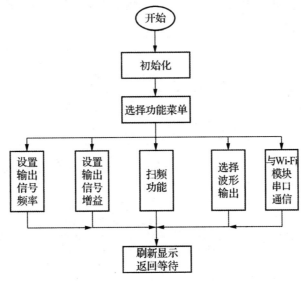

图 H‑2‑6　单片机程序设计

3.3 Wi-Fi 路由器部分

使用 Wi-Fi 模块和路由器搭建局域网,将测试结果利用 Wi-Fi 模块发送到路由器,路由器转发的数据由另一个与电脑串口相连的 Wi-Fi 模块接收,之后通过 Matlab 的串口数据包抓取数据并绘制幅频特性测试曲线。

4. 竞赛工作环境条件

4.1 设计分析软件环境

(1)单片机开发环境:Code Composer Studio 6.1.0,Keil5;

(2)FPGA 开发环境:VIVADO 2015;

(3)模拟电路设计:Altium Designer16,Mutisim13;

(4)其他:Matlab,Office。

4.2 仪器设备硬件平台

(1)SIGLENT SDG2122X 120 MHz 1.2GSa/s 信号发生器;

(2)SIGLENT SDS1102A 100 MHz 1GSa/s 示波器;

(3)电源,万用表。

5. 作品成效总结分析

5.1 测试方案及测试条件

硬件测试:首先将信号源模块、放大器模块进行单独调试,利用示波器观察信号源以及放大器的输出波形频率和幅值,测试频响以及带内平坦程度。

软件测试:FPGA 和单片机程序均在开发软件中进行仿真测试,利用 debug 以及单步调试等功能测试程序正确性。

综合测试:将软件和硬件相结合,组合调试幅频曲线绘制以及远程控制等功能。

5.2 部分测试结果

(1)信号源测试,如表 H-2-1 所示。

表 H-2-1　自制信号源测试

频率/MHz	1.00	10.00	20.00	30.00	40.00	50.00
实测值/MHz	1.00	10.01	20.01	29.97	40.00	49.98
误差	0	0.01	0.005	0.01	0	0.004
频率/MHz	60.00	70.00	80.00	90.00	100.00	
实测值/MHz	59.97	69.98	80.01	90.03	100.10	
误差	0.01	0.003	0.001	0.003	0.01	

（2）放大器测试，如表 H-2-2 所示。

表 H-2-2　自制放大器测试

频率/幅度（$G=14$）	1 M	5 M	10 M	20 M	30 M	40 M
5 mV$_{pp}$（mV）	56	68	70	66	58	50
误差	3 dB 点	−0.028	0	−0.057	−0.171	3 dB 点
0.1 V$_{pp}$（V）	0.56	1.4	1.4	1.23	1.12	1
误差	3 dB 点	0	0	−0.121	−0.2	3 dB 点
频率/幅度（$G=0$）	1 M	5 M	10 M	20 M	30 M	40 M
1 V$_{pp}$（V）	0.7	1	1	0.91	0.76	0.7
误差	3 dB 点	0	0	0.09	0.24	3 dB 点
频率/幅度（$G=100$）	1 M	5 M	10 M	20 M	30 M	40 M
28 mV$_{pp}$（mV）	2.03	2.8	2.8	2.45	2.1	1.7
误差	3 dB 点	0	0	−0.125	−0.25	3 dB 点

（3）幅频特性曲线绘制，如图 H-2-7 所示。

从图 H-2-7 中可以看到，两侧为 3 dB 衰减带，放大器带内较平坦，达到题目要求，且与实际示波器显示结果相符。

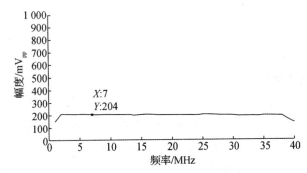

图 H-2-7　幅频特性曲线绘制

5.3　性能指标分析

测试结果表明，本作品实现了幅度可调的 1 MHz～40 MHz 信号源，增益为 0～40 dB、带宽为 1 MHz～40 MHz 的放大器，同时用自制幅频特性测试装置测量自制放大器的幅频特性，并且可以利用示波器 XY 方式画出幅频特性曲线。

报　告　3

基本信息

学校名称	南京大学		
参赛学生1	董禹	Email	957925771@qq.com
参赛学生2	高博文	Email	shalocn@outlook.com
参赛学生3	杜思润	Email	503811987@qq.com
指导教师1	庄建军	Email	jjzhuang@nju.edu.cn
指导教师2	姜乃卓	Email	nju_jiang@163.com
获奖等级	全国二等奖		
指导教师简介	庄建军:工学博士,南京大学电子科学与工程学院生物医学工程专业副教授、硕士生导师,南京大学电子信息专业国家级实验教学示范中心、信息电子国家级虚拟仿真实验教学中心常务副主任。指导学生获全国大学生"挑战杯"创业大赛金奖、全国大学生电子设计竞赛一等奖、江苏省优秀本科毕业设计一等奖等各类奖项10余项。		

1. 系统方案设计

1.1　待测信号源方案设计

方案1:使用AD9854芯片。AD9854芯片片内整合了两路高速、高性能12位正交D/A转换器,内部主频300 MHz,通过数字化编程输出I、Q两路合成信号,可实现频移键控、二元相移键控、相移键控、脉冲调频等。在高稳定度时钟的驱动下,AD9854能够产生两路相互正交的正弦和余弦信号,作为待测信号源。

方案2:使用AD9959芯片。AD9959芯片是AD公司生产的高采样频率、高精度DDS芯片。最大采样频率可达500MSPS,内含四通道DDS,每通道之间可独立进行频率、相位、幅度的控制,具有良好的通道间隔离(>65 dB),有线性的频率、相位、幅度扫描能力,可以作为信号源。

分析:AD9854无法对所产生的信号进行幅度调节,同时输出信号的稳定度欠佳,波形质量也相对一般。AD9959波形稳定度较高,可实现输出波形幅度调节的功能,在要求的频带内增益变化波动不大,波形质量也较好,因此选择方案2。

1.2　放大器电路设计

(1) 程控方案选择

方案1:使用德州仪器的VCA821。VCA821是一款宽带、压控可变增益放大器,增益最大可达40 dB,通过调节控制电压可以实现对信号源输出电压的精确调控(精细参数),虽然带宽和增益可调幅度符合要求,但是高频时的稳定度较差。

方案2: 使用德州仪器的 VCA810。VCA810 是一款高增益调节范围和宽带的压控放大器(精细参数),虽然《器件手册》上给出的程控放大器本身的带宽只有 35 MHz,但是通过实际测量,带宽基本可以符合要求。

与 VCA821 相比,VCA810 进行小信号放大时引入的噪声小,波形质量良好,更适合作为此处的放大器,所以选用方案 2。

(2)固定增益放大选择

一级程控放大并不能满足增益倍数的要求,必须在后面级联一级固定增益放大模块。

常用高速运放 OPA847,THS3001 等均可满足要求。考虑到 OPA847 在通频带内衰减更少,且电压反馈稳定性也更高,所以选择 OPA847。

1.3 传输方案设计

方案1: 频分复用。在数据发送端准备用单片机控制 DA 产生的锯齿波信号作为传输的频率信息,将正弦波和这种锯齿波使用加法器进行叠加,然后通过衰减补偿模块将信号传输到接收端。在接收端,通过无源高通滤波获得高频正弦波,通过 AD8307 模块检波得到幅度信息,然后通过有源低通模块滤波得到用于触发的锯齿波,从而获得频率信息,将幅度和频率信息输入示波器,以频率信息作为触发即可得到完整的幅频特性曲线。

方案2: 时分复用。在数据发送端准备用 DA 产生的锯齿波信号作为频率信息以及检波得到的幅度信息,在数据发送端通过继电器控制传输何种信号,在传输过程中通过确定的协议标识正在传输的信号类型,通过传输一段频率信号,再传输一段幅度信号实现幅度和频率信号的完整传输。将幅度和频率信息输入示波器即可得到完整的幅频特性曲线。

考虑到传输和接收的稳定性和难易程度,以及传输协议工作量,选择方案 1。

1.4 系统总体设计

AD9959 输出 1 MHz～40 MHz 的幅度可调信号,和调节幅度的放大器模块、DA 控制模块及提高带载能力的电压跟随器模块共同构成信号源。放大器部分由 VCA810 程控放大器、固定增益的 OPA847 放大模块、无源 LC 高通滤波模块构成。系统总体设计框图如图 H-3-1 所示。

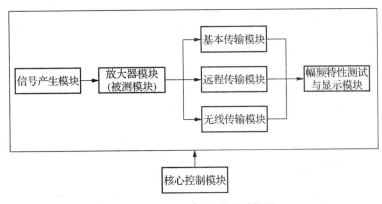

图 H-3-1 系统总体设计框图

2. 核心部件电路设计

2.1 信号发生器电路设计

通过 STM32 单片机控制 AD9959 产生信号,如图 H－3－2 所示。此时输出信号的幅度可以由单片机控制 AD9959 进行调节,信号送入 VCA821 放大模块,由单片机经过 DAC8852 调节控制电压,实现输出可调幅度 5 mV～100 mV 的信号。最后的电压跟随器起到提高带载能力的作用。

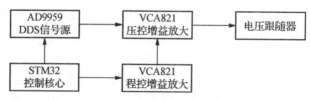

图 H－3－2　信号发生器模块框图

2.2 放大器设计

通过 VCA821 压控放大器完成信号的放大,由 DAC8852 输出控制电压,实现增益调节,之后送入截止频率为 1 MHz 的无源高通滤波电路,结合 VCA810 在 40 MHz 时为－3 dB 点的自身特性,实现 1 MHz～40 MHz 频率范围内的信号放大。

2.3 幅频特性测试部分设计

将 STM32 产生的包含频率信息的锯齿波和含有幅度信息的正弦波通过加法器叠加,经1.5 m 双绞线后,通过 100 kHz 截止频率的 LC 椭圆无源高通滤波器滤出高频的正弦波,再通过检波器检测幅度信息,再使用 10 kHz 截止频率的有源四阶巴特沃斯低通滤波器滤出锯齿波,检测频率信息,然后再由 STM32 处理,在示波器上画出信号的幅频特性曲线。

3. 理论分析与计算

3.1 RC 滤波电路

如图 H－3－3 所示,输入电压 u_1 和输出电压 u_2 之间的关系为:

$$\frac{u_2}{u_1} = \frac{\dfrac{j\omega CR^2 + R}{2j\omega RC + 1}}{\dfrac{j\omega CR^2 + R}{2j\omega RC + 1} + \dfrac{1}{j\omega C}} \cdot \frac{R}{R + \dfrac{1}{j\omega C}} = \frac{1}{1 - \dfrac{1}{\omega^2 R^2 C^2} - j\dfrac{1}{\omega RC}} \tag{1}$$

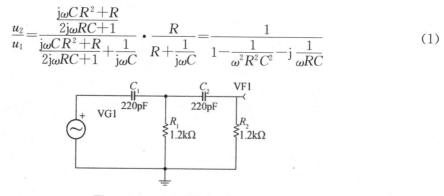

图 H－3－3　RC 滤波电路图

转折频率为幅度下降 3 dB 时所处的频率,即输出电压幅度是输入电压幅度的$\sqrt{2}/2$,故可知:

$$\frac{|u_2|}{|u_1|}=\frac{\sqrt{2}}{2}=\left|\frac{1}{1-\dfrac{1}{\omega^2R^2C^2}-\mathrm{j}\,\dfrac{1}{\omega RC}}\right|=\frac{1}{\sqrt{\left(1-\dfrac{1}{\omega^2R^2C^2}\right)^2+\left(\dfrac{3}{\omega RC}\right)^2}} \tag{2}$$

化简,计算,得:

$$\omega^2R^2C^2=\frac{7+\sqrt{53}}{2}=7.14 \tag{3}$$

当截止频率为 1 MHz 时,得到 $R=1.2$ kΩ,$C=220$ pF,特性曲线如图 H-3-4 所示。

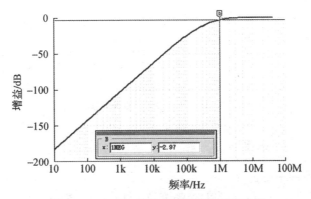

图 H-3-4 *RC* 滤波电路的幅频特性曲线

3.2 高通无源 *LC* 椭圆截止频率 100 kHz 的滤波电路

使用 Filter Solution 进行设计,将参数在 TINA 中进行仿真,得到的曲线如图 H-3-5 所示。

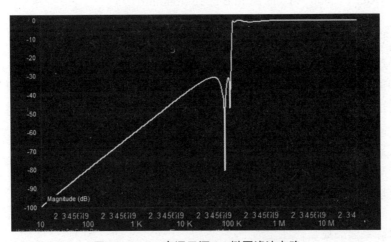

图 H-3-5 高通无源 *LC* 椭圆滤波电路

4. 系统软件设计分析

使用 STM32F407 作为核心,控制 AD9959 信号源生成正弦信号、控制 DAC8552 压控放大器模块以及控制 ADS1118 进行 A/D 采样以绘制幅频特性曲线。

程序设计框图如图 H-3-6 所示。

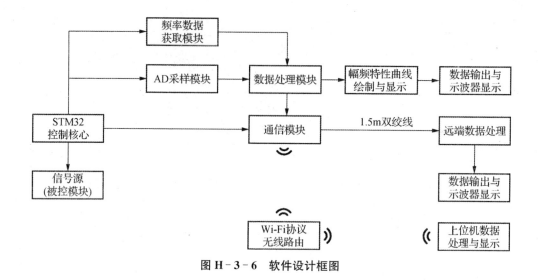

图 H‑3‑6　软件设计框图

5. 竞赛工作环境条件

5.1　仪器设备硬件平台

测试仪器：GWINSTEK GPD-33D3 直流稳压电源、GWINSTEK GDS-3502 500 MHz 4 GS/s 示波器、RIGOL DG4202 信号源、KEITHLEY2100 数字万用表。

5.2　设计分析软件环境

硬件电路设计：TINA、Filter Pro、Filter Solution、Multisim、Altium Designer；

软件设计：Keil uvision、Visual Studio 2015（msbuild）。

6. 作品成效总结分析

6.1　测试方案

信号源测试：使用自制信号源输出信号，使用示波器测量，观察输出信号特性。

放大器测试：使用信号源提供输入正弦信号，使用示波器测量放大器的增益。

幅频特性测试仪显示测试：使用自制信号源作为测试源，测试放大器的幅频特性，在示波器上显示放大器的幅频特性。

远程传输测试：使用自制信号源作为测试源，测试放大器的幅频特性，通过 1.5 m 长绞线后在示波器上显示放大器的幅频特性。

无线传输测试：使用自制信号源作为测试源，测试放大器的幅频特性，通过 Wi-Fi 传输后在电脑上绘制放大器的幅频特性。

6.2　测试结果

（1）信号源测试

可以实现 1～40 MHz、步进分别为 1 MHz 和 100 kHz 步进可调，可以实现步进 1 MHz 的自动扫频。

表 H‑3‑1　信号源测试结果

频率/MHz	1	5	10	15	20	25	30	35	40
最低幅值/mV	5.09	5.09	5.07	5.05	5.05	5.03	5.01	5.00	5.00
最高幅值/mV	100.20	100.19	100.13	100.07	100.05	99.96	99.91	99.87	99.80

（2）放大器测试

基础部分：

在不同频率选择不同幅度的信号进行测量,使用放大器模块将其放大到 1 V,测试结果如表 H‑3‑2 所示,可见放大器能够实现 0～40 dB 可调增益放大且峰峰值达到 1 V,误差极小。

表 H‑3‑2　放大器基础部分测试结果

频率/MHz	1	5	10	15	20	25	30	35	40
输入 10 mV	1.01 V	1.01 V	1.02 V	1.02 V	1.01 V	0.99 V	1.03 V	1.01 V	1.02 V
输入 20 mV	1.01 V	1.03 V	1.02 V	0.98 V	0.99 V	1.02 V	0.98 V	1.02 V	0.98 V
输入 100 mV	0.99 V	0.99 V	0.99 V	0.99 V	1.02 V	1.03 V	0.99 V	1.01 V	0.98 V
输入 1 V	0.99 V	0.99 V	0.99 V	0.99 V	0.99 V	1.03 V	1.02 V	1.03 V	0.98 V

发挥部分：

在单电源 5 V 供电的情况下,放大器能够正常工作。在不同频率选择不同幅度的信号进行测量,使其放大到 2.88 V,具体结果如表 H‑3‑3 所示,可见放大器在单电源 5 V 供电时,能够实现 0～40 dB 可调增益放大且峰峰值达到 2.88 V(即 1 V_{rms}),误差极小。

表 H‑3‑3　放大器发挥部分测试结果

频率/MHz	1	5	10	15	20	25	30	35	40
输入 28.8 mV	2.85 V	2.86 V	2.89 V	2.90 V	2.88 V	2.90 V	2.88 V	2.85 V	2.89 V
输入 288 mV	2.88 V	2.90 V	2.88 V	2.85 V	2.89 V	2.85 V	2.86 V	2.89 V	2.88 V
输入 1 V	2.86 V	2.90 V	2.86 V	2.88 V	2.86 V	2.90 V	2.85 V	2.88 V	2.89 V
输入 2.88 V	2.88 V	2.88 V	2.85 V	2.88 V	2.85 V	2.90 V	2.88 V	2.86 V	2.88 V

（3）幅频特性测试仪显示测试

能够在示波器上显示放大器的幅频特性。

（4）远程传输测试

能够通过双绞线传输和信号处理后在示波器上显示放大器的幅频特性。

（5）无线传输测试

能够在信号处理后通过 Wi‑Fi 传输到电脑进行幅频特性显示。

6.3　测试结果总结

本系统实现了通过信号源产生频率 1 MHz～40 MHz,幅度 5 mV～100 mV 的可调信号,经由程控放大器模块实现 0～40 dB 可调,之后可将信号传入幅频特性测试装置,通过示波器显示幅频特性曲线。并且将信号调制成锯齿波后可由 1.5 m 双绞线传输,或者在进行检波和频率处理后通过 Wi-Fi 信道进行传输。传输后可由接收装置进行数据处理和显示,实现了题目基础部分和发挥部分的要求。

7. 参考资料

[1] 康华光,等. 电子技术基础:模拟部分[M]. 北京:高等教育出版社,2013.

[2] 黄根春,周立青,张望先. 全国大学生电子设计竞赛教程[M]. 北京:电子工业出版社,2011.

[3] 孙景琪. 高频电子线路[M]. 北京:高等教育出版社,2015.

报 告 4

基本信息

学校名称	南京大学		
参赛学生 1	何妍琳	Email	151180043@smail.nju.edu.cn
参赛学生 2	何鎏璐	Email	151180041@smail.nju.edu.cn
参赛学生 3	李彬菁	Email	151180059@smail.nju.edu.cn
指导教师 1	姜乃卓	Email	jiangnz@nju.edu.cn
指导教师 2	叶 猛	Email	yememg1962@126.com
获奖等级	全国二等奖		
指导教师简介	姜乃卓,男,1980 年生,南京大学电子信息专业国家级实验教学示范中心教师,工程师。参加大学生电子设计竞赛指导工作十余年,指导学生获得全国二等奖,江苏赛区一等奖等奖项 10 余项。主讲课程:"高频电路""高频电路实验""模拟电路实验"等。发表教改论文 3 篇。主要研究方向:微弱信号处理高频和射频电子电路。 叶猛,男,1962 年生,南京大学电子信息专业国家级实验教学示范中心教师,工程师。参加大学生电子设计竞赛指导工作多年,指导学生获得赛区一等奖以上奖项多项。发表教改论文 7 篇。主讲课程:"电工实验"。		

1. 设计方案工作原理

1.1 预期实现目标定位

设计并制作一个远程幅频特性测试装置,该装置以 MSP430 系列单片机为主控单元,首先制作一个信号源模块,可以产生频率范围在 1 MHz～40 MHz 的扫频信号,幅度在 5 mV～100 mV 连续可调;同时制作一个带宽在 1 MHz～40 MHz,增益为 0～40 dB 连续可调,输入阻抗为 60 Ω 的单电源放大器,使用自制的信号源测量该放大器的幅频特性曲线,并可将结果显示在示波器或者自制屏幕上。该装置可以在远端使用非屏蔽的双绞线实现传输测量,并可将测量的幅频特性曲线通过 Wi-Fi 网络传输到终端的笔记本电脑上显示。

1.2 技术方案分析比较

（1）信号源电路方案的选择

方案1： 用单片机控制 DDS 芯片 AD9959 产生系统所需的扫频信号。根据芯片的器件手册，DDS 芯片 AD9959 输出信号的最高频率可以达到 160 MHz，通过改变频率字可以实现频率的变化，编程相对简单，可以产生输出频率范围为 1 MHz～40 MHz 的扫频信号，在输出阻抗 50 Ω 匹配时，输出最小幅度可达到 300 mV 峰峰值。输出信号随后经过由芯片 VCA821 构成的程控放大电路，输出电压幅度有 40 dB 的调整范围，满足幅度在 5 mV～100 mV 范围内连续可调的要求。

方案2： 使用集成锁相环路芯片 ADF4351 产生系统所需的扫频信号。根据芯片的器件手册，输出信号的最高频率可以达到 2 GHz 以上，可以输出满足题目所需的频率范围为 1 MHz～40 MHz 的扫频信号，但是改变频率需要改变芯片内部的分频器数值，编程相对复杂，并且输出波形需要外接低通滤波器之后才能得到失真较小的正弦波。题目要求的扫频范围较宽，外接低通滤波器的截止频率又是固定的，因此输出波形必然存在较大的失真。

方案3： 单片机控制 DDS 芯片 AD9854 产生系统所需的扫频信号。根据芯片的器件手册，输出信号的最大扫频范围为 1 Hz～50 MHz，可以通过改变频率字切换频率，起始频率、终止频率、扫频步长可任意设置，编程相对简单，同时输出频率在 50 MHz 范围内时，输出波形失真小，输出电压幅度基本不变，平坦度良好。输出信号经过后级由芯片 VCA821 构成的程控放大电路，输出电压幅度有 40 dB 的调整范围，满足幅度在 5 mV～100 mV 范围内连续可调的要求。

分析：综合比较方案1、2、3，方案3较方案1更为简单，成本更低，较方案2波形更加稳定，失真小，本系统采用方案3。

（2）可控增益放大电路方案的选择

方案1： 使用芯片 AD8367 构成可控增益放大器，使用芯片 THS3001 构成固定增益放大器，两级级联后接上截止频率为 1 MHz 的高通滤波器构成本装置所需的可控增益放大电路。根据器件手册，AD8367 具有 500 MHz 的小信号带宽、−5 dB～40 dB 的可控增益范围。实现信号放大时增益控制范围较大，但实现信号衰减时可控范围较小，并且对增益控制信号的直流滤波要求较高，在较大增益时很容易自激。

方案2： 使用芯片 VCA810 构成可控增益放大器，使用芯片 THS3001 构成固定增益放大器，两级级联后接上截止频率为 1 MHz 的高通滤波器构成本装置所需的可控增益放大电路。根据器件手册，VCA810 的增益调节范围为 −40 dB～+40 dB，小信号带宽超过 50 MHz，输出波形失真小，很容易实现放大器在 0～40 dB 增益连续可调的要求。

分析：为了满足放大电路的增益控制范围，提高放大器的稳定性，本系统采用方案2。

（3）幅频特性测试装置方案的选择

方案1： 将信号源的输出信号频率信息转换成周期等于扫频周期的三角波，三角波的最小幅度对应扫频的起始频率，最大幅度对应扫频的终止频率，与放大器输出信号进行叠加，经过单信号线送至测试端，测试端通过滤波器将携带扫频信息的三角波信号与放大器输出信号分离，通过对三角波信号进行同步采样得到扫频各点的频率信息。放大器输出信号经过半波整流转换成直流信号，进行 A/D 采样，获得幅度信息，最终绘制出幅频特性曲线。

方案 2：将放大器输出信号分为两路，一路经过比较器整形成 TTL 电平的矩形波，通过 FPGA 直接采样，进行高精度测频，获得扫频各点的频率信息。一路经过芯片 AD8307 构成的宽带检波电路转换成和幅度成正比的直流信号，通过 A/D 采样获得幅度信息，最终绘制出幅频特性曲线。

对比以上两种方案，考虑到半波整流波形不理想，而利用 FPGA 测频精度高，且方案简单可靠，故选取方案 2。

（4）幅频特性的显示与 Wi-Fi 的连接方案选择

方案 1：通过 STM32 系列单片机驱动 12864 液晶显示屏，显示幅频特性曲线。利用 ESP8266Wi-Fi 模块，与电脑进行串口通信。

方案 2：通过树莓派处理器驱动液晶屏，显示幅频特性曲线。可利用树莓派自带的 Wi-Fi 模块连接互联网，并搭建网络服务器，电脑通过 VPN 虚拟网络控制台实现对树莓派处理器的远程操控。

对比以上两种方案，考虑到小组队员对树莓派处理器具有更丰富的开发经验，而且树莓派处理器速度快，驱动液晶显示的编程相对简单，更容易实现丰富的拓展功能，故选择方案 2。

1.3　系统结构与工作原理

整个系统的主要电路包括 DDS 信号源电路、程控增益放大电路、高通滤波电路、比较器电路、宽带检波电路、A/D 采样电路，D/A 转换电路等部分。其中信号源电路是核心部分。系统整体结构框图如图 H-4-1 所示。

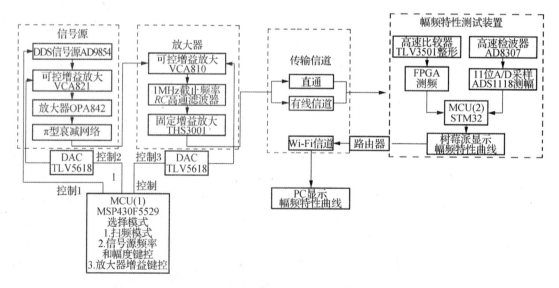

图 H-4-1　系统整体结构框图

信号源模块（包括芯片 VCA821）构成可控增益放大器，芯片 TLV5618 的一路输出构成 D/A 转换模块，其输出的直流电平可以控制 VCA821 放大器的增益，手动按键通过单片机驱动 D/A 转换模块来控制输出直流电平的大小。可控增益放大器后面级联 OPA842 构成的跟随器，最后通过 17 dB 衰减的 π 型电阻网络。手动按键可以使信号源模块的输出幅度在 5～100 mV 范围内变化。

待测的放大器模块由 VCA810 构成的可控增益放大器,截止频率为 1 MHz 的高通滤波器和 THS3001 构成的固定增益放大器级联而成。芯片 TLV5618 的另一路输出构成 D/A 模块,输出直流电平控制 VCA810 放大器的增益,手动按键通过单片机控制 D/A 模块输出直流电平的大小,从而控制放大器模块的增益在 0~40 dB 范围内变化。

幅频特性测量模块由芯片 AD8307 构成的宽带检波电路,芯片 TLV3501 构成的高速比较电路,芯片 ADS1118 构成的 A/D 采样电路,FPGA 模块,STM 系列单片机模块和树莓派处理器模块组成。比较电路将待测放大器的输出转换成 TTL 电平的矩形波,送入 FPGA 模块进行频率测量,获得放大器输出频率信息。检波器电路将待测放大器的输出信号转换成直流,由 A/D 采样模块送入单片机获得放大器的输出幅度信息。最终将频率信息和幅度信息送入树莓派处理器模块,在液晶屏上显示出幅频特性曲线。

1.4　功能指标实现方法

(1) 被测放大器的输出信号频率测量

本系统采用等精度测频方法。闸门时间是被测信号周期的整数倍,即与被测信号同步,因此消除了对被测信号计数所产生的 ±1 个字误差,并且达到了在整个测试频段的等幅度测量。其测频原理如图 H-4-2 所示。

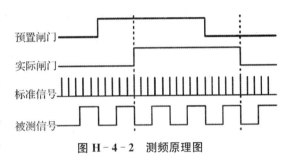

图 H-4-2　测频原理图

设在闸门时间 τ 内对标准信号和被测信号的计数值分别为 N_0 和 N,标准信号频率为 f_0,则测得输入信号频率

$$f_x = \frac{f_0 N}{N_0} \tag{1}$$

在实际计算测量中,一般不考虑标准信号的误差,在实际闸门时间内 N 无误差,对上式两端微分得到

$$\frac{\mathrm{d}f_x}{f_x} = \frac{N f_0}{N_0^2} \mathrm{d}N_0 \tag{2}$$

被测信号频率的相对误差只与实际闸门时间和标准信号频率有关,随着闸门时间和标准频率的增大,相对误差减小。为了提高仪器灵敏度及频率的最大测量范围,应使闸门时间较长,标准信号频率较高。设置闸门时间 τ 为 1 s,标准信号为 FPGA 提供的 100 MHz 时钟信号。

(2) 被测放大器的输出信号幅度测量

幅度测量使用宽带检波器芯片 AD8307,其输出直流信号幅度与输入信号的功率值呈线性关系,再将输出直流信号经过 16 位高精度的 A/D 转换芯片 ADS1118 采样转换为数字信号,输入 STM32 系列单片机内,从而可获得扫频各个频点上放大器输出信号的幅度。经计算,检波电路的输入/输出关系公式为:

$$V_{out} = \frac{\log(V_{in}^2 \times 50)}{40} + 2.342(\text{V}) \tag{3}$$

（3）信号源输出电压峰峰值计算

如图 H-4-3 所示,其中 DDS 信号源 AD9854 输出电压约 170 mV 峰峰值,VCA821 的增益控制范围为－10～＋20 dB,π 型衰减网络插入损耗为 17.4 dB,考虑到实现各级之间的阻抗匹配,VCA821 放大器的输出端和 OPA842 放大器的输出端都串联了 50 Ω 的电阻,带来了 12 dB 的增益损耗。因此,AD9854 电路模块输出端后的总增益范围为－33.4～－3.4 dB,输出电压峰峰值范围为 5～100 mV。

图 H-4-3 信号源输出电压峰峰值计算

2. 核心部件电路设计

2.1 DDS 信号源电路设计

如图 H-4-4 的系统结构所示,信号源模块由 VCA821 构成的可控增益放大电路、OPA842 构成的两倍增益放大电路和 π 型电阻衰减网络电路组成。单片机编程控制 DDS 芯片 AD9854 输出 1～40 MHz 的扫频信号,频率变化的步长为 1 MHz,经测试,输出电压峰峰值为 170 mV,最大电流可以达到 600 mA。通过按键控制可控增益放大器的增益,可以调节信号源电路最终的输出幅度在 5～100 mV 之间变化,两倍增益的放大器电路起到阻抗变换的作用,可以提高信号源模块的带负载能力。AD9854 模块的电路图如图 H-4-4 所示,后三级电路如图 H-4-5 所示。

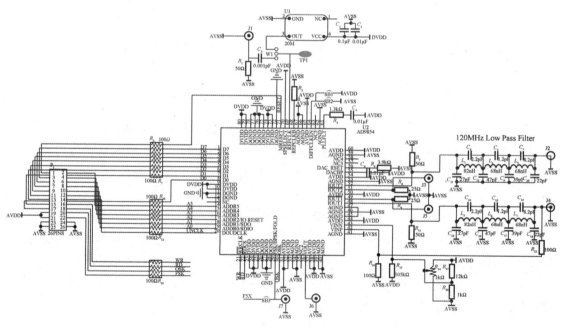

图 H-4-4 DDS 芯片 AD9854 模块电路图

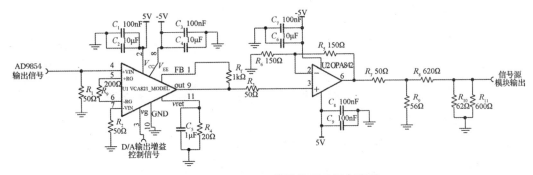

图 H－4－5　AD9854 模块的后三级电路图

2.2　待测放大器电路设计

待测放大器模块由 VCA810 构成的可控增益放大器,截止频率为 1 MHz 的高通滤波器和 THS3001 构成的 5 倍固定增益放大器级联而成。实测 VCA810 可控增益放大器的上限截止频率刚好在 40 MH 左右,因此不需要外接低通滤波器,电路如图 H－4－6 所示。通过手动按键输入单片机,单片机进行编程驱动 TLV5618 芯片构成的 D/A 模块输出不同的直流电平作为增益控制电压,使 VCA810 放大器的增益变化范围为 0.2~20 dB,经后级固定 5 倍放大,可实现增益 0~40 dB 连续可调。

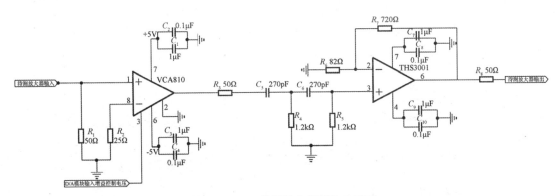

图 H－4－6　待测放大器模块电路图

2.3　频率及幅度测量电路

频率测量电路由芯片 TLV3501 构成的高速过零比较器和 FPGA 测频模块组成,FPGA 采用等精度测频算法,能够精确的测量扫频各点的瞬时频率。幅度测量模块由芯片 AD8307 构成的宽带检波电路和低速高精度采样芯片 ADS1118 构成的 A/D 采样电路组成。STM32 系列单片机实现与 FPGA 测频模块的通信,获取扫频各点的瞬时频率,从 A/D 采样模块获取放大器输出的幅度值,最后送入树莓派处理器,在自备的液晶屏幕上画出测量的放大器幅频特性曲线。比较器电路和宽带检波电路分别如图 H－4－7 和图 H－4－8 所示。

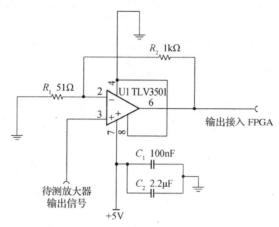

图 H-4-7 TLV3501 构成的高速比较器电路图

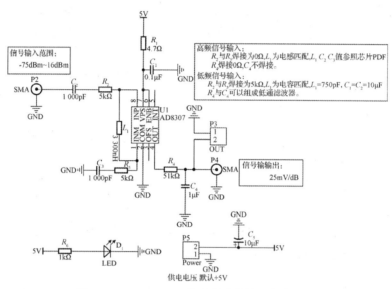

图 H-4-8 AD8307 构成的宽带检波器电路图

3. 系统软件设计分析

信号源模块中采用单片机 MSP4305529 对 DDS 信号源进行扫频频率控制,并对模块中的可控增益放大器进行增益控制来调整信号源输出扫频信号的幅度。矩阵键盘可设置信号源输出信号的扫频频率范围、幅值及待测放大器的增益。按键有粗调和精调两种调整方式。幅频特性测量模块采用 FPGA 实现频率测量,STM32 系列单片机实现和 FPGA 之间的数据通信,读取扫频各点的频率信息,并且控制 A/D 模块从宽带检波器的输出端读取扫频各点对应的放大器输出幅度信息,一并输入到树莓派处理器内。树莓派和 PC 之间通过虚拟网络控制台软件 VCN 进行交互连接。整个

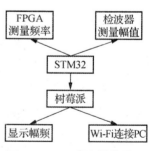

图 H-4-9 程序结构图

系统具有良好的人机交互性。程序总体结构图如图 H-4-9 所示。信号源模块中的单片机软件流程图如图 H-4-10 所示。幅频特性测量模块中的单片机软件流程图如图 H-4-11 所示。

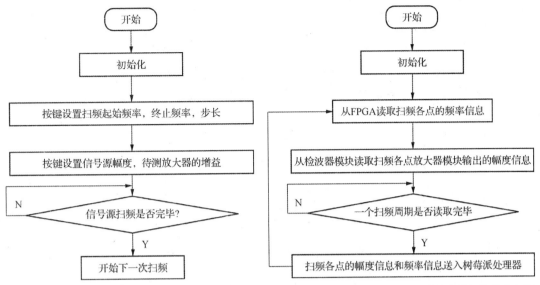

图 H-4-10　信号源模块的单片机软件流程图　　图 H-4-11　幅频特性测量模块的单片机软件流程图

4. 竞赛工作环境条件

4.1　设计分析软件环境

单片机开发软件环境 Code Computer studio 6.1.0,Keil MDK 5.0。

FPGA 开发软件环境 Quartus Ⅱ 12.0。

树莓派处理器开发软件环境 Raspberry Pi 3.0。

4.2　测试仪器

直流稳压电源:固纬 INSTEK GPD-3303。

信号源:RIGOL DG4202 200 MHz 双通道函数/任意波形信号发生器。

示波器:固纬 INSTEK GDS-2202 A,200 M 双通道数字存储示波器。

万用表:吉士利 Keithley 五位半数字式万用表。

4.3　测试方案

(1) 信号源输出电压峰峰值测试

通过手动键盘设置,MSP430 单片机控制 AD9854 信号源模块输出扫频频率范围为 1 MHz~40 MHz,步进 1 MHz,幅度为 170 mV 峰峰值的正弦波。信号源模块接入 600 Ω 的负载阻抗,输出端口同时接示波器,示波器的输入阻抗设置为高阻。手动键盘调整 VCA821 可控增益放大器模块的增益,记录实际输出电压值范围。

(2) 待测放大器带宽和放大倍数范围测试

待测放大器模块输入端口接 600 Ω 的电阻,放大器输入端接信号发生器,输出端口接入 600 Ω 的负载阻抗,输出端口同时接示波器,示波器的输入阻抗设置为高阻。信号发生器的输出信号幅度设置为 10 mV 有效值,通过按键设置待测放大器的电压增益,测量放大器的增益变化范围,并改变输出信号频率,用点频法测量放大器的带宽,并观察通带内增益的平坦度。

(3) 幅频特性曲线的测量和显示

MSP430 单片机控制信号源模块持续输出 1 MHz～40 MHz 的扫频信号,待测放大器输出的幅度和频率信息可以在示波器上显示,记录示波器上显示的频率和幅度。直接用导线将信号源模块、待测放大器模块、幅频特性测试模块三部分连接起来,观察示波器和自备的液晶显示屏上显示的幅频特性曲线。用 1.5 m 长度的双绞线(一根为信号传输线,一根为地线)将待测放大器模块、幅频特性测试模块连接起来,观察示波器和自备的液晶显示屏上显示的幅频特性曲线。打开无线路由器和 PC,在 PC 上打开 Wi-Fi 链接,并设置完相关参数后,将放大器的幅频特性曲线通过无线网络传输到 PC,在 PC 上的客户端软件里观察测量的幅频特性曲线。

5. 作品成效总结分析

5.1 信号源输出电压峰峰值的测量

表 H-4-1 信号源模块输出电压峰峰值测量

理想输出电压峰峰值/V	0.005	0.08	0.079	0.094	0.1
实际输出电压值/V	0.005	0.081	0.079	0.093	0.1
输出电压误差/%	0	1.25	0	1.06	0

结论:信号源模块输出电压峰峰值最小 5 mV,最大 100 mV,幅度连续可调,满足指标要求。

5.2 待测放大器增益变化范围的测量

表 H-4-2 待测放大器增益测量

输入电压 U_1/V	0.01	0.05	0.1	0.5	0.9	1
输出电压 U_2/V	1.0	1.0	1.0	1.0	1.0	1.0
放大倍数 A_v	100	20	10	2	1.111	1

结论:待测放大器的增益最大为 40 dB,最小为 0 dB,并且连续可调,满足指标要求。当单电源为+5 V 供电时,输出电压有效值可达到 1 V,且波形无失真。

5.3 待测放大器带宽范围测量

直接用导线将信号源模块、待测放大器模块、幅频特性测试模块三部分连接起来,在示波器上用点频法测量待测放大器的幅频特性曲线。

表 H-4-3 待测放大器幅频特性的直接测量和显示

频率/Hz	1 M	2.5 M	5 M	11.6 M	34.1 M	40 M
幅值/V	486.4 m	503 m	668 m	668 m	567 m	487 m

结论:待测放大器的−3 dB 带宽约为 990 kHz～40.4 MHz,通道内增益起伏小于 1 dB,满足指标要求。

5.4 待测放大器幅频特性曲线的远程测量和显示

用 1.5 m 长度的双绞线连接待测放大器模块和幅频特性测试模块,在示波器上用点频法测量待测放大器的幅频特性曲线,并观察示波器和自备的液晶显示屏上显示的幅频特性曲线。

表 H-4-4　待测放大器幅频特性的远程测量和显示

频率/Hz	1 M	2.5 M	5 M	11.6 M	34.1 M	40 M
幅值/V	484.2 m	502 m	664 m	664 m	565 m	483 m

结论:待测放大器通过双绞线和幅频特性测试模块连接后,幅频特性曲线的一3 dB带宽不变,幅频特性的测量数据几乎不变,满足指标要求。

5.5　待测放大器的幅频特性曲线的无线传输和显示

打开无线路由器和笔记本电脑,在电脑上打开 Wi-Fi 链接,并设置好相关的参数后,可以将测得的待测放大器的幅频特性曲线通过无线网络传输到笔记本电脑,在电脑上的客户端软件中读取测量数据,并在软件里画出测量的幅频特性曲线。

表 H-4-5　待测放大器幅频特性的无线传输测量和显示

频率/Hz	1 M	2.5 M	5 M	11.6 M	34.1 M	40 M
幅值/V	486.4 m	503 m	668 m	668 m	567 m	487 m

结论:将测得的待测放大器幅频特性曲线通过无线网络传输到笔记本电脑后,幅频特性曲线的一3 dB带宽不变,幅频特性的测量数据几乎不变,满足指标要求。

5.6　测试结果分析

根据测试结果,本作品可以实现基本部分和发挥部分要求的所有功能,信号源模块的输出信号峰峰值范围、扫频频率范围、待测放大器的增益变化范围、带宽、幅频特性等各项指标均达到了任务要求,相对误差不超过 5%。直接测量的幅频特性曲线,通过 1.5 m 长双绞线传输测量的幅频特性曲线,通过无线网络传输到笔记本电脑上的幅频特性曲线,三者的形状几乎完全重合,曲线的幅度和精度都较高。

实验中发现,由于电路工作频率较高,运放级数多,因而稳定性易受影响。我们主要采取以下措施提高稳定性:① 设置运放工作点时,尽量选用芯片手册推荐的电阻、电容值,以保证运放工作在最佳稳定状态;② 在总体设计中,各级运放电路之间串联了 50 Ω 的电阻,可以实现信号隔离、提高带容性负载能力、级间阻抗匹配等作用,尽量消除各级运放电路间的相互影响,提高了系统整体的稳定性;③ 系统整体布线时考虑信号流向,防止级间干扰,在靠近运放电源引脚的地方都加上了高频去耦电容,电源走线按照一点接电源的原则,防止各级之间通过公共的电源馈线造成相互干扰和反馈;④ 各级运放电路的地线实现一点接地,保证系统的所有接地点等电位。

6.　参考文献

[1] 李丰.模拟电子技术基础[M].4 版.徐州:中国矿业大学出版社,2007.

[2] 黄根春,周立青,张望先.全国大学生电子设计竞赛教程[M].北京:电子工业出版社,2012.

[3] 王金明.数字系统设计与 Verilog HDL[M].5 版.北京:电子工业出版社,2014.

[4] 戴莹春.基于 FPGA 的等精度测频魔域的研究与实现[J].弹箭与制导学报,2006,26(1):623-625.

报 告 5

基本信息

学校名称	南京信息工程大学		
参赛学生 1	韩 笑	Email	1104886291@qq.com
参赛学生 2	施 元	Email	1094063168@qq.com
参赛学生 3	钱佳怡	Email	1429448591@qq.com
指导教师 1	徐 伟	Email	Kody2008@163.com
指导教师 2	刘建成	Email	
获奖等级	全国二等奖		
指导教师简介	徐伟,男,高级实验师,主要研究领域为信号处理及气象仪器。2007 年以来,指导学生参加全国大学生电子设计竞赛,所指导的学生获得全国奖 6 项,省级奖 30 余项。2011 年和 2017 年分别获得江苏省优秀指导教师奖。		

1. 设计方案工作原理

1.1 预期实现目标定位

完成基本要求及发挥部分所有要求。

1.2 各模块方案比较

（1）信号发生器方案比较

方案 1: 采用 FPGA 编程实现,高速 D/A 输出。但是由于输出信号要求达到 40 MHz,FPGA 工作频率至少在 80 MHz 以上,且为了输出波形美观,工作频率甚至要求更高,对 FPGA 的速度要求较高,FPGA 难以实现波形完美输出。

方案 2: 采用 DDS(AD9851)配合 AGC 电路构成信号发生器。DDS 模块输出波形较为稳定,频率分辨率高,转换时间快,合成准确。配合 AGC 电路,在 1 MHz～40 MHz 频率范围内,输出信号幅值稳定,且峰峰值在 5 mV～100 mV 可调。

综合考虑,本设计选用方案 2。

（2）放大器方案比较

方案 1: 采用 OPA695 与 AD8367 级联放大。

方案 2: 采用 OPA695 与 VCA824 级联放大。

AD8367 和 VCA824 均为高性能 VGA 芯片,可通过电压控制实现增益线性变化。OPA695 作固定增益级。两种方案均可实现 0～40 dB 增益可调,但 VCA824 需双电源供电,有悖于题目要求。AD8367 可单电源供电,故选用方案 1。

（3）检波电路模块方案比较

方案 1：采用分立元件搭建二极管无源半波整流的交流电压峰值检波电路。电路结构简单，成本低廉。

方案 2：采用 AD8361 构成检波电路。

方案 2 测量精度高，电路稳定，故选用该方案。

1.3 系统结构及工作原理

（1）系统总体结构

本远程幅频特性测试系统以 STM32F103ZET6 作为主控芯片，主要由等幅正弦波信号源模块、扫描据齿波产生模块、1 M～40 M 增益可调放大器、双绞线传输模块、解调电路、检波电路、Wi-Fi 传输模块等组成，通过矩阵键盘和 TFT 屏实现人机交互，系统主要模块框图如图 H-5-1 所示。

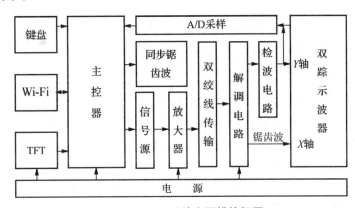

图 H-5-1 系统主要模块框图

（2）工作原理

系统通过 STM32 控制 AD9851 产生频率为 1 MHz～40 MHz 的步进可调信号，同时兼具扫频功能，配合高宽带的自动增益控制电路（AGC），实现较宽频带内大信号和小信号的调理，使信号输出稳定在同一幅值，很好地解决了信号源高频时的衰减问题。通过 LM6574 实现信号不同程度的衰减，保证了信号源在负载为 600 Ω 时输出高平坦度信号，信号源输出峰峰值在 5 mV～100 mV 之间连续可调。单电源放大器采用 OPA690、AD8367 压控放大器、7 阶 LC 带通滤波器，以及 MHC470 衰减器组成，输入阻抗为 600 Ω，输出阻抗为 600 Ω，在 0～40 dB 连续可调，具有 1 MHz～40 MHz 带宽。

在控制信号源的同时，通过单片机内部 D/A 产生与扫频信号频率成正比的电压信号，即产生同步锯齿波。将锯齿波以及放大器输出的扫频信号叠加后通过双绞线进行传输，在双绞线的另一端采用非相干解调的方式进行解调，分离出锯齿波及扫频信号，将扫频信号通过检波电路得到幅度信号送至示波器 Y 轴，锯齿波送至示波器 X 轴，实现了幅频特性曲线的显示。通过 A/D 采集检波电路输出的幅度信号，送至单片机，通过 Wi-Fi 传输至上位机实现幅频特性曲线显示。

1.4 功能指标实现方法

信号源的平坦度：通过 AGC 电路实现 1 MHz～40 MHz 信号的调理，使输出信号平坦度较高。

信号源输出峰峰值 5 mV～100 mV:通过改变 AGC 电路的门限比较电平可以改变 AGC 电路的输出幅值,实现信号源输出幅值的连续可调。为保证小信号的输出,后级接 LM6574 实现幅值不同倍数的衰减。经测试输出峰峰值可至 2 mV。

放大器 1 MHz～40 MHz 带宽:通过 7 阶 LC 带通滤波器实现 1 MHz～40 MHz 的放大器带宽。

放大器 0～40 dB 增益:通过 OPA690、AD8367、无源滤波器、HMC470 衰减器级联实现 0～40 dB 增益,通过滑动变阻器控制压控放大器 AD8367 调节增益,实现增益的连续可调。在输出小信号时通过衰减器 HMC470 实现不同倍数的衰减,从而可以实现小信号的 0 dB 放大输出。经测试放大器可实现 3 mV 信号 0 dB 放大输出。

信号无失真传输:通过加和电路将锯齿波信号和放大器输出信号加至双绞线其中一根进行传输,另一根为地线。在双绞线另一端通过非相干解调,分离出两路信号,实现信号的无失真传输。

2. 核心部件电路设计

2.1 AD9851 电路分析

本系统采用 AD 公司的集成 DDS 芯片 AD9851,相比传统的信号源器件,具有体积小、功耗低等特点,是新一代信号源发展的标志,可以产生频谱纯净、频率和相位都可控的正弦波。通过单片机写入控制字,产生频率步进可调信号。外部 25 MHz 晶体振荡器 X_1 经过内部集成的 6 倍频器和高速比较器得到 150 MHz 时钟信号。AD9851 输出信号经无源低通椭圆滤波器滤除高次谐波后通过 OUT 端口输出,使信号源输出频率不受外界和一些杂波的干扰。

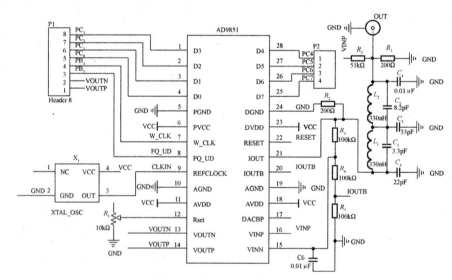

图 H‑5‑2　AD9851 电路图

2.2 AGC 电路结构及性能分析

AGC(自动增益控制)电路主要由增益可控放大器 VCA820、高速比较器 AD8561、检波电路、直流放大电路 TL082、高速缓冲运放 OPA690 组成,如图 H‑5‑3 所示。VCA820 是一款高增益、控制范围连续可调的压控放大器,在其输出端通过高速比较器将输出信号与滑动变阻

器 R_0 设定的阈值电压相比较,经过检波电路和直流放大电路构成闭合负反馈电路。通过设定高速比较电路 AD8561 的输入端的阈值电压,可实现自动增益控制电路输出信号幅值的设定,后级接入 OPA690 高速缓冲电路,增强了电路的带负载能力。

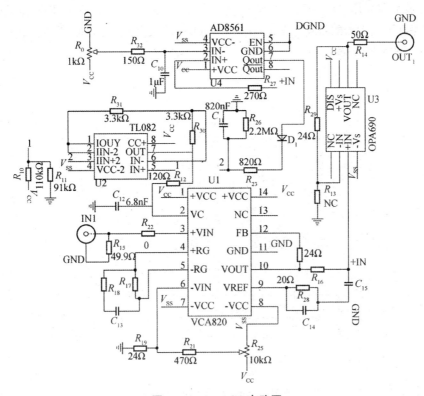

图 H-5-3　AGC 电路图

2.3　LMH6574 电路图

如图 H-5-4 所示,通过 LMH6574 的前级电阻搭配实现输入信号不同倍数的衰减,通过单片机接口控制地址端 A_0、A_1 选择不同的输入通道,从而实现信号不同倍数的衰减,保证了信号源能够输出微弱信号。

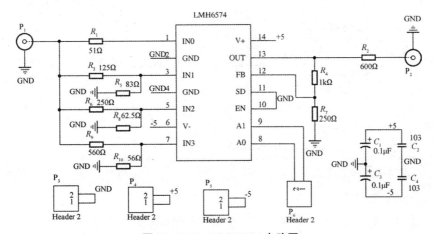

图 H-5-4　LMH6574 电路图

2.4 放大电路结构及性能分析

单电源放大器的设计主要包括 OPA690、AD8367、无源带通滤波器、HMC470 衰减器四个主要组成部分，其输入阻抗为 600 Ω，输出负载阻抗为 600 Ω。通过 OPA690 放大器进行前级信号的调理，压控放大器采用 AD8367，通过滑动变阻器调节增益，实现 0～40 dB 增益的连续可调。无源滤波器保证了放大器的带宽为 1 MHz～40 MHz。加入衰减器 HMC470 实现信号不同倍数的衰减，保证了放大器在输入小信号时的 0 dB 放大输出。电路如图 H‐5‐5～图 H‐5‐8 所示。

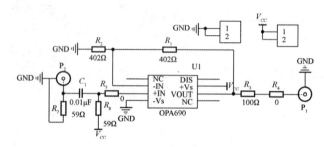

图 H‐5‐5　OPA690 放大器

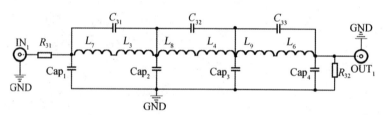

图 H‐5‐6　无源带通滤波器

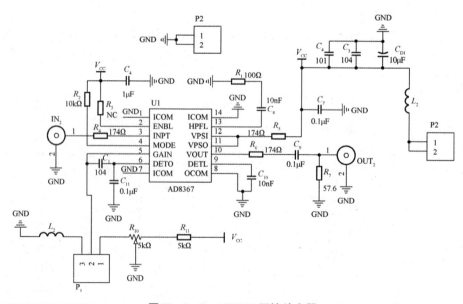

图 H‐5‐7　AD8367 压控放大器

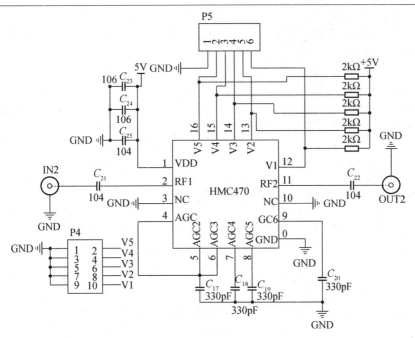

图 H‑5‑8　HMC470 衰减电路

3. 系统软件设计分析

3.1　系统总体工作流程(如图 H‑5‑9)

3.2　主要模块程序设计

AD9851信号源程序和Wi-Fi数据传输程序见网站。

4. 竞赛工作环境条件

4.1　设计分析软件环境

Keil-MDK5.23,Altium Designer

4.2　仪器设备硬件平台

(1)信号源:RIGOL DG4102 100 M 信号发生器;

(2)示波器:RIGOL DS2202A 100 M 数字示波器;

(3)万用表:FLUKE 18 B 万用电表;

(4)电源:RIGOL DP832 线性直流电源;

(5)远程显示端:路由器、笔记本电脑。

5. 作品成效总结分析

5.1　系统测试性能指标

(1)信号发生器:输出信号频率范围 1 MHz~

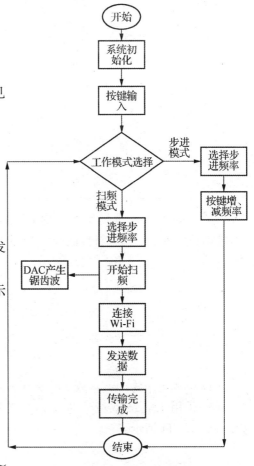

图 H‑5‑9　系统工作流程图

40 MHz,且可自动扫描,扫频步进为 1 MHz。负载电阻为 600 Ω 时,输出电压峰峰值在 5 mV～100 mV 范围内手动可调。

表 H-5-1　信号发生器测试:负载电阻 600 Ω

频率(MHz)	1			20			40		
输出电压理论值(mV)	5	50	100	5	50	100	5	50	100
输出电压实际值(mV)	4.98	50.02	100.04	4.97	50.03	100.20	4.98	49.60	98.96

(2)放大器:电源电压 5 V,输入阻抗 600 Ω,负载电阻 600 Ω。

表 H-5-2　带宽测试:输入信号峰峰值 50 mV,增益 0 dB

频率(MHz)	1	10	30	40
输出 V_{pp}(mV)	40.02	51.01	50.68	40.26
总结	放大器带宽为 1 MHz～40 MHz,满足题设要求			

表 H-5-3　增益测试:频率 10 MHz

输入峰峰值(mV)	增益(dB)	输出峰峰值	总结
5	0	5.02 mV	
	20	51.01 mV	
	40	499.96 mV	(1)放大器增益 0～40 dB 连续可调。
30	0	29.98 mV	(2)R_L=600 Ω,输出信号峰峰值 1 V,波形无明显失真。
	20	301.02 mV	(3)R_L=600 Ω,输出信号有效值 1 V,波形无明显失真。
	40	2.89 V	
100	0	100.00 mV	
	20	1.01 V	

(3)幅频特性测试装置:将幅值信息和频率信息两路信号输入示波器,分别对应 Y 轴、X 轴,能够很好地显示幅频特性曲线,如图 H-5-10 所示。

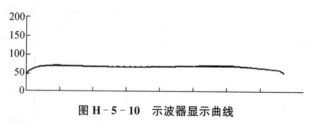

图 H-5-10　示波器显示曲线

(4)电源电压为+5 V,放大器负载为 600 Ω,输出 V_{rms}=1 V,波形无明显失真。

(5)采用 1.5 m 双绞线进行信号传输,能够很好地在示波器上显示幅频特性曲线,如图 H-5-11 所示。

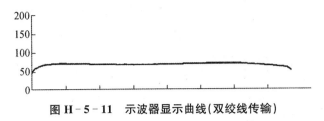

图 H－5－11　示波器显示曲线(双绞线传输)

（6）通过 Wi-Fi 传输，笔记本端通过上位机能够接收幅频信号并显示幅频特性曲线，如图 H－5－12 所示。

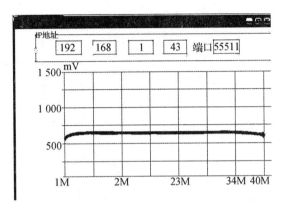

图 H－5－12　电脑终端显示波形

5.2　创新特色总结展望

实验数据表明，本设计能够实现远程幅频特性测试，且多项指标优于题目要求，信号源输出扫频信号幅值稳定度高，测得的幅频特性曲线精确度高。经实验表明，放大器的幅频特性曲线与经双绞线传输后送入示波器后的幅频特性曲线和经 Wi-Fi 传输后测得的幅频特性曲线一致。本设计创新之处体现在信号源输出通过 AGC 电路进行调理，实现了高频信号的稳定输出，同时通过加和电路对两路信号相加，通过一根线进行传输，在另一端通过非相干解调分离信号，实现了信号的无失真传输。

6. 参考资料

［1］张永瑞. 电子测量技术基础［M］. 西安：西安电子科技大学出版社，2009.

［2］童诗白，华成英. 电子技术基础［M］. 3 版. 北京：高等教育出版社，2001.

［3］陈永真，陈之勃. 新版大学生电子设计竞赛硬件电路设计指导［M］. 北京：电子工业出版社，2013.

I 题　可见光室内定位装置

一、任务

设计并制作可见光室内定位装置,其构成示意图如图 I-1 所示。参赛者自行搭建不小于 80 cm×80 cm×80 cm 的立方空间(包含顶部、底部和 3 个侧面)。顶部平面放置 3 个白光 LED,其位置和角度自行设置,由 LED 控制电路进行控制和驱动;底部平面绘制纵横坐标线 (间隔 5 cm),并分为 A、B、C、D、E 五个区域,如图 I-2 所示。要求在 3 个 LED 正常照明(无明显闪烁)的情况下,测量电路根据传感器检测的信号判定传感器的位置。

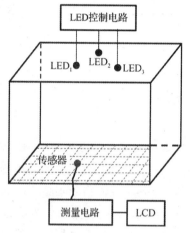

图 I-1　可见光室内定位装置示意图

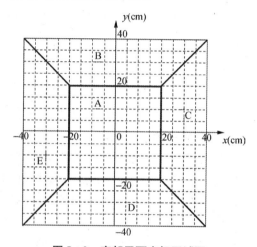

图 I-2　底部平面坐标区域图

二、要求

1. 基本要求

(1) 传感器位于 B、D 区域,测量电路能正确区分其位于横坐标轴的上、下区域。

(2) 传感器位于 C、E 区域,测量电路能正确区分其位于纵坐标轴的左、右区域。

(3) 传感器位于 A 区域,测量显示其位置坐标值,绝对误差不大于 10 cm。

(4) 传感器位于 B、C、D、E 区域,测量显示其位置坐标值,绝对误差不大于 10 cm。

(5) 测量电路 LCD 显示坐标值,显示分辨率为 0.1 cm。

2. 发挥部分

(1) 传感器位于底部平面任意区域,测量显示其位置坐标值,绝对误差不大于 3 cm。

(2) LED 控制电路可由键盘输入阿拉伯数字,在正常照明和定位(误差满足基本要求(3) 或(4))的情况下,测量电路能接收并显示 3 个 LED 发送的数字信息。

(3) LED 控制电路外接 3 路音频信号源,在正常照明和定位的情况下,测量电路能从 3 个

LED 发送的语音信号中,选择任意一路进行播放,且接收的语音信号均无明显失真。

(4) LED 控制电路采用+12 V 单电源供电,供电功率不大于 5 W。

(5) 其他。

三、说明

(1) LED 控制电路和测量电路相互独立。

(2) 顶部平面不可放置摄像头等传感器件。

(3) 传感器部件体积不大于 5 cm×5 cm×3 cm,用"+"表示检测中心位置。

(4) 信号发生器或 MP3 的信号可作为音频信号源。

(5) 在 LED 控制电路的 3 个音频输入端、测量电路的扬声器输入端和供电电路端预留测试端口。

(6) 位置绝对误差:$e=\sqrt{(x-x_0)^2+(y-y_0)^2}$

式中:x、y 为测得坐标值,x_0、y_0 为实际坐标值。

(7) 每次位置测量开始后,要求 5 s 内将测得的坐标值锁定显示。

(8) 测试环境:关闭照明灯,打开窗帘,自然采光,避免阳光直射。

四、评分标准

	项　目	主　要　内　容	满分
设计报告	系统方案	比较与选择 方案描述	4
	理论分析与计算	定位方法 信息发送接收方法 抗干扰方法 误差分析	6
	电路与程序设计	电路设计 程序设计	4
	测试方案与测试结果	测试方案 测试结果完整性 测试结果分析	4
	设计报告结构及规范性	摘要 正文结构 图表规范性	2
	合　计		**20**
基本要求	完成第(1)项		10
	完成第(2)项		10
	完成第(3)项		10
	完成第(4)项		16
	完成第(5)项		4
	合　计		**50**

续表

项 目		主 要 内 容	满分
发挥部分	完成第(1)项		12
	完成第(2)项		10
	完成第(3)项		18
	完成第(4)项		5
	其他		5
	合 计		**50**
总 分			**120**

报 告 1

基本信息

学校名称			东南大学
参赛学生1	来萧桐	Email	1073694215@qq.com
参赛学生2	周 睿	Email	908045670@qq.com
参赛学生3	陈子敏	Email	793420544@qq.com
指导教师1	张圣清	Email	zhangsq@seu.edu.cn
指导教师2	黄 雷	Email	101001684@seu.edu.cn
获奖等级			全国二等奖
指导教师简介			张圣清,男,东南大学教师,研究领域为电力线通信,嵌入式系统等。发表的文章有低压电力线通信信道噪声特性的测试与分析,基于OFDM的低压电力线通信网络的协议研究等。 黄雷,高级工程师。1988年获国家教委科技进步二等奖,长期从事本科教学及大学生课外研学管理等工作。教授课程:微机在生物医学中的应用,医学电子学基础,课程设计。研究方向:医学电子学。

1. 设计方案工作原理

1.1 预期实现目标定位

拟设计和制作基于可见光照明的室内定位装置,同时可传输数字信号和语音信号。

1.2 定位系统方案

方案1:时分复用。三个LED分时发送不同时隙的同频定位信号。该种方法对发送与接收端单片机之间的同步要求较高、定位所需的时间较长,可能会有等光强点且同步失败时完全无法分辨定位信号的来源,定位信号可能有严重的偏移。

方案2：波分复用。利用三原色LED,分别调制三个LED中不同的颜色,并在接收端使用三原色滤波片分别遮挡三个接收传感器,分别接收三个定位信号。但通过实验我们发现三原色LED并不能调整为白光,且会在空间内形成多色色环,不符合题目要求的"白光LED正常照明"的要求。

方案3：频分复用。三个LED同时发送不同频率的定位信号,在接收端利用滤波器将不同频率的定位信号分离并进行有效值检波。该方案对发送与接收端单片机之间的同步无要求、定位所需的时间较短、定位信号间区分度较高。

综上所述,根据题目的要求,选择方案3。

1.3　数字系统调制方案

方案1：ASK。使用单一频点的载频对数字信号进行ASK调制,在接收端通过滤波、放大、包络检波电路解调。其占用频带窄,在定位信号使用频分复用的情况下能更有效地利用频带;但其幅值可能会影响定位信号的幅值,影响定位信号的精度。

方案2：FSK。FSK调制方式抗干扰能力强,硬件调制和解调电路较为复杂。可通过软件调制解调FSK信号,实现较为简单。

综上所述,根据题目的要求,选择方案2。

1.4　系统结构和工作原理

发射电路框图如图I-1-1所示。接收电路框图如图I-1-2所示。

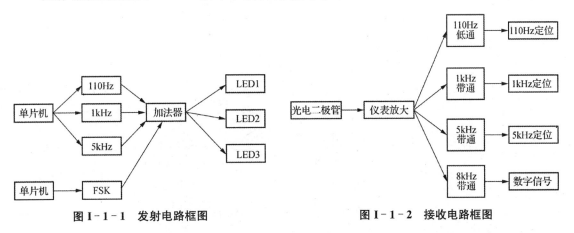

图I-1-1　发射电路框图　　　　　图I-1-2　接收电路框图

2. 核心部件电路设计

LED驱动电路如图I-1-3所示。为了驱动大功率LED,我们使用高耐压三极管C1971。

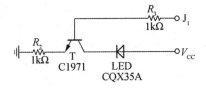

图I-1-3　C1971-LED驱动电路

仪表放大电路如图 I-1-4 所示。

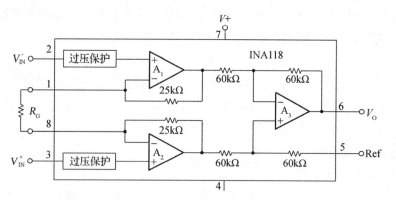

图 I-1-4　仪表放大电路

150 Hz 低通滤波器如图 I-1-5 所示。

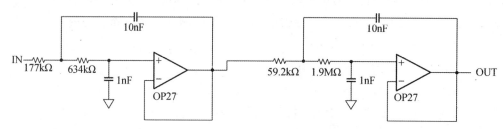

图 I-1-5　150 Hz 低通滤波器

1 kHz 带通滤波器如图 I-1-6 所示。

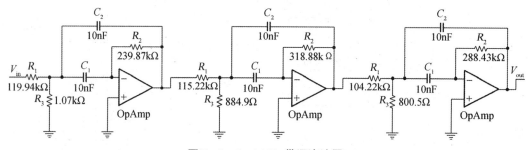

图 I-1-6　1 kHz 带通滤波器

5 kHz 带通滤波器如图 I-1-7 所示。

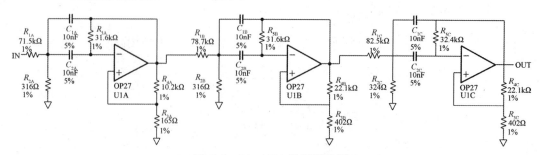

图 I-1-7　5 kHz 带通滤波器

8 kHz 高通滤波器如图 I－1－8 所示。

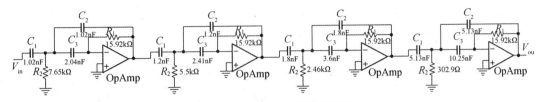

图 I－1－8　8 kHz 高通滤波器

3. 系统软件设计分析

3.1　系统总体工作流程

（1）发射端

为了实现定位，采用大功率白光照明 LED 发射三个不同频率的正弦波，频率分别为 110 Hz，1 kHz 和 5 kHz，接收端接收后测量不同频率的幅值并进行查表实现定位。为了减少器件和功耗，没有采用 DDS 来产生定位信号，而是直接通过单片机的 DAC 功能生成正弦波。

（2）接收端

利用光电二极管接收发射端 LED 发送的信号。首先经过一级隔直跟随接到由 INA118 制作的仪表放大器上。然后将放大后的信号分别通过 4 路滤波器使其分成 3 路定位信号和数字信号。3 路定位信号分别经过 AD637 进行有效值检波后输入单片机。数字信号通过过零比较以及整形电路后输入单片机。

3.2　主要模块程序设计

程序主要分为发射端程序和接收端程序。发射端使用了两块单片机，一块专门生成两路固定频率正弦波用于定位，另一块除生成一路固定频率正弦波外还进行数据的调制和发送功能。数字基带信号仿照 UART 协议，将数据按照 ASCII 码编码并加上头和尾，考虑到信道条件较好没有加入奇偶校验位。使用了 FSK 对基带信号进行调制。发送端用键盘作为数据的输入，使用方法类似九宫格键盘，即多次按下同一个键可切换字符，确定后按下发送按钮发送数据。

接收端使用了一块单片机，所做的工作包括采集三路定位信号的幅值并进行定位运算，以及对 FSK 信号进行解调和显示。定位每秒进行一次，算法基于查表，并根据具体采集到的值与期望值的差距、三个灯的坐标位置来进行修正。修正后定位精度得到了一定程度的提高。FSK 的解调基于定时器捕获测频功能，接收与发送端是异步的，在约定比特率下可精确解调。接收端的显示包括三路 ADC 的具体数值，定位算法得到的坐标和区域位置，以及所有接收到的数字、字母和符号。

4. 竞赛工作环境条件

4.1　仪器设备硬件平台

SIGLENT SDS 1102A 数字示波器；SIGLENT SDG 1032X 函数发生器；SIGLENT SPD3303C 稳压源。

4.2　软件环境

Keil5；CCS7.0。

4.3 制作 80 cm×80 cm×80 cm 木箱

木箱底部按照题目要求绘制了 16×16 的网格和 A、B、C、D、E 5 个区域,定义从箱子内部向外为 1~16 行,从左到右为 1~16 列。

5. 作品成效总结分析

测试定位功能时将接收器随机放置在某个网格内,记录计算得到的坐标值数据并观察偏差。接着将接收器放置在底面任意位置,部分测试数据如表 I-1-1 所示。总体定位效果较好,精度大约为 5 cm。

表 I-1-1　定位与数据传输测试表

次数	放置位置(行,列)	测得位置(行,列)	拟合坐标(x,y)/cm	发送字符	接收字符
1	1,1	1,1	−37.1, 36.9	1	1
2	2,5	2,5	−18.9, 34.2	4	4
3	9,8	8,8	−0.5, 3.5	7	7
4	13,1	13,1	−37.5, −23.1	9	9
5	13,13	13,14	−30.2, −26.4	3	3
6	4,10	4,10	7.5, 21.4	d	d
7	11,3	11,2	−30.1, −16.5	h	h
8	7,16	7,16	38.6, 6.2	i	i
9	14,5	14,5	−20.1, −30.2	f	f
10	16,16	16,16	36.3, −37.4	z	z

由于数据信号仅经过一个 LED 灯,测试数据传输时,先将接收器放在该灯正下方,随意按动键盘发送数据,发现接收端显示的数据与发送的数据相同,不存在误码。接着将接收器放在距离该灯最远的位置,随意发送数据,发现存在少量误码,发送 15~20 个数据会有一个接收错误。部分测试数据如表 I-1-1 所示。

通过对木箱底部的区域进行逐块定位测试,定位较为灵敏。FSK 信号测试个别区域存在误码,数字信号传输几乎无误。

报 告 2

基本信息

学校名称	东南大学		
参赛学生 1	李泽坤	Email	521017033@qq.com
参赛学生 2	陈 臻	Email	502234754@qq.com
参赛学生 3	吴 驰	Email	1104946497@qq.com
指导教师 1	张圣清	Email	zhangsq@seu.edu.cn
指导教师 2	堵国樑	Email	dugl@seu.edu.cn
获奖等级	全国二等奖		
指导教师简介	张圣清,男,东南大学教师,研究领域为电力线通信,嵌入式系统等。发表的文章有低压电力线通信信道噪声特性的测试与分析,基于 OFDM 的低压电力线通信网络的协议研究等。 堵国樑,男,教授,东南大学电工电子实验中心副主任,主要从事电子技术类课程的理论和实验教学,组织指导学生参加全国大学生电子设计竞赛,指导的学生曾多次获得全国和省级奖项,2013 年被评为江苏省优秀指导教师。		

1. 设计方案工作原理

1.1 单片机模块的选择

方案 1: 采用 TI 公司的 MSP430F5529 作为主控系统。MSP430F5529S 是 16 位超低功耗微处理器,主时钟为 25 MHz,具有 128 KB 闪存、8 KB RAM、12 位 ADC、2 个 USCI、4 个定时器。在低功耗模式下,它的工作电流可以达到微安级别。

方案 2: 采用 ST 公司的 STM32F103ZET6 作为主控系统。STM32F103ZET6 是 32 位基于 ARM 核心的带 512 K 字节闪存的微控制器,具备 11 个定时器、3 个 12 位 ADC、13 个通信接口、1 个 DAC、12 通道 DMA 控制器,工作频率可达 72 MHz。其性能优异,处理速度快,硬件资源相对丰富,同时有官方提供的库函数,编程也较为简单。

由于我们的方案对功耗要求不高,需要的硬件资源较多,对 FSK 信号的处理需要很高的速度,因此选择方案 2。

1.2 可见光收发元器件的选择

方案 1: 使用光敏电阻接收光信号。光敏电阻对于光强度变化十分敏感,但是它也会受到自然光的影响,不利于本装置。

方案 2: 使用光电二极管接收光信号。光电二极管对位置的变化十分敏感,接收装置位置的轻微变化会引起电信号幅度的大幅变化。

方案 3: 使用硅光电池接收光信号。硅光电池接收面积大,传输距离与接收端位置的改变对接收信号的幅值影响不大,有利于接收信号。

综上,我们选择将光电二极管和硅光电池二者相结合,以达到更好的接收效果。

1.3 光强检测电路的选择

方案 1:采用峰值检测电路,得出正弦波的峰值,用峰值的大小表示光强的大小。

方案 2:采用有效值检测电路,得到正弦波的有效值,用有效值的大小表示光强的大小。

经过实验发现,峰值检测电路在正弦波峰峰值较小时,检测不稳定,采用 AD637 的有效值检测电路,检测稳定,因此采用方案 2。

1.4 电源模块的选择

方案 1:采用线性电源 12 V 输出供电。但整套发射装置功耗较大,线性电源无法承受。

方案 2:采用数控稳压源 12 V 输出供电。稳压源输出电路也可控制,输出的 12 V 电压通过 TPS54331 转化为 ＋5 V 供单片机使用。因此采用此方案。

2. 核心部件电路设计

2.1 系统电路总体框图

系统发射端为白光 LED 驱动电路,接收端前端为 300 Hz 高通滤波,以滤除工频干扰和日光灯干扰,后接仪表放大器放大三路定位信号的叠加信号,之后通过 3 个带通滤波器将三路定位信号分离,进行有效值检测后输入单片机的 ADC 进行数据采集,从而实现定位。系统电路总体框图如图 I - 2 - 1 所示。

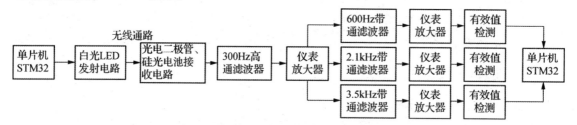

图 I - 2 - 1 系统整体框图

2.2 发射电路:DC/DC 模块、三极管放大电路

由于题目要求发射端使用单电源供电,而发射端电路需要使用 ＋12 V 和 ＋5 V 等多种电压供电,故需使用 DC/DC 变换电路。我们以 ＋12 V 作为发射端电路的总电源,通过使用 TPS54331 将 ＋12 V 转化为 ＋5 V 供单片机使用。12 V—5 V 转换电路和三极管放大电路分别如图 I - 2 - 2、图 I - 2 - 3 所示。

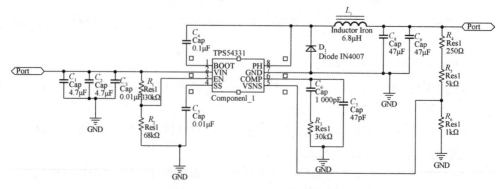

图 I - 2 - 2 12 V—5 V 转换电路

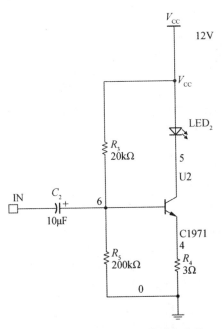

图 I‑2‑3　发射端三极管放大电路

2.3　接收电路:光电二极管电路、放大器滤波器模块、有效值检测电路

由于本题为光通信,100 Hz 的日光灯闪烁对接收端会产生较大的干扰,故接收端前端需要一个 300 Hz 高通滤波器滤除该干扰。滤波后的信号十分微弱,只有几十毫伏左右,我们采用仪表放大器进行高增益放大,通过改变增益电阻可以调整仪表放大器的增益。放大后的信号分别通过三路带通滤波器使得三路信号分离,分离得到的信号经过有效值检测电路输入到单片机的 ADC 模块。图 I‑2‑4～图 I‑2‑8 分别给出了接收端的仪表放大、比较器、接收管、有效值检测与 300 Hz 高通滤波电路。

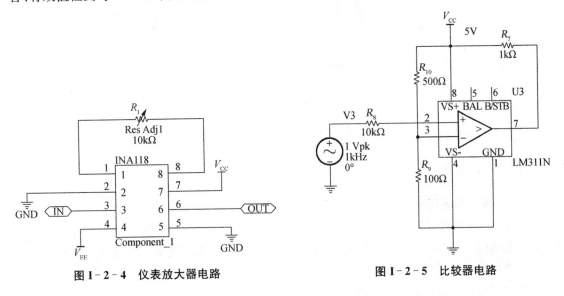

图 I‑2‑4　仪表放大器电路

图 I‑2‑5　比较器电路

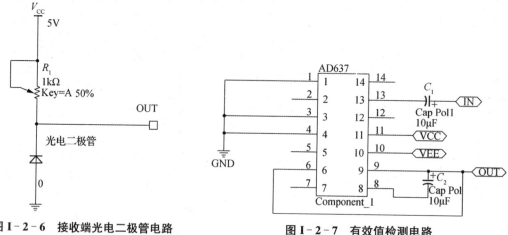

图I-2-6　接收端光电二极管电路　　　　　图I-2-7　有效值检测电路

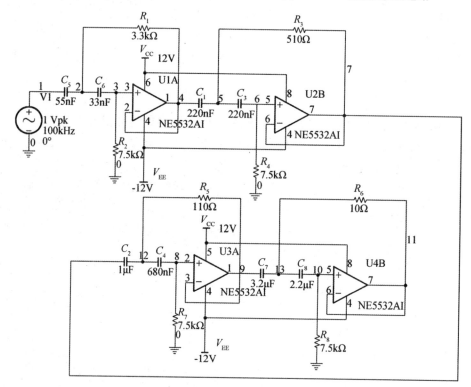

图I-2-8　300 Hz 高通滤波电路

3. 系统软件设计分析

3.1　系统总体程序流程框图

发送端单片机需要发送数字信号与定位信号。三路定位信号分别采用600 Hz、2 100 Hz 和3 500 Hz 的正弦波，利用单片机的 DAC 产生。接收端单片机需要采集发送端发送的数字信号与有效值检测电路的直流电平，直流电平经过 ADC 转换为离散的幅度值信息，与事先录入的数据表进行对比并运算得到待测点的坐标，LCD 给出坐标值。图I-2-9和图I-2-10分别给出系统发射端结构框图与系统接收端结构框图。

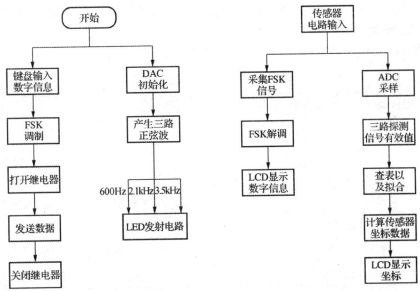

图 I-2-9　系统发射端结构框图　　　　图 I-2-10　系统接收端结构框图

3.2　主要程序模块设计

包括 FSK 调制解调程序、键盘输入程序、DAC 程序、UART 程序及坐标的查表拟合算法。

4. 竞赛工作环境条件

电路仿真软件：Multisim；

STM32 编译软件：Keil5；

硬件平台：如表 I-2-1 所示。

表 I-2-1　硬件平台参数

序号	仪器名称及型号	数量
1	示波器：SDS 1102A	1
2	信号发生器：SDG 1032X	1
3	稳压源：SPD3303C	1

5. 作品成效总结分析

5.1　测试方案

测试方案见表 I-2-2。

表 I-2-2　测试方案

测试时间	2017.8.12
测试地点	金智楼 301
测试温度	28 ℃
所用器材	SIGLENT SPD3303C,钢尺等

对于定位测试,采用多次随机找点的方式进行测试,分别记录实际位置和定位结果。

5.2 测试结果

测试结果具体见表Ⅰ-2-3。

表Ⅰ-2-3 测试结果记录

B、D区域横坐标位置判别	判别正常
C、E区域横坐标位置判别	判别正常
A区域定位	实际位置(0,0),定位结果(2.0,−1.0)
B区域定位	实际位置(−20,20),定位结果(−19.1,22.0)
C区域定位	实际位置(30,0),定位结果(32.7,0.5)
D区域定位	实际位置(0,−35),定位结果(0,−35.0)
E区域定位	实际位置(−25,0),定位结果(−30.0,0.5)
LED控制电路功耗情况	电压12 V,电流0.11 A,功率约1.32 W

5.3 结果分析

根据表Ⅰ-2-3中的内容,本设计完成了所有基本要求,并且基本满足发挥部分要求的3 cm误差精度与供电和功耗的要求,较好地完成了设计需求。

报 告 3

基 本 信 息

学校名称	东南大学		
参赛学生1	何伟梁	Email	213142011@seu.edu.cn
参赛学生2	曹子建	Email	213141021@seu.edu.cn
参赛学生3	陈明正	Email	213142175@seu.edu.cn
指导教师1	张圣清	Email	zhangsq@seu.edu.cn
指导教师2	黄 雷	Email	101001684@seu.edu.cn
获奖等级	全国一等奖		
指导教师简介	张圣清,男,东南大学教师,研究领域为电力线通信,嵌入式系统等。发表的文章有《低压电力线通信信道噪声特性的测试与分析》《基于OFDM的低压电力线通信网络的协议研究》等。 黄雷,高级工程师。1988年获国家教委科技进步二等奖,长期从事本科教学和大学生课外研学管理等工作。教授课程:微机在生物医学中的应用,医学电子学基础,课程设计。研究方向:医学电子学。		

1. 设计方案工作原理

1.1　定位方案比较与选择

方案1：采用时分复用方案，通过轮流点亮三个白光LED，分时复用信道。此方案可由MCU控制实现，较为简单。但过程中需要同步，且对ADC采样速率和稳定性有较高要求。

方案2：采用频分复用方案，通过加载不同频率的载波信号，分频复用信道。此方案不会引起LED的明显闪烁，而且定位信息较为稳定，易于ADC的采集和处理。但可见光信道具有低通特性，且此方案需要带通滤波器组，有一定的硬件实现难度。

方案3：采用波分复用方案，通过将信号加载到不同色光上，从而复用信道。此方案对定位信号要求低，定位信号之间相互干扰少，但色光的混合容易出现色光失调。

本设计采用方案2，充分使用可见光模拟传输效果较好的低频段进行定位，经由带通滤波器组的分离，能够较为稳定的获取定位信息。

1.2　数字通信方案比较与选择

方案1：采用基带脉冲，利用LED的快速亮灭传输数字信号。此方案是光通信的常见方案。基于可见光信道低频段良好的传输特性，具有较好的抗干扰能力。

方案2：采用OOK调制，此方案可以将数字信号调制到较高频率，且解调简单。但抗干扰能力较弱，且不能维持白光LED亮度的稳定。

方案3：采用FSK调制，此方案可以将数字信号调制到较高频率，且抗干扰能力较强并能维持白光LED亮度的稳定。但解调相对复杂。

本设计采用方案3，通过FSK调制，可以将数字信号进行高频传输，且抗干扰能力强。

1.3　传感器的比较与选择

方案1：采用光敏二极管，它对光敏感，且容易受到直射角度的影响，信号衰减速度极快。

方案2：采用硅光电池，它受光面积大，对直射角度不敏感，对光信号的接收较为稳定。

方案3：采用光电二极管S6801/S6968，它对光敏感，但受光角度大，适合可见光测距。

本设计定位过程中需要对光信号较为敏感的传感器，但通信过程需要对光信号接收比较稳定的传感器。所以采用光电二极管S6801和硅光电池的混合光电传感器。

1.4　总体方案描述

本设计给出以大功率白光发光二极管作为发射装置，光电二极管S6801为定位装置，硅光电池为信息接收装置的可见光室内定位及通信装置的基本原理和实现方案。总体方案框图如图I-3-1所示。

2. 理论分析计算

2.1　定位方法

通过测量调制在可见光中的低频定位载波的幅度信息来进行定位。这种设计的原理来源于光在空气中的衰减满足公式(1)。

$$I(x) = I_0 e^{-\alpha x} \tag{1}$$

其中，I_0为初始光强，α为衰减因子，与光的波长和介质的吸收系数有关。

光电二极管是可以将光信号转化为电信号的传感器件，其伏安特性满足公式(2)。

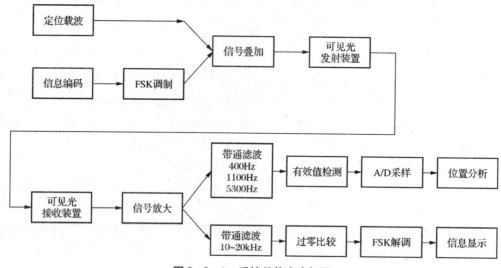

图 I - 3 - 1　系统总体方案框图

$$I = -I_p + I_0 \left[1 - \exp(qU/kT) \right] \tag{2}$$

其中,I_0为暗电流;I_p为光电流,即受到光照而产生的电流,与光照强度成正比。根据光在空气中的衰减原理,可以测定传感器到各光源的距离。在此基础上,可以采用三点定位的方法(如公式(3))得到传感器的坐标。

$$x = (r_1^2 - r_2^2 + d^2)/2d \tag{3}$$

$$y = (r_1^2 - r_3^2 - x^2 + (x-i)^2 + j^2)/2j \tag{4}$$

2.2　信息发送/接收方法

本设计中主要涉及的是数字信号的传输。在物理层,数字信号主要采用 2FSK 的调制方式,2FSK 的信号可表示为公式(4)。

$$s_{2FSK}(t) = \begin{cases} A\cos(2\pi f_1 t + \varphi) & symbol = 1 \\ A\cos(2\pi f_2 t + \varphi) & symbol = 0 \end{cases} \tag{4}$$

在数据链路层,本设计采用 UART 的传输格式。本设计中通信是单工系统,且收发装置相互独立。UART 作为异步传输方案保证数据正常传输,且协议简单,容易实现。

2.3　抗干扰方案

方案 1: 最大限度提高发射功率。提高直流功率可以扩大定位和通信范围,提高交流功率可以有效抑制干扰。

方案 2: 尽可能拓展频带范围。带通滤波器组可以提取有效信号,抑制带外噪声,可以有效提高信噪比。但为了带通滤波器组设计的方便,拓展频带范围是必须的。

方案 3: 选择合适的传感器。本设计中定位选择对于光强比较敏感的光电二极管,其光电流响应强,可以有效抑制杂光干扰。而通信采用对光信号接收稳定的硅光电池,结合后级放大电路,也可以抑制通信中的干扰信号。

2.4　误差分析

本设计中定位的误差在 5 cm 以下,通信误码率小于 10%。

定位的误差主要来源于以下两个方面:

一方面,外界可见光可能对光电传感器的光信号的接收产生一定的影响。另一方面,三个

LED共用电源和地线且功率较高,容易发生信号的串扰。

通信的误码率主要来源于以下两个方面:

一方面,定位信号带通滤波器不能完全的滤除。另一方面,为了FSK解调的准确率,FSK两个频点相距较远,由于可见光信道的低通特性,两个频点衰减有差异。

3. 核心部件电路设计

3.1 发射和接收电路设计

本设计中采用大功率三极管C1971推动大功率白光LED发射电路。针对光电元件的$I-V$转换,光电二极管采用NE5532制成隔直跟随器,而硅光电池采用OP07制成的$I-V$转换电路,如图I-3-2所示。

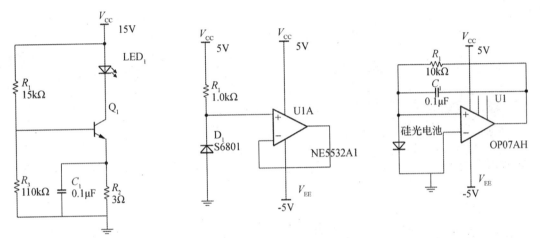

图I-3-2 发射和接收电路图

3.2 前级放大电路设计

由于接收端收到的信号十分微弱,需要进行小信号放大。本设计中采用仪表放大器INA118进行放大。仪表放大器相比于一般的运算放大器,差分输入可以有效抑制噪声,增益可以由R_G控制,可实现较大的放大增益,且增益调节灵活,如图I-3-3所示。

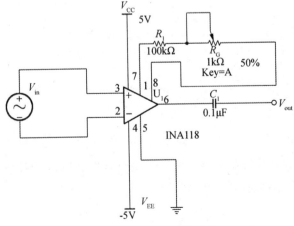

图I-3-3 前级放大电路

247

3.3 带通滤波器组设计

本设计中频分复用是主要的设计思路，所以带通滤波器组的设计是重点。定位信号带通滤波器主要作用是抑制低频干扰和提取定位信号。2FSK 信号带通滤波器的主要作用是滤除定位信号和高频杂波。如图Ⅰ-3-4、图Ⅰ-3-5所示。

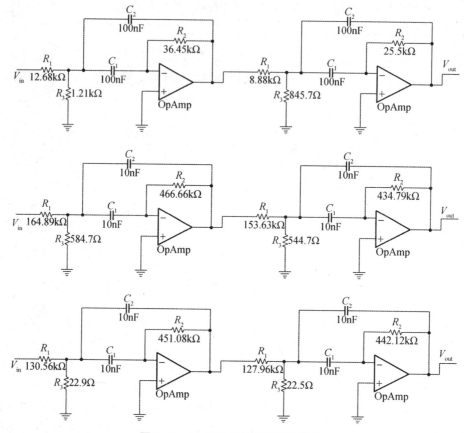

图Ⅰ-3-4　定位信号带通滤波器组

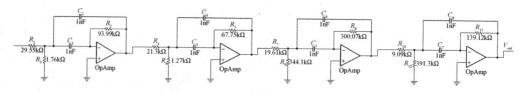

图Ⅰ-3-5　2FSK 信号带通滤波器

3.4 有效值检测电路

本设计中位置信息主要反映为定位载波信号的幅值。采用 AD637 有效值检测电路提取幅度信息。AD637 有效值检测电路相比于一般二极管检波电路，输出稳定性高，使用频率范围广，适用于低频信号的有效值检测，如图Ⅰ-3-6所示。

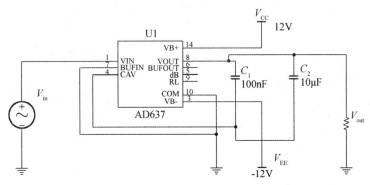

图 I-3-6　有效值检测电路

4. 系统软件设计分析

本设计中发射端主要负责定位信号的生成和数字 FSK 信号的生成;3 个频率的定位信号和需要的数字 FSK 信号。选择利用 STM32 单片机的 DAC 模块生成所需频率信号,但由于 STM32 单片机最小系统仅有 2 个 DAC 模块,所以发射端需要 2 个 STM32 单片机;接收端主要负责传感器位置信息的分析和数字信号的接收,传感器位置信息的分析,采用最大似然查表(最小欧氏距离查表),数字信号的接收,主要包括 FSK 解调、UART 接收、信息解码和信息显示,如图 I-3-7 所示。

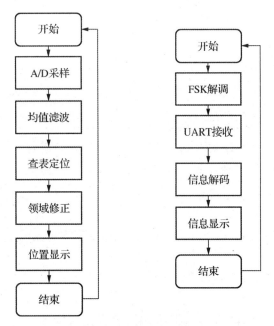

图 I-3-7　主要软件流程图

5. 竞赛工作环境条件

本次竞赛工作环境条件如表 I-3-1 所示。

表 I-3-1　竞赛工作环境条件

竞赛时间	2017.8.9～2017.8.12
竞赛地点	金智楼 301
温度条件	28 ℃
所用仪器	电源 SIGLENT SPD3303C
软件平台	Keil μVision 5
硬件平台	Protel 99SE
其他	Multisim, FilterPro

6. 作品成效分析

作品性能测试结果如表 I-3-2 所示。

表 I-3-2　作品性能测试结果

B、D 区域横坐标位置判别	全部正确
C、E 区域横坐标位置判别	全部正确
A 区域定位	最大误差<2 cm
B 区域定位	最大误差<5 cm
C 区域定位	最大误差<3 cm
D 区域定位	最大误差<3 cm
E 区域定位	最大误差<2 cm
数字通信	可正常传输,误码率低于 10%
LED 控制电路功耗情况	+12 V 供电,4.82 W

根据上表中的内容,本设计基本完成了除语音通信外的所有功能,并且定位绝对误差较小,数字通信误码率较低,较好地完成了设计需求。

7. 参考资料

[1] 吴楠,王旭东,胡晴晴,等. 基于多 LED 高精度室内可见光定位方法[J]. 电子与信息学报,2015,37(3):727-732.

[2] 王旭东,胡晴晴,吴楠. 高精度室内可见光定位算法[J]. 光电子·激光,2015,26(5):862-867.

[3] 旷亚和. 基于 LED 的无线数据传输技术研究与设计实现[D]. 大连:大连海事大学,2014.

报 告 4

基本信息

学校名称	南京林业大学		
参赛学生 1	程文涛	Email	1442493128@qq.com
参赛学生 2	孟闻昊	Email	441535921@qq.com
参赛学生 3	陈海华	Email	1935738087@qq.com
指导教师 1	徐 锋	Email	121319661@qq.com
指导教师 2	苏 峻	Email	sujunphysics@126.com
获奖等级	全国二等奖		
指导教师简介	徐锋,男,副教授,南京林业大学信息科学技术学院教师。主要研究兴趣为林木无损检测、信号处理技术等。2014~2016 年到美国威斯康星大学麦迪孙分校做访问学者。参加并主持多个国家、省级和校级基金项目研究,近五年发表论文十余篇,SCI 和 EI 收录 7 篇。多次指导学生参加国家和省级电子设计竞赛并获奖。 苏峻,研究方向为生物物理学、化学生态学、嵌入式仪器开发,2015~2017 年指导学生参加全国大学生电子设计竞赛,获得全国二等奖 1 项、江苏省二等奖 2 项。2009~2017 年指导学生参加江苏省大学生物理及实验科技作品创新竞赛,学生作品获得一等奖 9 项、二等奖 12 项、三等奖 11 项。2012~2017 年,指导和参与指导大学生实践创新训练计划项目 19 项(其中国家重点项目 3 项,省级项目 3 项)。		

1. 设计方案工作原理

1.1 系统方案

(1) 光电接收方案

方案 1:采用光敏三极管(3DU5C)。其响应频率高,但接收面积较小,对于 LED 白光灯,接收灵敏度不高,接收效率差,需要前级放大电路。

方案 2:采用硅光电池传感器(2DU10)。其接收面积较大,对光的捕获效率高,灵敏度高,响应速度快,可以将捕捉的光信号转换为较大的电信号,缺点是受外界干扰较大。

方案 3:采用 BH1750 光强检测模块。其内置 16 位 A/D 转换器,直接数字信号(I²C)输出,灵敏度高,光强测定精度高。

综合以上三种方案,光电池的信号较强,直接输出电压信号,无需前级放大,电路简洁可靠,所以选择方案 2 进行光信号通信,同时利用方案 3 进行光强检测定位。

(2) 放大电路选择方案

方案 1:采用 LM386 音频集成功放。其具有功耗低,电压增益可调,总谐波失真率小,外接器件少,体积小等优点。采用交流信号放大和滤波电路避免了环境光强和低频干扰,广泛使用于前级放大部分,是大多功放的最佳选择。

方案2：采用 NE5532 运放芯片。它是一款高性能低噪声的音频放大器,其更好的噪声性能,优良的输出驱动能力及相当高的小信号带宽,适合应用在高品质和专业音响设备、仪器、控制电路及电话通道放大器中。

综合以上两种方案,选择方案1。

(3) 定位方案

方案1：采用 TDOA 定位方法。利用多盏 LED 灯发送可见光信息,并在信息中添加发送时间戳,通过终端接收到的时间戳信息,经过一系列计算来得出距离,定位精度较高。但对时间分辨率要求较高,一般实验中难以达到。

方案2：采用 3 边定位算法。已知 3 个发送端的坐标和待测点的位置,利用空间坐标带入直线计算公式,可得待测点坐标。由于本实验中待测点和发送点的距离未知,无法计算出坐标值。

方案3：采用光强模型定位方法。利用简单的光强传感器,经单片机测出不同区域的光强值,通过查找表,实现定位。理论上,不同区域有不同的光强值,通过这一特点可近似得出待测点所在区域。但光强模块对光照角度敏感且易受外界光照环境影响。

以上三种方案中,方案 3 易于在短时间内实现,且精度满足题目要求,因此选择方案 3。

1.2 系统结构设计和可行性分析

(1) 结构设计

模拟环境采用硬质木板搭成 80 cm×80 cm×80 cm 的空间立方体,表面做好密封处理,内部涂黑,对光吸收较好,底部铺坐标纸,顶部放 3 个功率小于 1 W 的白光 LED,呈等腰三角形(见图 I-4-1)。3 个 LED 与侧面板子夹角呈 45°,即可斜射到对棱,由此在底板平面上,光强从对棱往两侧递减,分布了不同强度的光照。

总体传感器部分(见图 I-4-2)由 4 个光强检测传感器(BH1750,采用标准 I²C 通信,低功耗)和一个硅光电池组成,形态为金字塔状,四面的光强检测模块相互夹角为 90°,这样放置可以检测不同角度的光强,且在空间中采光面积较大,相对的两只可以明显检测在自身 5 cm 长度下的光强差异。

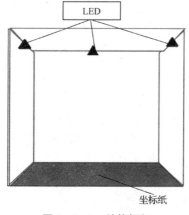

图 I-4-1 结构框架

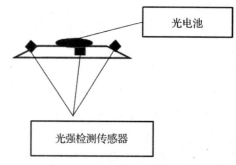

图 I-4-2 传感器示意图

(2) 定位实验分析

无日光灯环境中,在 3 个 LED 的照射下,对上述所提的光强差异分步测试,将两两垂直的传感器检测到的光强值进行相减。定位测试过程中,在中心点位置处设初值光强差为 0。随着传感器的移动,互相垂直的光强模块即可迅速感知两端的光强差,由中心向两端的移动过程中,差值逐渐增大,到达最边沿时光强差的绝对值为60。由大致的差值跨度,可以判别传感器所在区域。

判断坐标值采用线性拟合方法。假设测量 C 点的坐标值,先通过单片机读取该点的光强 c_1,以 x 轴为例,每 5 cm 做一次线性拟合,也就是假设在这 5 cm 内光强分布与距离呈线性关系,假设 A 点的 x 坐标为 15 cm,光强为 a_1,B 点的 x 坐标为 20 cm,光强为 b_1,知道这些初始值之后将其带入拟合公式,得 C 点 x 坐标为 $\left(\dfrac{5}{b_1-a_1}\right) \times (c_1-a_1) + 15$。用此方法得到的精度差不多在 3 cm 之内。同理,y 轴坐标测量方法一样。

(3) 通信实验分析

参考文献[4]和[5],光的频闪特性可以模拟为二进制数据的传输,输入部分的二进制比特流通过预处理和编码调制后驱动 LED,对 LED 进行强度调制,将电信号转换成光信号。在数字通信实验中,矩阵键盘接上单片机,按下某个键后,单片机接收到键值,然后以 ASCII 码发送出去,该数值作为信号输入,经过 LED 调制后,可以看见灯光有微弱的闪烁,此现象说明有信号调制效果。调制好的信号通过接收管即硅光电池后进行解调,传输无误就可以在 LCD 上显示出发送的数值,也就是键键。此过程经历了电信号转换成光信号再转换成电信号,要保持传输信号的完整,调制的信号尽可能强,在光信号期间避免外界光的干扰,接收部分要保持信号接收的完整。音频的传输和数字传输差不多,音频信号为连续的模拟信号,故在解调后要得到无明显失真的波形还需加上音频功放模块。实验过程中,为保证正常的照明功能和定位功能,调制的信号尽可能不要太大,否则 LED 会出现明显的闪烁。在正常通信下,电流为 0.75 A,供电电压为 12 V,模块用电为 5 V,总功率为 3.75 W。

2. 核心部件电路设计

2.1　调制部分结构

LED 与达林顿管相接,调制信号为音频信号或键值信号。两路信号可由电子开关选择,电子开关为 CD4511,输入接音频信号和单片机串口发送端(见图 I - 4 - 3)。

(1) 音频输入设计

从三极管基极输入端加入音频信号,音频源选择手机或 MP3,音频信号输入后,经过电子开关,再通过 LED 转换成调制信号,原理电路图如图 I - 4 - 4 所示。

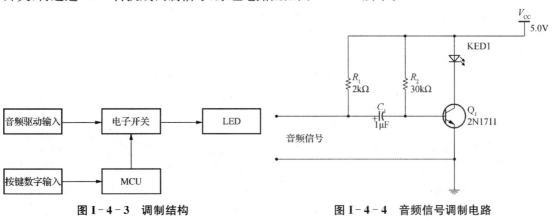

图 I - 4 - 3　调制结构　　　　　　　　图 I - 4 - 4　音频信号调制电路

（2）发送部分设计

发送部分由单片机系统完成,通过程序控制来选择是将按键信号还是将音频信号发送出去。发送数字信号时采用单片机串口通信,每按下一个按键,单片机通过串口发送一个数据,该数据被调制到 LED 上,接收端接收到光信号后进行解调,将光信号转变为电信号再通过单片机读取,即可显示发送的数字,原理框图及电路见图 I-4-5 和图 I-4-6 所示。

$$\boxed{信号} \rightarrow \boxed{CD4511} \rightarrow \boxed{LED}$$

图 I-4-5　发送部分

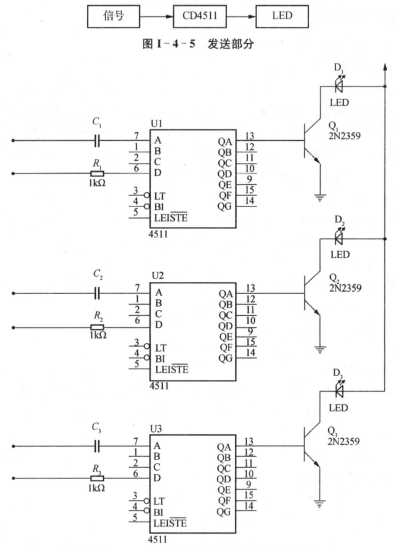

图 I-4-6　三路信号音频和数字发送切换电路

2.2　测量与显示部分结构

测量部分由传感模块和功放模块(硅光电池和光强传感器)组成。其中定位功能通过 4 个光强检测传感器来实现。

通信接收部分选择硅光二极管接收,其光照面积大,无需前级放大,直接输出电信号。该信号经 LM386 电路进行功率放大和滤波,再利用施密特触发器进行波形整型和放大,最终可使得接收信号输出更加稳定,见图 I-4-7。

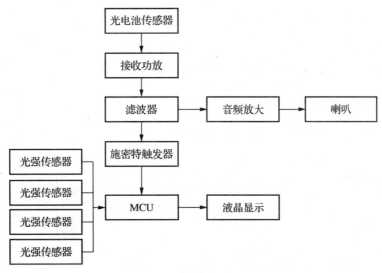

图 I - 4 - 7 测量与显示部分

功放部分采用音频放大特性较好的 LM386 芯片,12 V 供电,放大增益为 200,具有良好的抗干扰能力。发送的光信号在传输过程中必然会受到干扰,如外界的无用光照干扰,没有放大滤波部分,很难将传输来的光信号以更高的效率解调,这样调制出来的声音很嘈杂,且失真严重,如图 I - 4 - 8 和图 I - 4 - 9 所示。

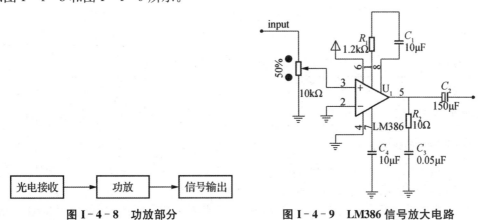

图 I - 4 - 8 功放部分

图 I - 4 - 9 LM386 信号放大电路

3. 系统软件设计分析

系统总体流程图如图 I - 4 - 10 所示。

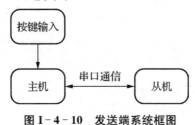

图 I - 4 - 10 发送端系统框图

4. 竞赛工作环境条件

设计使用宏晶科技的 STC15W 单片机，开发环境为 Keil。配套加工的为模拟室内装置的木板，前期设计用的模块为电压比较器模块，后来经实践比较改用 LM386。

5. 作品成效总结分析

本团队已完成了基本要求的内容，能够正确实现坐标上、下、左、右区域，且无出错情况。在 A 区域测量坐标绝对误差小于 3 cm，在 B、C、D 区域，绝对误差小于 10 cm。测量电路利用 LCD 显示坐标和区域，显示分辨率 0.1 cm。测试结果如表 I-4-1～表 I-4-4 所示。

表 I-4-1 基本要求(1)的部分实验数据

放置位置	B	B	D	D	B
显示区域	上	上	下	下	上

表 I-4-2 基本要求(2)的部分实验数据

放置位置	C	C	E	E	C
显示区域	右	右	左	左	右

表 I-4-3 基本要求(3)的部分实验数据

放置坐标	(10,10)	(−10,10)	(−15,−15)	(10,−15)	(15,5)
显示坐标	(5.3,8.6)	(−7.7,3.7)	(−10.9,−6.9)	(5.7,−17.3)	(13.7,10.9)

表 I-4-4 基本要求(4)的部分实验数据

区域	B	C	D	E
显示坐标	(17.3,26.1)	(25.6,13.2)	(−16.3,−25.6)	(−37.4,20.8)

发挥部分测试结果如下：

LED 控制电路由键盘输入阿拉伯数字 0～9，通过单片机 UART 串口发送和接收，波特率设为 2 400 时，传输数据正常，无误码。

LED 控制电路外接 3 路音频信号源，测量电路能从 3 个 LED 发送的语音信号中选择一路进行播放，接收到的语音信号无明显失真。

整个 LED 控制电路采用＋12 V 单电源供电，供电功率约为 4.5 W，满足不大于 5 W 的要求。总体来讲，作品完成度达到了期望的要求。

6. 参考资料

[1] 韦发清. 基于 LM4766 和 NE5532 的音频功率放大器[J]. 信息技术,2011(4):200 - 202.

[2] 王旭东,胡晴晴,吴楠. 高精度室内可见光定位算法[J]. 光电子激光,2015,26(5):864 - 865.

[3] 董文杰,王旭东,吴楠,等. 基于 LED 光强的室内可见光定位系统[J]. 可见光通信,

2017(3):13－15.

[4] 迟楠.LED可见光通信技术[M].北京:清华大学出版社,2013.

[5] 迟楠.LED可见光通信关键器件与应用[M].北京:人民邮电出版社,2015.

报 告 5

基本信息

学校名称	苏州大学		
参赛学生1	郭 超	Email	769688437@qq.com
参赛学生2	郑乐松	Email	1344286607@qq.com
参赛学生3	黄赛赛	Email	1035713747@qq.com
指导教师1	朱伟芳	Email	wfzhu@suda.edu.cn
指导教师2	陈小平	Email	xpchen@suda.edu.cn
获奖等级	全国二等奖		
指导教师简介	朱伟芳:分别于2000年、2003年获西安交通大学学士、硕士学位,2013年获苏州大学信号与信息处理专业博士学位。现为苏州大学电子信息学院副教授。近年来,在陈小平老师的带领下多次指导学生参加全国大学生电子设计竞赛,指导的学生获全国二等奖两项。主持、参与多项国家自然科学基金项目,主要研究领域为图像处理、机器学习。 陈小平:1994年获东南大学工学学士,分别于1998年和2000年获南京航空航天大学测试计量技术与仪器专业硕士和博士学位。现为苏州大学电子信息学院教授,十多年来指导学生参加全国大学生电子设计竞赛,获全国一等奖两项,二等奖9项。近年来主持多项科技项目的研究开发工作,其中"ARM嵌入式电梯控制系统"已成功地应用在国内外许多电梯工程中。		

1. 设计方案工作原理

1.1 方案的比较与选择

（1）总体方案比较

方案1:采用LED-ID定位。利用LED作为信标,每个LED有不同的ID信息。通过接收不同LED发射的不同ID信息,来查询对应数据库中的三维坐标信息,通过映射的方式来进行定位。

方案2:采用信号到达时间差定位。通过多个LED发送含有发送时间标记的信息,接收端接收时间标记信息,计算发送接收时间差值,得出LED到终端距离,之后将多个距离做差,再通过数学模型进行定位。

方案3:采用三边定位法。这是一种基于距离信息实施定位的方法,基本思想是已知3个发送端的坐标和发送端到待测点的距离,便可唯一确定待测点的坐标。

方案比较与选择:选择方案1,则需要进行数据库的采集,工作量较大,且其精度较低,无法满足题目要求。选择方案 2，要求所有参考点的发送端时钟完全同步，任何不准确的同步都会造成定位不准确，且发送的时间信号中必须要包含时间标记，而方案 3 可以避免上述两种方案的缺点，所以选择方案 3。

（2）元器件选择

① 传感器

方案 1：采用 PO188。PO188 是一个光电集成传感器，典型入射波长为 $\lambda p = 520 \text{ nm}$，内置双敏感元接收器，可见光范围内高度敏感，输出电流随照度呈线性变化。

方案 2：采用 TEMT6000。TEMT6000 光敏传感器由一个高灵敏可见光光敏（NPN 型）三极管构成，它可以将捕获的微小光线变化并放大 100 倍左右，可以轻松的被微控制器识别，并进行 A/D 转换。可应用于对可见光线变化较灵敏的场合。

方案选择：比较两种方案，方案 2 对于可见光线变化更为灵敏，且对于微小光线具有放大 100 倍左右的作用，基于本题要求的定位功能，以及后续对接收信号的处理需要，方案 2 更具有优势，所以选择方案 2。

② 灯珠

方案 1：采用普通发光二极管 LED。本方案选用的普通发光二极管价格便宜，但由于题目要求箱子体积相对较大，而普通发光二极管功率较低，不能满足照亮整个箱子的要求。

方案 2：采用大功率高亮芯片 LED 灯珠。本方案中的大功率高亮芯片 LED 灯珠相对于普通发光二极管功率更高，亮度更强，可以照亮整个箱子，基本可以满足题目要求，且有 1 W 和 3 W 两种功率可供选择，1 W 已经可以满足要求，出于节能环保的理念，故本方案中选择 1 W 的大功率高亮芯片 LED 灯珠。

1.2　定位方法——3 边定位法

3 边定位法是一种基于距离信息实施定位的方法[1,2]。其基本思想是已知 3 个发送端的坐标和发送端到待测点间的距离，就可以唯一确定待测点的坐标。3 边定位法的公式为：

$$\begin{cases} d_1^2 = (x_1 - x)^2 + (y_1 - y)^2 + (z_1 - z)^2 \\ d_2^2 = (x_2 - x)^2 + (y_2 - y)^2 + (z_2 - z)^2 \\ d_3^2 = (x_3 - x)^2 + (y_3 - y)^2 + (z_3 - z)^2 \end{cases} \tag{1}$$

其中，(x, y, z) 为待测点 S 的坐标，(x_1, y_1, z_1)、(x_2, y_2, z_2)、(x_3, y_3, z_3) 分别为 3 个 LED 灯的位置坐标，d_1、d_2、d_3 分别为待测点 S 到 3 个 LED 灯的距离。由于发送端 LED 都分布在室内定位空间的顶部，即有 $z_1 = z_2 = z_3 = H$（H 为箱体的高度），而接收端放置在底部，即 $z = 0$。通过求解上述方程组，我们可得待测点 S 的坐标 (x, y)。将式（1）化简整理成矩阵形式为：

$$AX = B \tag{2}$$

其中，$X = \begin{bmatrix} x \\ y \end{bmatrix}$ 为待测点 S 的坐标向量，A 和 B 是由已知参数确定的已知向量，

$$A = \begin{bmatrix} x_2 - x_1 & y_2 - y_1 \\ x_3 - x_1 & y_3 - y_1 \\ x_3 - x_2 & y_3 - y_2 \end{bmatrix}, B = \begin{bmatrix} (d_1^2 - d_2^2 + x_2^2 + y_2^2 - x_1^2 - y_1^2)/2 \\ (d_1^2 - d_3^2 + x_3^2 + y_3^2 - x_1^2 - y_1^2)/2 \\ (d_2^2 - d_3^2 + x_3^2 + y_3^2 - x_2^2 - y_2^2)/2 \end{bmatrix}$$

采用最小二乘法求解式（2）的矩阵方程，可以得到 X 的最小二乘法解为

$$X = (A^T A)^{-1} A^T B \tag{3}$$

对于 3 边定位法,只要 3 个 LED 不在同一条直线上,方程组就存在唯一的解。

1.3　信息发送、接收方法

信息的发送:发射端主要包括基于 STM32 的主控制器、LED 光源及相对应的驱动电路。利用 STM32 软件编程来实现三个端口轮流发送数据的时分复用功能,为便于识别和接收数据,给每个发送端配置了一个指令码,这样不同的 LED 发送的信标信息都有各自的指令码。

信息的接收:接收端主要包括光电探测器、放大电路、解码模块、测距模块、定位模块等。根据接收端的信号强度来估计收发两端的实际距离,进而进行定位。

1.4　抗干扰方法

一方面应积极设法消除干扰的来源:避免外界非自然灯光的射入。另一方面设法提高仪器自身的抗干扰能力:将传感器模块尽量直对顶层,不能偏移,以及注意信号线之间保持距离。

1.5　方案总体框图

图 I - 5 - 1 为本设计实现方案的整体框图。

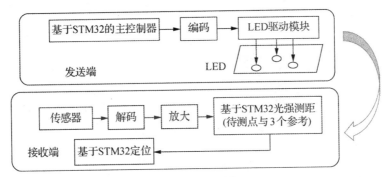

图 I - 5 - 1　整体框图

2. 核心部件电路设计

电路的硬件设计主要包括单片机控制、接收、显示模块,LED 驱动模块,信号放大模块 3 个部分。

2.1　单片机控制、接收、显示模块

单片机控制模块采用单片机 STM32F103rct6。在发射端,单片机给 3 个 LED 灯发送指令码;在接收端,单片机读取传感器接收的信号,进行解码,并使用液晶屏显示传感器的坐标。

2.2　LED 驱动模块

由于发射端单片机功率较小,不足以使 3 盏 LED 灯正常发光,所以在发射端加入 LED 驱动电路,使 LED 灯正常发光。驱动电路采用 L298N 模块,电路图如图 I - 5 - 2 所示。

2.3　信号放大模块

为了让单片机能够有效地读取传感器采集的信号,在接收端需要添加信号放大模块,放大传感器接收的信号。接收端放大电路如图 I - 5 - 3 所示。LM358 将接收到的信号进行放大,使得数据更加直观便于统计与测量。为了更好地实现放大,使用双放大使测试结果更加稳定直观。

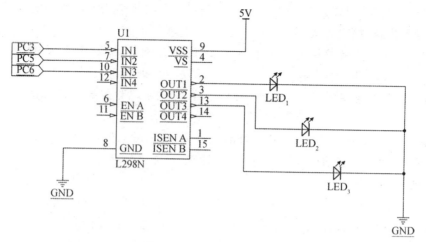

图 I-5-2　LED驱动电路

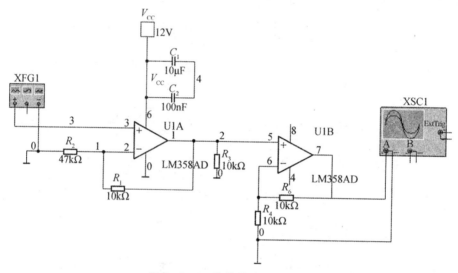

图 I-5-3　接收端放大电路图

3.系统软件设计分析

3.1　数据编码

光源在循环发送位置信息的过程中,在空闲时系统向 LED 光源发送的均为高电平,以保证 LED 光源能正常提供照明服务。我们将一个逻辑 1 的传输设定为 $112\ \mu s$($28\ \mu s$ 低电平和 $84\ \mu s$ 高电平),一个逻辑 0 的传输设定为 $56\ \mu s$($28\ \mu s$ 低电平和 $28\ \mu s$ 高电平),指令码用于区别不同的发光源,具体编码格式如图 I-5-4[4-6] 所示。

3.2　数据解码

在接收端,光电探测器接收到位置信息,经过处理传送到解码模块。利用 STM32 处理器的输入捕获功能对信号进行解码。

3.3　识别映射

系统对所有用于定位的 LED 光源进行标号(LED_1、LED_2、LED_3),不同的标号对应室内

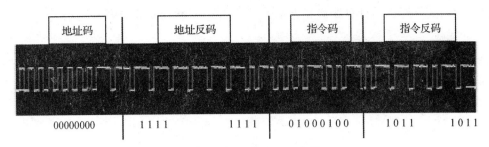

地址码	地址反码	指令码	指令反码
00000000	1111　　1111	01000100	1011　　1011

图 I-5-4　数据编码示意图

环境中不同区域。每个 LED 光源都循环发送唯一的位置信息。当测试终端移动到指定区域时,通过探测器将采集到的可见光信号转换为电信号,通过 STM32 处理器对信息进行解码。

3.4　测距

在统计数据后,采用参考文献[7]的算法拟合出一条传感器测得的 LED 光强电压值与 LED 到传感器距离的关系曲线,在改变传感器坐标时,可以根据曲线规律得出距离。对比计算距离与实际距离得出以下的数据,详见图 I-5-5~图 I-5-7。

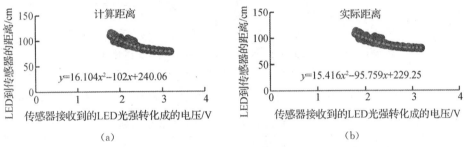

图 I-5-5　LED450 的计算距离与实际距离比较

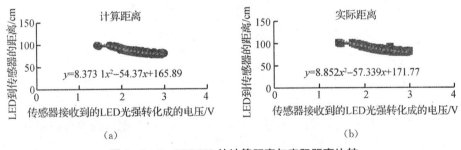

图 I-5-6　LED550 的计算距离与实际距离比较

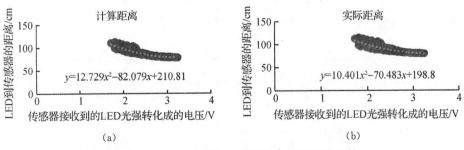

图 I-5-7　LED650 的计算距离与实际距离比较

由对比得实际距离与计算距离相差不大，经过精确计算可得符合基本要求。

3.5 定位

在已知 LED450、LED550、LED650 的坐标位置后，利用 STM32 编写算法计算出接收端坐标，实现定位。

4. 测试方案与测试结果

4.1 测试方案

定位系统的定位场景为 80 cm×80 cm×80 cm 全密闭空间，将 3 个发送端固定到定位空间顶层，待测点在底层移动，其中定位空间的高度不变，只需测得待测点在底层的二维坐标 (x,y) 就可以实现定位。每个发送端要与 255 个坐标端点进行光强的检测与输出以及距离的计算。

4.2 测试结果

（1）基本要求

① 传感器位于 B、D 区域

当传感器在 B 区域时，LCD 显示为 B UP，表示位于 A 区的上方；

当传感器在 D 区域时，LCD 显示为 D DOWN，表示位于 A 区的下方。

② 传感器位于 C、E 区域

当传感器在 C 区域时，LCD 显示为 C RIGHT，表示位于 A 区的右方；

当传感器在 E 区域时，LCD 显示为 E LEFT，表示位于 A 区的左方。

③ 传感器位于 A 区域，测量结果如表 I-5-1 所示，绝对误差可以控制在 2 cm 以内。

表 I-5-1　传感器位于 A 区域时的测量结果

A 实际坐标/cm	A 测量坐标/cm	误差 A/cm
(0,0)	(1,0)	1
(5,5)	(4,5)	1
(−5,5)	(−6,5)	1
(−10,15)	(−10,17)	2
(10,−10)	(12,−10)	2

④ 传感器位于 B、C、D、E 区域，测量结果如表 I-5-2 所示，绝对误差可以控制在 3 cm 以内。（注：表格中所有数据的单位均为 cm）

表 I-5-2　传感器位于 B、C、D、E 区域时的测量结果

B 实际坐标	B 测量坐标	误差 B	D 实际坐标	D 测量坐标	误差 D
(0,25)	(0,26)	1	(15,−25)	(15.3,−25.6)	0.671
(5,30)	(5,30)	0	(0,−25)	(1.8,−25.4)	1.844
(−10,30)	(−11,30)	1	(10,−30)	(10.7,−27.5)	2.596
(15,30)	(17,29)	2.236	(−5,−25)	(−4.9,−26.1)	0.141
(−10,25)	(−11,26)	1.414	(15,−20)	(15.3,−17.8)	2.220

C实际坐标	C测量坐标	误差C	E实际坐标	E测量坐标	误差E
(25,0)	(26.4,0)	1.4	(−25,5)	(−20.5,5.3)	4.509
(30,5)	(29.8,5.0)	0.2	(−25,10)	(−25.6,11.2)	1.342
(30,−5)	(31.6,−4.2)	1.789	(−30,−5)	(−31.1,−5.1)	1.105
(30,−10)	(30.2,−7.5)	2.508	(−30,−20)	(−30.8,−21.2)	1.442
(25,10)	(25.2,9.9)	0.224	(−30,−5)	(−29.9,−4.0)	1.005

⑤ 测量电路 LCD 显示坐标值,显示分辨率为 0.1 cm。

(2) 发挥部分

① 传感器位于底部平面任意区域时的测量结果如表 I-5-3 所示,测量结果满足要求,绝对误差小于 3 cm。

表 I-5-3　传感器位于底部平面任意区域时的测量结果　　　　(单位:cm)

实际坐标	测量坐标	绝对误差	实际坐标	测量坐标	绝对误差
(5,30)	(5,30)	0	(15,−25)	(15.3,−25.6)	0.67
(−10,30)	(−11,30)	1	(−5,−25)	(−4.9,−26.1)	1.104
(15,30)	(17,29)	1	(−25,10)	(−25.6,11.2)	1.34
(30,5)	(29.8,5.0)	0.2	(−30,−20)	(−30.8,−21.2)	1.442
(25,10)	(25.2,9.9)	0.22	(−30,−5)	(−29.9,−4.0)	1.005

② LED 控制电路可由键盘输入阿拉伯数字,在正常照明和定位的情况下,测量电路能接收并显示 3 个 LED 发送的数字信息,并在 LCD 上显示键入的数字。

③ 满足 LED 控制电路采用＋12 V 单电源供电,供电功率不大于 5 W。

4.3　测试结果分析

测试结果满足全部的基本要求与大部分的发挥要求,精度远超于题目要求。

5. 作品成效总结分析

在本次设计中我们实现了一种基于 LED 标签法[6] 的室内可见光定位系统,并利用 STM32 处理器设计了符合实际需求的编码协议,并设计了地图映射软件来灵活展示定位效果。通过实验验证了定位效果的可行性与高精度。在设计过程中我们遇到了一些问题并进行了分析与解决。比如,由于定位空间较大,我们比较选择了多种 LED 灯,以确保传感器能正确接收 LED 的光强;在进行数据的测量与统计时,由于数据量比较庞大,统计比较耗时,初次统计由于主观认为有一定规律而使得数据不具有客观性,在之后的统计中及时纠正了错误。

6. 参考文献

[1] 董文杰,等. 基于 LED 光强的室内可见光定位系统的实现[J]. 光通信技术,2017,41(3):12-15.

［2］胡晴晴，王旭东，吴楠. 基于距离加权的室内可见光定位算法［J］. 光电工程，2015，42(5)：82 - 87.

［3］许银帆，等. 基于 LED 可见光通信的室内定位技术研究［J］. 中国照明电器，2014，4：11 - 15.

［4］汪广业，等. 一种基于 LED 标签法的室内可见光定位系统［J］. 光通信研究，2016，6：63 - 67.

［5］Rahman M S, Haque M M, Kim K D. High precision indoor positioning using lighting LED and image sensor ［C］. IEEE ICCIT 2011, Dhaka, Bangladesh, 2011：309 - 314.

［6］Yang S H, Jeong E M, Kim D R, et al. Indoor three-dimensional location estimation based on LED visible light communication ［J］. *Electronics Letters*, 2013, 49(1)：54 - 56.

［7］王旭东，胡晴晴，吴楠. 高精度室内可见光定位算法［J］. 光电子·激光，2015,26(5)：862 - 867.

K 题　单相用电器分析监测装置

一、任务

设计并制作一个可根据电源线的电参数信息分析用电器类别和工作状态的装置。该装置具有学习和分析监测两种工作模式。在学习模式下，测试并存储各单件电器在各种状态下用于识别电器及其工作状态的特征参量；在分析监测模式下，实时指示用电器的类别和工作状态。

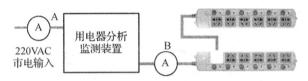

图 K-1　分析监测装置示意图

二、要求

1. 基本要求

（1）电器电流范围 0.005 A～10.0 A，可包括但不限于以下电器：LED 灯、节能灯、USB 充电器（带负载）、无线路由器、机顶盒、电风扇、热水壶。

（2）可识别的电器工作状态总数不低于 7，电流不大于 50 mA 的工作状态数不低于 5，同时显示所有可识别电器的工作状态。自定可识别的电器种类，包括一件最小电流电器和一件电流大于 8 A 的电器，并完成其学习过程。

（3）实时指示用电器的工作状态并显示电源线上的电特征参数，响应时间不大于 2 s。特征参量包括电流和其他参量，自定义其他特征参量的种类、性质，数量自定。电器的种类及其工作状态、参量种类可用序号表示。

（4）随机增减用电器或改变使用状态，能实时指示用电器的类别和状态。

（5）用电阻自制一件可识别的最小电流电器。

2. 发挥部分

（1）具有学习功能。清除作品存储的所有特征参数，重新测试并存储指定电器的特征参数。一种电器一种工作状态的学习时间不大于 1 分钟。

（2）随机增减用电器或改变使用状态，能实时指示用电器的类别和状态。

（3）提高识别电流相同，其他特性不同的电器的能力和大、小电流电器共用时识别小电流电器的能力。

（4）装置在监测模式下的工作电流不大于 15 mA，可以选用无线传输到便携终端上显示的方式，显示终端可为任何符合竞赛要求的通用或专用的便携设备，便携显示终端功耗不计入装置的功耗。

(5) 其他

三、说明

图中 A 点和 B 点预留装置电流和用电器电流测量插入接口。测试基本要求的电器自带，并安全连接电源插头。具有多种工作状态的要带多件，以便所有工作状态同时出现。最小电流电器序号为 1；序号 1～5 电器电流不大于 50 mA；最大电流电器序号为 7，可由赛区提供(例如 1 800 W 热水壶)。交作品之前完成学习过程，赛区测试时直接演示基本要求的功能。

四、评分意见

	项　目	主　要　内　容	满分
设计报告	系统方案	比较与选择，方案描述	2
	理论分析与计算	检测电路设计 特征参量设计和实验，筛选	7
	电路与程序设计	电路设计与程序设计	7
	测试结果	测试数据完整性，测试结果分析	2
	设计报告结构及规范性	摘要，设计报告正文的结构 图表的规范性	2
	合　计		**20**
基本要求	实际制作完成情况合计		**50**
发挥部分	完成第(1)项		10
	完成第(2)(3)项		20
	完成第(4)项		15
	其他		5
	合　计		**50**
总　分			120

说明：设计报告正文中应包括系统总体框图、电路原理图、主要流程框图、主要的测试结果。完整的电路原理图、重要的源程序和完整的测试结果用附录给出。

报 告 1

基本信息

学校名称			东南大学
参赛学生 1	廖晓菲	Email	Lxff9712@163.com
参赛学生 2	李志昂	Email	lza17578@163.com
参赛学生 3	郭大众	Email	1535134099@qq.com
指导教师 1	孙培勇	Email	sun_py6@sohu.com
指导教师 2	堵国樑	Email	dugl@seu.edu.cn
获奖等级			全国一等奖
指导教师简介			孙培勇,男,工程师。长期从事数字系统、微机原理、单片机应用、电力电子的实验教学,多次负责教改项目,曾负责"863"计划 PDP43 寸高清等离子显示器的开关电源设计,多次指导学生在全国大学生电子设计竞赛中获奖。 堵国樑,男,教授,东南大学电工电子实验中心副主任,主要从事电子技术类课程的理论和实验教学,组织指导学生参加全国大学生电子设计竞赛,指导的学生曾多次获得全国和省级奖项,2013 年被评为江苏省优秀指导教师。

1. 设计方案工作原理

1.1 预期实现目标定位

制作一个可以根据电源线的电参数信息分析用电器类别和工作状态的装置。具有学习和分析检测模式,可以实时显示电路的电流有效值、电压有效值、有功功率、视在功率、功率因数等参数,从而鉴别接入电路的不同用电设备。检测电流范围为 0.001 A～10.0 A,可识别 7 种电气工作状态,5 种电流不大于 50 mA 的工作状态,完成学习后,在监测过程中可以显示识别出的状态数。

1.2 技术方案比较分析

(1)电压、电流互感器选型

电压互感器与变压器类似,两次绕组与铁芯之间都有电气隔离,可以将一次侧的大电压转换为二次绕组上的小电压,从而将 220 V 的市电电压转换为可以测量的小电压。电流互感器将一次侧的大电流转换为可供测量的小电流。由于设计要求的电流跨度过大,需要使用高精度 2 000∶1 的贯穿式电流互感器。

(2)电气参数测量方式

方案 1:将电压、电流互感器的次级数据通过采样电阻或 I/V 转换放大器后,通过 AD637 模块进行有效值检测,可以测得市电电压。将转换后的电流电压信号通过 TLV3501 高速比较器转换为方波,利用数字信号处理方式可以获得两路信号的时间间隔,从而测出用电器的功率因数。

方案 2：利用电表芯片 ATT7053AU。该电表芯片有三路 19 位 ADC，支持 3 000∶1 的动态范围，接入电路后，通过 SPI 与单片机交互，访问内部不同的寄存器可以读出电路的电流有效值、电压有效值、有功功率、无功功率等电气参数，其内置的 19 位 ADC 拥有高分辨率，可以用于 5 mA 电流测量。

综上，选择精度更高的方案 2。

（3）电参数测量种类

方案 1：测量电流有效值、电压有效值、有功功率。由这三项数值可以计算出电路的视在功率和电路此时的功率因数。通过测量每一次电流与有功功率的变化值确定电路的工作状态。

由图 K‑1‑1 知，电流、电压夹角 φ 及有功、无功、视在功率的关系：

$$P=S\times\cos\varphi$$
$$Q=S\times\sin\varphi$$

功率因数

$$PF=\cos\varphi$$

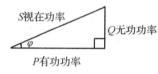

图 K‑1‑1　功率矢量三角形

方案 2：在测量以上三个电气参数的前提下，再进行谐波分析。这样可以提高对电流相同，有功功率相近的电路状态的分辨能力，可以绘制此时的粗略谐波图形。

综合分析，方案 2 需要引入更多的外围电路，并且在大电流工作下小电流的谐波分量仍然不能被观测，又由题目要求监测装置电流不大于 15 mA，故选用方案 1。

1.3　系统结构工作原理

系统框图如图 K‑1‑2 所示。

利用电压电流互感器将大信号转换为可以测量的小信号，通过 ATT7053 进行电路参数测量，选用工作状态稳定、有用功率波动不明显的用电器，各种用电设备的稳态功率具有较好的统计特性，通过捕捉负荷功率变化可以有效辨别某一用电设备的投入或退出，计算每次用电设备投入与退出的功率差值，与学习后的功率值比较，完成用电器判断。

2. 核心部件电路设计

选用高精度电流互感器 FLKCT04A 和电压互感器 SPT721A‑1 完成大信号到小信号的转换，与 ATT7053 电能芯片结合完成电气参数测量，外围电路如图 K‑1‑3 所示。

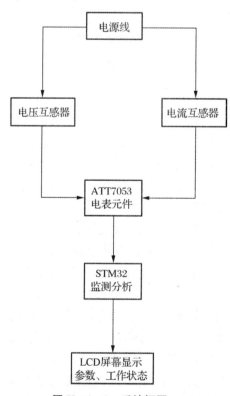

图 K‑1‑2　系统框图

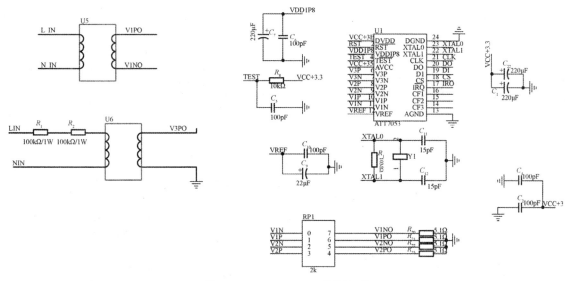

图 K-1-3　ATT7053 外围电路

3. 系统软件设计分析

通过 STM32 完成电路数据读取和电路切换时对用电器的判断算法。首先进入学习模式进行电路参数学习,即记录、保存当前电路状态的各项电路参数。之后进入检测模式,实时显示当前电路的各项电气参数,以 50 mA 电流工作的电器有较小的电气参数波动,故容易分辨出小电流用电器的投入与释放,当有大电器投入时,电源线上的电压值有明显减小,此时有功功率的变化值已经与学习模式时不同,用当前稳态与上一稳态的有功功率差值替换原有学习模式的有功功率。系统软件框图如图 K-1-4 所示。

由于 ATT7053 的精度很高,故各项电气参数的波动明显,大电流电气工作时容易覆盖小电流电气的工作状态,因此在选择电气时应选择稳定工作下有功功率波动小于 2 W 的用电器。

4. 竞赛工作环境条件

STM32 核心板,TFTLCD 显示屏。

5. 作品成效总结分析

完成电流在 5 mA～9 A 范围变化的电流测量,由于电压互感器电流影响和插排自带 LED 灯的功率影响,对测量得到的电流、有功功率进行校正,电流减少 3 mA,有功功率校正 0.8 W。

表 K-1-1　最大电流下并测量并分辨小电流用电器

大电流器件	可分辨器件		
自制大功率电阻 1 A	台灯 38 mA	音箱 17.6 mA	最小电流电器 5.4 mA

学习模式单一工作状态时间仅为 2 s,学习模式时可显示该状态的电路性质(阻、容、感性)、电流有效值、电压有效值、有功功率、无功功率、功率因数等。检测状态下,每次响应时间不大于 2 s。

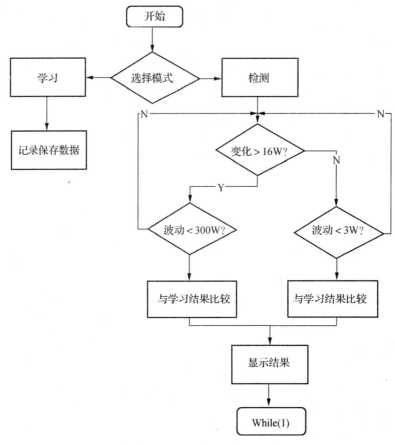

图 K-1-4　系统软件框图

当电路中没有工作状态波动过大的电器(热水壶)时,随机增减用电器或改变使用状态可以实时显示。可以根据功率因数识别电流大小相同的电路状态,总电路装置电流不大于15 mA。

6. 参考资料

[1] 堵国樑. 模拟电子电路基础[M]. 北京:机械工业出版社,2014.

[2] 黎鹏. 非侵入式电力负荷分解与监测[D]. 天津大学,2009.

[3] 余贻鑫,刘博,栾文鹏. 非侵入式居民电力负荷监测与分解技术[J]. 南方电网技术,2013,7(4).

报 告 2

基本信息

学校名称			南京邮电大学
参赛学生 1	马意彭	Email	356287372@qq.com
参赛学生 2	林 彬	Email	756691769@qq.com
参赛学生 3	邹林甫	Email	954569734@qq.com
指导教师 1	林 宏	Email	85658542@qq.com
指导教师 2	王韦刚	Email	wangwg@njupt.edu.cn
获奖等级			全国二等奖
指导教师简介			林宏老师多年来一直担任南京邮电大学电子竞赛辅导教师,被聘请为强化部"创新指导教师"、电子学院"科协指导教师"。2015 年被评为南京邮电大学教学标兵。面向全校学生开设了"电源设计""PCB制作""FPGA设计"等大学生电子竞赛技术培训课程,在多个学科竞赛中指导学生获得优异成绩。

1. 设计方案工作原理

本系统主要由单片机控制模块、电压电流采样模块、电能检测模块、电源模块组成,下面分别论证这几个模块的选择。

1.1 主控制器件的论证与选择

方案 1:采用 STM32 系列单片机。STM32 系列专为要求高性能、低成本的嵌入式应用设计的 ARM Cortex-M3 内核,具有内置 12 位的 A/D,D/A 转换器,也可外接高精度的 A/D,具有多达 11 个定时器和一百多个快速 I/O 口,支持 I^2C 及 USART 接口,性能完全满足本赛题要求,但功耗相对较大。

方案 2:采用 MSP430 单片机。MSP430 单片机是一种 16 位超低功耗的混合信号处理器,具有较高处理性能、超低功耗的特点,虽然工作电流满足本赛题要求,但信号处理性能不如 STM32。

通过比较,由于本系统要求处理能力较高,故选择 STM32 单片机。

1.2 电流电压检测模块方法的论证与选择

方案 1:采用与电网隔离的采样方式。此方案与电源线进行了隔离,隔离通过两个变压器实现,一个是高精度、低阻抗的变压器,即电压互感器,其在较高谐波下也具有很小的衰减和相位延迟。还有一个是电流互感器,用于测量电源线电流,采样电阻跨接在电流互感器的次级,由于后级电路不直接接在电源线上,因此不需要隔离。但电流互感器将电流衰减后再放大,会导致一定的误差。

方案 2:采用与电网直接相连的采样方式。此方案将采样电阻直接串联在电网火线上采样电流,通过电阻串联分压采样交流电压,这意味着共模输入电压以火线电压为参考点,相对于地的电位会在很高的正电压和负电压之间震荡。这种情况下,需要与后级数字部分隔离,以使测量端的参考地电位与外部接口参考地电位互不冲突。RN8209 及其电路必须密封保持绝缘以防触电。

综合以上两种方案,选择方案2。

1.3 智能识别论证与选择

方案1:根据不同用电器频谱特性用 FFT 分析。由于用电器电流范围为 0.005 A~10 A,变化范围较大,无法同时顾及小电流(0.005 A)及大电流(>10 A)的检测,必须进行分挡,增加了电路复杂度。同时设计要求 50 mA 电流以下电器占大多数,要想准确区分,必须提高FFT 分析分辨率,这从另一种程度上增加了算法复杂度。故此方案较为烦琐。

方案2:运用电能管理芯片 RN8209 结合电压电流互感器。RN8209 提供三路$\Sigma-\triangle$ADC,一路用于相线电流采样,一路用于零线电流采样,一路用于电压采样,内置程控增益放大器,具有 SPI/UART 接口,可与单片机通信,可同时检测多种数据。

综合考虑选用方案2。

2. 核心部件电路设计

2.1 系统总体框图

系统总体框图如图 K-2-1 所示。

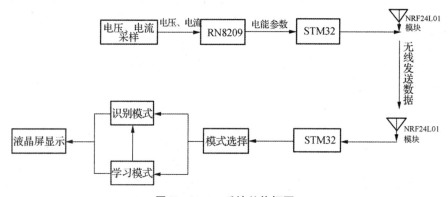

图 K-2-1 系统总体框图

2.2 电能检测模块子系统框图与电路原理图

(1)电能检测模块子系统框图

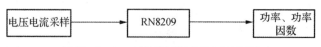

图 K-2-2 电能检测模块子系统框图

(2)电能检测模块子系统电路(即采样测量电路)

使用 RN8209 功率计量芯片应用手册中的典型应用电路,电路原理图见网站。

2.3 STM32 子系统框图与电路原理图

(1)STM32 子系统框图,如图 K-2-3 所示。

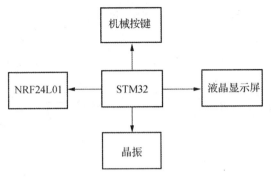

图 K-2-3　子系统框图

（2）STM32 子系统电路原理图见网站。

2.4　电源

电源由变压部分、滤波部分、稳压部分组成。为整个系统提供±5 V 和±12 V 电压,确保电路的正常稳定工作。这部分电路比较简单,故不做详述,电路原理图见网站。

3. 系统软件设计分析

3.1　程序功能描述与设计思想

（1）程序功能描述

根据题目要求,软件部分主要实现显示电能参数和用电器工作状态学习和识别。

① 用电器识别功能:学习和识别用电器的工作状态。

② 显示部分:显示电流、功率、功率因数。

（2）程序设计思路

先识别单个用电器,后识别多个用电器,最后设计学习功能。

3.2　程序流程图

（1）主程序流程图如图 K-2-4 所示。

（2）相似度鉴定算法子程序流程图如图 K-2-5 所示。

4. 竞赛工作环境条件

4.1　测试方案

（1）硬件测试

使用做好的 RN8209 模块直接测量负载电能参数,并与功率计进行比对。

（2）软件仿真测试

使用 Keil 自带的仿真套件进行单片机仿真。

（3）硬件软件联调

将 RN8209 模块的串口与发送端 STM32 的串口相连接,并利用接收端远程接收发送端发送的负载电能参数进行记忆和学习。

4.2　测试条件与仪器

测试条件:检查多次,仿真电路和硬件电路必须与系统原理图完全相同,并且检查无误,硬件电路保证无虚焊。

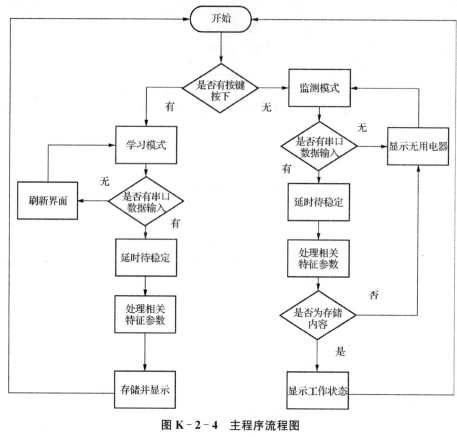

图 K‑2‑4 主程序流程图

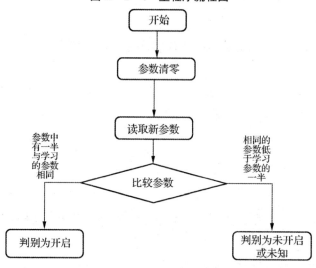

图 K‑2‑5 相似度鉴定算法子程序流程图

测试仪器:数字示波器,数字万用表,数字功率计。

5. 作品成效总结分析

5.1 测试数据

单个用电器特征值,以及多电器识别结果见表 K‑2‑1 和表 K‑2‑2。

表 K-2-1　单个负载特征参量

负载种类	自制纯电阻网络	LED 灯	USB 小风扇	节能灯	烧水壶
电流	5 mA	10 mA	11 mA	24 mA	2 320 mA
功率	1 W	1 W	1 W	2 W	533 W
功率因数	1	0.392	0.392	0.359	1
是否可识别	是	是	是	是	是

表 K-2-2　多负载识别结果

负载种类	LED 灯+烧水壶	LED 灯+USB 小风扇	USB 小风扇+鼓风机	节能灯+数字台式万用表	数字台式万用表+LED灯	鼓风机+节能灯+自制纯电阻网络	烧水壶+自制纯电阻网络
是否可识别	是	是	是	是	是	是	是

5.2　测试分析与结论

根据上述测试数据,该装置具有很强的负载学习及识别能力,由此可以得出以下结论:

(1) 可识别小功率负载、大功率负载。

(2) 可同时识别大功率负载和小功率负载。

(3) 具有学习功能。

综上所述,本设计达到设计要求。

6. 参考文献

[1] 谭浩强. C 语言程序设计[M]. 北京:清华大学出版社,2012.

[2] 张友德. 单片微型机原理、应用与实验[M]. 上海:复旦大学出版社,2005.

[3] 童诗白. 模拟电子技术基础[M]. 2 版. 北京:北京高等教育出版社,1988.

报　告　3

基本信息

学校名称	苏州大学		
参赛学生 1	臧佩琳	Email	798354017@qq.com
参赛学生 2	刘云晴	Email	qyllyoo@163.com
参赛学生 3	夏伯钧	Email	854835774@qq.com
指导教师 1	姜　敏	Email	jiangmin08@suda.edu.cn
指导教师 2	陈小平	Email	xpchen@suda.edu.cn
获奖等级	全国一等奖		

指导 教师 简介	姜敏：1999/09～2003/07，西安交通大学电气工程及其自动化专业，获得学士学位，2003/09～2009/01，清华大学自动化系，控制科学与工程专业获博士学位。主要研究领域为量子通信和量子控制等，致力于研究量子通信网络的核心协议及其线路实现，系统地研究了量子信道的基本性质、多能级量子态隐形传送、远程制备以及量子态共享等问题。 陈小平：1994年获东南大学工学学士，分别于1998年和2000年获南京航空航天大学测试计量技术与仪器专业硕士和博士学位。现为苏州大学电子信息学院教授，电子工程系主任、智能信息处理与控制系统研究所所长。近年来主持多项科技项目的研究开发工作，其中ARM嵌入式电梯控制系统已成功地应用在国内外许多电梯工程中。

1. 设计方案工作原理

1.1 电量检测电路设计

方案1：隔离式。采用电压互感器和电流互感器分别感应用电器的电压和电流，转换为小电压和小电流信号。在中央控制器（MCU）控制下，通过采样和模/数（A/D）转换，得到小电压和小电流的有效值，从而通过算法得到信号信息。虽然其软硬件设计较复杂，但可供采样分析的电特性参数选择多，如可以对其相位采样和对电压、电流频谱分析等。隔离式用电检测单元原理框图如图 K-3-1 所示。

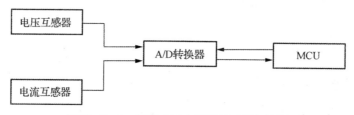

图 K-3-1 隔离式用电检测单元原理框图

方案2：非隔离式。采用电阻采样方式，应用电能计量芯片对采样信号进行处理，通过芯片接口输出电压、电流和功率等数据。芯片内部包含高精度 ADC、滤波器和电能计量算法。这种方法的优点是软硬件设计简单，长时间工作稳定性高，但能测量的电特性参数有限，比如无法测得用电器工作时的电压电流相位和频谱信息，达不到所需要求。

综上所述，选择方案1。

1.2 中央控制电路

中央控制单元包括微处理器和主电路控制电路装置。由于单片机集成度高，体积小，质量轻，能耗低，价格便宜，可靠性高，所以中央控制器以单片机 MCU 为核心。MCU 配以外围电路，与电量检测单元进行通信，接收电量检测单元发送过来的交流信号，并对其采样和分析，从而实现学习与监测功能。

1.3 人机交互电路

人机交互电路包括人机交互界面装置和无线模块。人机交互界面装置采用触摸屏或者按键与液晶显示屏组合装置，显示用电器的工作状态和电特性参数，实现直接面对面的人机交互。上网装置 nRF24L01 无线模块，使用电器接入互联网，可以通过手机或其他便携智能设备与用电器进行远程无线交互，随时掌握用电器的电量情况。

1.4 系统总体框图

综上分析，本设计系统分为三个单元：电量检测单元，中央控制单元和人机交互单元。如图 K-3-2 所示为该监测装置的系统总体框图。

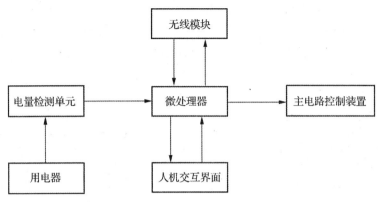

图 K-3-2　系统总体框图

2. 核心部件电路设计

电路的硬件设计主要包括电量检测电路、偏移电路和单片机控制电路三个模块。

2.1　电量检测电路

检测电路主要完成对电流和电压信号的检测,包括电压互感器和电流互感器两部分,涉及电压、电流互感器型号的选择与电阻计算。

其中,采用 TV1013-1 M 2 mA/2 mA 规格的电压互感器,为达到其理想的线性区间,输入端串接 110 kΩ 的电阻,可使电流达到 2 mA。同时,为使输出电压便于单片机采样,可并接 330 Ω 的电阻,使输出电压有效值为 0.66 V 左右,峰峰值为 1.8 V 左右。采用大小两个电流互感器,目的是保证识别的精度,默认情况下是大量程测量,如果切换量程,需重新校准初始值。根据题目要求的电流范围 0.005～10 A,电流互感器的额定电流最大为 10 A。为便于测出小电流(小于 50 mA),另再选取额定电流较小(如 5 A)的电流互感器。同时,为得到合适的输出电压,10 A 和 5 A 的电流互感器分别与 100 Ω 和 2 kΩ 的电阻并接,使输出的峰峰值电压为 2 V 左右,便于单片机采样。

其电路原理图以及器件参数如图 K-3-3 所示,其中 4 个输出分别接到电压抬升电路中的 4 个输入端,将信号转化为正值。

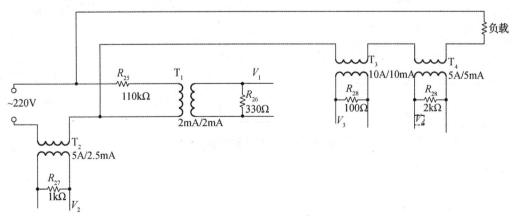

图 K-3-3　电量检测电路原理框图

2.2 偏移电路

为了保证输入到单片机中的信号为正值,需给交流信号一个正向偏移量。本方案中选择 TLV2374 四通道运放,给信号提供一个 1.25 V 的电压抬升,同时电路中需要 2.5 V 的基准电压,可直接用 MC1403 芯片产生。具体的电路原理图如图 K-3-4 所示。

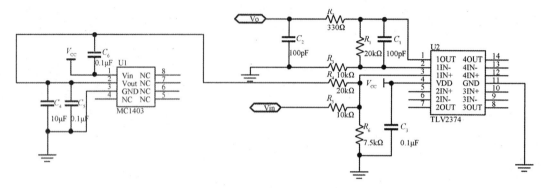

图 K-3-4 电位抬高电路原理框图

2.3 单片机控制电路

采用单片机 STM32F103ZET6,实现对整个系统的电量采样、测量结果显示和装置学习与监测等功能。单片机控制电路如图 K-3-5 所示。

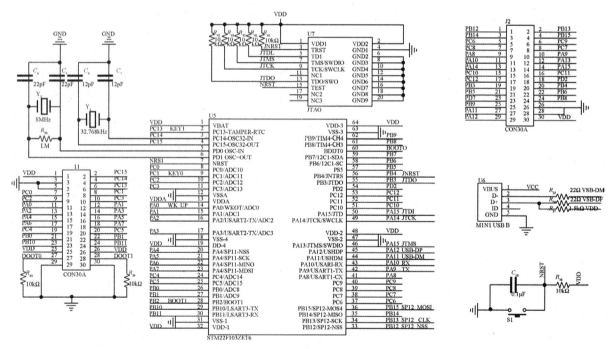

图 K-3-5 单片机控制电路

3. 系统软件设计分析

3.1　主程序

采用 C 语言编程实现对整个系统的控制,通过按键选择实现学习模式和监测模式的切换,主程序流程图如图 K-3-6 所示。

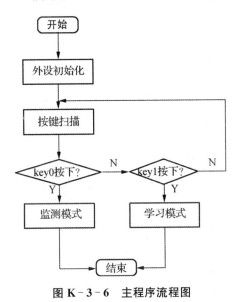

图 K-3-6　主程序流程图

3.2　流程设计

本设计监测的核心思想是通过用电器加入电路后相关的电特性参数变化来实现对用电器的识别、检测。具体可描述为:选取 B 点处负载的有效电流值、电压值、相位差和 1、3、5 次谐波这 6 个电特性参数进行判断分析。程序初始化后对有效电量即 $V_{电}-V_{空}$ 进行采样与 FFT 变换,其中采样数设置为 1 024,以保证结果准确性。将 7 种用电器按有效电流值大小排列好,依次按下开关,先"学习"并将用电器的电特性参数信息存储在 Flash 中,构成 7×6 的矩阵,供监测模式下比对用电器的参数使用。

当系统处于监测模式时,遍历之前存入 Flash 中的参数信息,每种情况下对 6 个特性参数与 Flash 中参数分别作差求和,算出求和后最小的误差对应的情况,即为最接近原始"学习"过的一组参数,并根据编号反推出用电器的状态。

程序流程图设计如图 K-3-7 所示。

(1) 上电前校准一下 A/D 初始值,即减去空载的数值。

(2) 硬件电路上采用大小两个电流互感器,目的是保证识别的精度,默认情况下是大量程测量,切换量程后需重新校准初始值。

(3) 监测模式和学习模式的程序流程基本一样,只是采取样本之后是去库里比对还是存储的区别。

(4) 流程图中的 V 均为采到的周期波形电压计算的有效值。

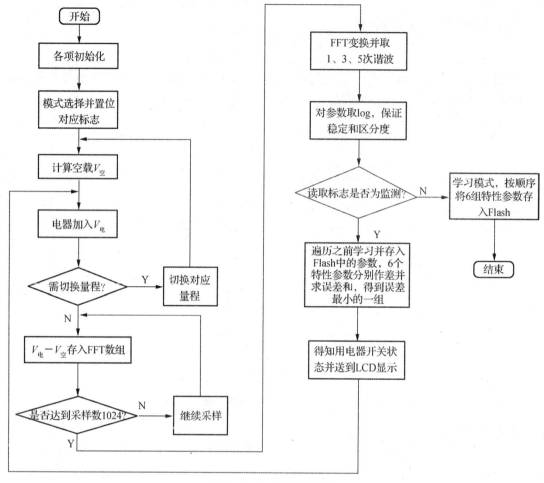

图 K-3-7 程序流程图

4. 竞赛工作环境条件

4.1 测试方案

采用先分别调试再整体调试,且硬件测试与软件测试结合的方法,以提高调试效率。具体测试方案如下:

(1)硬件测试

首先分模块搭建硬件电路并分别测试成功,然后将分立的模块搭建在一起测试整体功能,再进行联合测试。经测试,电量检测电路、偏移电路和单片机控制电路均工作正常。

(2)软件仿真测试

在搭好的硬件上直接测试,并借助串口调试窗口查看并分析运行数据,结果正常。

4.2 测试仪器

输出 0~30 V 和 3 A 电源;

带宽 40 M 数字示波器;

4 位半数字万用表;

钳形电流表。

5. 作品成效总结分析

本系统中需要测试的数据包括:对 7 种用电器有效值电流大小的确定、单个和多个用电器识别过程中显示结果的记录和系统响应时间的大小。

5.1　各用电器电流参量测试

在负载处留出端子串接一个电流表,先单独分别测出所选用的用电器的额定工作电流,保证符合题目电流范围要求,同时结合示波器观察其波形特征。

5.2　单个用电器识别过程测试结果

在用电器识别过程中,显示可识别用电器的工作状态,定义并显示电源线上的电特性参数有效电流值(其他电特性参数在程序中用于判断,可不显示)。此处用电器序号同上,工作状态 state"1"表示"工作","0"表示"不工作",电流 I 为 A 点的电流(系统总电流)。同时,每次观察时记录显示结果稳定时间,与题目要求的 2 s 响应时间比较。每次接入一个用电器。

经多次开关闭合、断开操作后,可发现单个用电器工作状态识别都很准确,电流显示的是 A 点的系统总电流,在可容许误差范围内。

5.3　多个用电器识别过程测试结果

当系统可识别并读取单个用电器数据后,随机增减用电器数量和改变工作状态,方法同上。

结果表明,对于选取的 1~5 号用电器,虽同样响应时间略长,但识别结果准确,电流读取误差也较小。

5.4　测试分析与结论

由测试数据可知,系统可根据电源线的电参数信息分析监测用电器的类别与工作状态。由此可以得出以下结论:

(1) 选取的 7 种用电器工作电流在题目要求的 0.005~10.0 A 范围内,并满足其他电流要求;

(2) 可以实时指示用电器的工作状态和电源线上的电特性参数,即电流值。其中单个用电器的判读准确性比随机组合情况下的要高;

(3) 可完成学习功能;

(4) 数据结果响应时间与 2 s 相比误差较大;

(5) 识别小电流电器能力有待提高。

综上所述,本作品达到设计要求。

6. 参考资料

[1] 黄根春,周丽清,张望先. 全国大学生电子设计竞赛教程[M]. 北京:电子工业出版社,2012.

[2] 邱关源. 电路[M]. 5 版. 北京:高等教育出版社,2006.

[3] 马忠梅. 等. 单片机的 C 语言应用程序设计[M]. 4 版. 北京:北京航空航天大学出版社,2006.

[4] 王毓银. 数字电路逻辑设计[M]. 北京:高等教育出版社,1991.

[5] 黄俊祥. 基于 NEC 单片机的单相智能电能表设计[D]. 合肥:合肥工业大学,2011.

L 题　自动泊车系统

一、任务

设计并制作一个自动泊车系统,要求电动小车能自动驶入指定的停车位,停车后能自动驶出停车场。停车场平面示意图如图 L-1 所示,其停车位有两种规格,01～04 称为垂直式停车位,05、06 称为平行式停车位。图中"⊗"为 LED 灯。

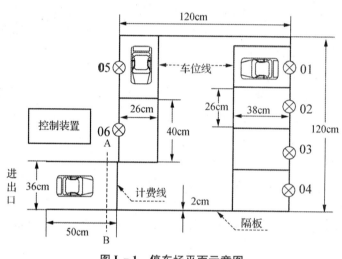

图 L-1　停车场平面示意图

二、要求

1. 基本要求

(1) 停车场中的控制装置能通过键盘设定一个空车位,同时点亮对应空车位的 LED 灯。

(2) 控制装置设定为某一个垂直式空车位。电动小车能自动驶入指定的停车位;驶入停车位后停车 5 s,停车期间发出声光信息;然后再从停车位驶出停车场。要求泊车时间(指一进一出时间及停车时间)越短越好。

(3) 停车场控制装置具有自动计时计费功能,实时显示计费时间和停车费。为了测评方便,计费按每 30 秒 5 元计算(未满 30 秒按 5 元收费)。

2. 发挥部分

(1) 电动小车具有检测并实时显示在泊车过程中碰撞隔板次数的功能,要求电动小车周边任何位置碰撞隔板都能检测到。

(2) 电动小车能自动驶入指定的平行式停车位;驶入停车位后停车 5 s,停车期间发出声光信息;然后从停车位驶出停车场。要求泊车时间越短越好。

(3) 要求碰撞隔板的次数越少越好。

(4) 其他。

三、说明

(1) 测试时要求使用参赛队自制的停车场地装置。上交作品时,需要把控制装置与电动小车一起封存。

(2) 停车场地可采用木工板制作。板上的隔板也可采用木工板,其宽度为 2 cm,高度为 20 cm;计费线和车位线的宽度为 1 cm,可以涂墨或粘黑色胶带。示意图中的虚线、电动小车模型和尺寸标注线不要绘制在板上。为了长途携带方便,建议在图 L-1 中虚线 AB 处将停车场地分为两块,测试时再拼接在一起。

(3) 允许在隔板表面安装相关器件,但不允许在停车场地地面设置引导标志。

(4) 电动小车为四轮电动小车,其地面投影为长方形,外围尺寸(含车体上附加装置)的限制为:长度≥26 cm,宽度≥16 cm,高度≤20 cm,行驶过程中不允许人工遥控。要求在电动小车顶部明显标出电动小车的中心点位置,即横向与纵向两条中心线的交点。

(5) 当电动小车运行前部第一次通过计费线时开始计时,小车运行前部再次通过计费线时停止计时。

(6) 若电动小车泊车时间超过 4 分钟即结束本次测试,已完成的测试内容(含计时和计费的测试内容)仍有效,但发挥部分(3)的测试成绩计为 0 分。

四、评分标准

	项　目	主　要　内　容	满分
设计报告	系统方案	比较与选择 方案描述	2
	理论分析与计算	自动泊车原理分析 电动小车的设计 计时、计费功能的实现 碰撞检测功能的实现	8
	电路与程序设计	电路设计 程序设计	4
	测试方案与测试结果	测试方案及测试条件 测试结果完整性 测试结果分析	4
	设计报告结构及规范性	摘要 设计报告正文的结构 图表的规范性	2
合　计			**20**

续表

	项 目	主 要 内 容	满分
基本要求	完成第(1)项		10
	完成第(2)项		30
	完成第(3)项		10
	合 计		**50**
发挥部分	完成第(1)项		10
	完成第(2)项		25
	完成第(3)项		10
	(4)其他		5
	合 计		**50**
总 分			**120**

报 告 1

基本信息

学校名称	南京工业职业技术学院		
参赛学生1	袁有成	Email	401660586@qq.com
参赛学生2	陆 畅	Email	2234155900@qq.com
参赛学生3	马胜坤	Email	1548116402@qq.com
指导教师1	倪 瑛	Email	1142561304@qq.com
获奖等级	全国一等奖		
指导教师简介	倪瑛，南京工业职业技术学院能源与电气工程学院物联网教学部讲师。以第一发明人申报并获得实用新型专利8项，指导学生申报或授权实用新型专利10多项。2012年至2017年指导学生参加全国、江苏省大学生电子设计竞赛，所指导的学生获全国一等奖1项，省一等奖两项，省二等奖两项。指导的学生创新项目获得全国高职高专"发明杯"大学生创新创业大赛发明类一等奖11项、二等奖10项。2014年指导的学生毕业设计《基于Android、蓝牙、ZigBee的无线数据采集与控制》获得2014年江苏省普通高校本专科优秀毕业设计(论文)二等奖。		

1. 系统方案设计

本系统主要由单片机控制模块、无线传输模块、激光测距模块、小车碰撞模块、地磁角度矫正模块、电源模块等组成，下面论证其中主要的模块选择。

1.1　主控制器件的论证与选择

（1）控制器选用

方案 1：采用 STM32F103 系列单片机，拥有基于 ARM Cortex-M3 核心的 32 位微控制器，LQFP-144 封装。512 K 片内 Flash，64 K 片内 RAM，片内 Flash 支持在线编程（IAP）。高达 72 M 的频率，数据、指令分别走不同的流水线，以确保 CPU 运行速度达到最大化。支持 JTAG、SWD 调试。配合廉价的 J-LINK，实现高速、低成本的开发调试方案等功能，使用寿命较长，应用场合较为广泛，但价格较高。

方案 2：选用 STM8 系列单片机，STM8 系列单片机与 80C51 系列单片机都采用 CISC 指令系统。STM8 系列 MCU 核最高运行速度达 16 MIPS（在最高 16 MHz 频率下）。STM8 系列具有内部 16 MHz RC 振荡器，用于驱动内部看门狗（IWDC）和自动唤醒单元（AWU）的内部低功耗 38 kHz RC 振荡器以及上电/掉电保护电路。STM8 系列单片机有 3 种低功耗模式：等待模式、积极暂停（Active Halt）模式及暂停（Halt）模式。STM8 系列还有 10 位 ADC、UART、SPI、I²C、CAN、LIN、IR（红外线远程控制）、LCD 驱动接口，1～2 个 8 位定时器，1～2 个一般用途 16 位定时器，1 个 16 位先进定时器，1 个自动唤醒定时器和独立看门狗定时器，使用寿命较长，应用功能场合较为广泛，价格较为适中。

通过综合考虑进行比较，控制装置的功能较电动小车的功能少，则选择方案 2 作为选位停车控制装置的主控芯片，选择方案 1 作为电动小车的主控芯片。

（2）控制系统方案选择

方案 1：面包板上搭建简易单片机系统。在面包板上搭建单片机系统可以随时修改，但系统连线多，相互干扰，不适合本系统使用。

方案 2：自制单片机印刷电路板。其实现较为困难，周期长，影响整体设计进程。不宜采用该方案。

方案 3：采用单片机最小系统。单片机最小系统功能齐全，能明显减少外围电路的设计，降低系统设计的难度，非常适合本系统的设计。

综合以上三种方案，选择方案 3。

（3）小车的设计

① 车轮的选择

a. 带舵机车轮：缺点是速度较慢，操作困难。

b. 四驱车轮：速度较快，但车轮旋转角度易出现偏差。

c. 麦克纳姆轮：速度快，操作简单，可平移。

因此，选用麦克纳姆轮。

② 车架的选择

采用环氧树脂板，可利用刻板机为所需要的形状进行切割。

1.2　无线模块的论证与选择

方案 1：选择 HC-12 无线通信。由于其本身通信协议简便，通信范围广、穿透力强等特点，被广泛用于多个控制装置的无线通信，对于本装置特别适合。

方案 2：选择蓝牙模块。由于蓝牙模块通信距离短，信号易受障碍物的干扰，且小车接收指令的时间有延迟，影响实验结果，不予采用。

综合以上两种方案，选择方案 1。

1.3　测距传感器的论证与选择

方案 1： 选择激光测距传感器。其测量精度高、范围广、误差较小,适用于测距领域,较适用于本装置。

方案 2： 选择超声波传感器。其测量范围内必须要有一定的障碍物,且工作时间较长,会使装置精确度产生一定误差,故不予采用。

综合考虑,采用方案 1 作为小车入库和出库的检测传感器。

1.4　碰撞方案的论证与选择

方案 1： 选择应变片作为碰撞检测。通过采集应变片在碰撞中产生的应力变化使得单片机采集的信号被放大,但由于小车本身会产生振动,使得应变片在检测时有误差,且其变化的差值较小,难以被采集。

方案 2： 通过检测小车在碰撞中电机速度前后的变化来检测小车的碰撞次数。但其变化差值不明显,不易于进行采集。

方案 3： 选择震动传感器检测。通过检测小车在碰撞中的震动大小,来判断小车是否碰撞,直接以高低电平显示便于读取,易于进行采集。

综合考虑,采用方案 3 作为小车碰撞次数的检测与控制。

2. 系统工作原理

2.1　系统结构的分析

（1）系统工作原理

通过分析题目的要求可知,本题要设计的是一个自动泊车的控制系统,控制装置对小车发送指令,使得小车能够在进停车场时进行计费,到达预定泊位上自动停车然后自动离开,驶入和驶出的路线轨道需多样化,尽量减少碰撞,并可以记录每次碰撞的次数。为了使小车能够自动驶入和驶出,本装置采用激光传感器测量两路距离相对差值,进行每个泊位的距离范围测定,并且在收费入口设置红外对管检测小车进入停车场的时间,启动计时和计费,结合地磁传感器矫正每次小车转弯产生的角度误差值,从而精准的进行停车,通过采集每次碰撞时震动传感器反馈的信号判断撞击木板的次数,通过设置控制装置的按键功能,设计空泊位的灯光显示。

（2）系统计费

通过红外对射管检测小车是否达到起始位置,按照计价费进行计算。

（3）泊位的位置判定

通过激光测距传感器和地磁传感器矫正判断泊位位置。

2.2　系统计费和距离的计算

（1）系统计费

停车场入口为起始点,设定时间的计时初值,通过红外对管检测小车是否达到起始位置,按照计价费进行计算。

（2）泊位位置的计算

从始起点进入后测量小车行驶过程中泊位的位置距离,通过差值计算泊位所在位置,通过地磁传感器矫正车轮带来的角度误差值,采用 PID 算法计算每次距离偏移量的差值,通过所测得的模拟线性比判断泊位位置。

3. 电路与程序设计

3.1 系统总体方案设计

系统总体框图如图L-1-1所示,整个系统由停车选位控制装置、电动小车行驶装置、两组独立电源以及停车场组成。选位停车控制装置主要由STM8单片机、电源、HC-12、4.3寸电容触摸屏、激光测距模块、外部存储等电路组成;电动小车主要由车身结构、STM32单片机、地磁传感器、HC-12、电机驱动等部分组成。在停车场隔板上设置激光发射接收对管,在固定点检测小车的大致位置。选位停车控制装置和电动小车之间通过无线通信传输指令,小车通过激光测距传感器检测与周围障碍物的距离差值,进行泊位的位置判断和停车,通过设置碰撞过程中震动传感器的反馈判断碰撞情况。

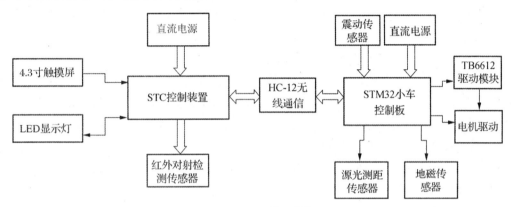

图L-1-1 系统总体框图

3.2 程序流程图设计

系统的控制装置流程图如图L-1-2所示。首先系统进行初始化,包括液晶显示内容初始化,显示内容主要包括停车时间和费用。初始化后,程序等待按键指令,接收到按键指令后,通过无线模块将指令发送给小车,通知小车停泊的车位信息。等待小车发送过来的结束指令,同时更新液晶显示信息。

4. 测试方案与测试结果

4.1 测试方案

(1)硬件测试

通过调节电动小车正确的入口位置进行轨道调节,通过PWM调节小车的电机转动速度以及每次测量距离偏差的角度,通过调整地磁传感器安装的角度线性比值调节距离差值,通过震动传感器检查碰撞次数。

(2)软件仿真测试

采用分段测量方式,先测试显示装置、电机驱动装置,然后进行小车的整体调试;对控制装置进行整体程序的仿真

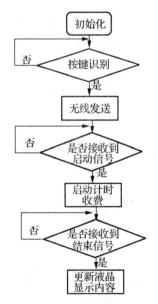

图L-1-2 控制装置流程图

调试。

（3）硬件软件联调

通过下载器将程序烧写到电路板上，并采用长数据线进行调试，以便于在程序中能及时更改测量过程中的距离差值、初始值以及电机转速等参量。通过按键设置停车的指令。

4.2 测试条件与仪器

测试条件：检查多次，确保仿真电路和硬件电路必须与系统原理图完全相同，硬件电路保证无虚焊。

测试仪器：高精度的数字毫伏表，模拟示波器，数字示波器，数字万用表，指针式万用表。

4.3 测试结果及分析

（1）测试结果

地磁传感器：由于硬件测试过程中距离的偏移差值较大，因此采用地磁传感器矫正偏移角度，得到准确的数据。

震动传感器：设计初期我们直接将震动传感器安装在小车顶板上，输出信号接在 I/O 口位置，产生中断，由于传感器灵敏度太高，导致小车无法正常前进；后来改进传感器位置，将震动传感器的震动头放置在小车底盘，灵敏度降低，在车辆正常前进中不会发生电平跳变，但是测试时发现传感器在轻微碰撞时产生的电平过低，因此采用 LM358 搭成电压比较器检测轻微碰撞；后期又发现 LM358 输出信号有杂波，因此在输出端加了一个与门，滤除了干扰。

软件仿真暂无问题。整体调试中小车的自动停车和驶出的时间显示稳定，可以实现基本功能和扩展要求。

（2）测试分析与结论

根据上述测试结果，整个装置能够正常运行，并且误差在允许误差范围内，由此可以得出以下结论：

① 停车场控制装置的按键能够设置一个空停车位，并且可以点亮 LED 灯。

② 控制装置可以设定某一个垂直式空车位。电动小车能自动驶入指定停车位；驶入停车位后停车 5 s，停车期间发出声光信息；然后再从停车位驶出停车场。总体时间在 8 s 左右。

③ 停车场控制装置可以实现自动计时计费功能，实时显示计费时间和停车费。

④ 电动小车能够检测并实时显示在泊车过程中碰撞隔板次数，任何位置的隔板都可以检测到。

⑤ 电动小车能自动驶入指定的平行式停车位；驶入停车位后停车 5 s，停车期间发出声光信息；然后从停车位驶出停车场。

⑥ 停车场控制装置采用红外遥控控制方式代替手动按键，可以远程进行遥控操作。

综上所述，本作品达到设计要求。

5. 参考文献

［1］黄婷，施国梁，黄坤，等，单片机无线通信系统的设计与实现［J］. 微处理机，2010，31（3）：27－31.

［2］徐炜，姜晖，崔琛. 通信电子技术［M］. 西安：西安电子科技大学出版社，2003.

［3］朱定华. 微机原理与接口技术［M］. 北京：清华大学出版社，北方交通大学出版

社,2002.

[4] 李斯伟,雷新生. 数据通信技术[M]. 北京:人民邮电出版社,2004.

[5] 杨振江,蔡德芳. 新型集成电路使用指南与典型应用[M]. 西安:西安电子科技大学出版社,2004.

[6] 潘新民,王燕芳,等. 微型计算机控制技术[M]. 北京:高等教育出版社,2001.

[7] 谢自美. 电子线路设计. 实验. 测试[M]. 武汉:华中科技大学出版社,2000.

[8] 梁廷贵. 现代集成电路实用手册:遥控电路 可控硅触发电路 语音电路分册[M]. 北京:科学技术文献出版社,2002.

[9] 吴金戊,沈庆阳,郭庭吉. 8051 单片机实践与应用[M]. 北京:清华大学出版社,2002.

[10] 刘训非,陈希. 单片机技术及应用[M]. 北京:清华大学出版社,2009.

M 题　管道内钢珠运动测量装置

一、任务

设计并制作一个管道内钢珠运动测量装置,钢珠运动部分的结构如图 M-1 所示。装置使用两个非接触传感器检测钢珠运动,配合信号处理和显示电路获得钢珠的运动参数。

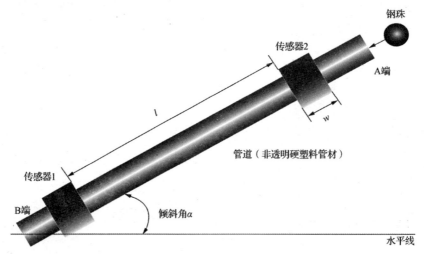

图 M-1　钢珠运动部分的结构

二、要求

1. 基本要求

规定传感器宽度 $w \leqslant 20$ mm,传感器 1 和 2 之间的距离 l 任意选择。

(1) 按照图 M-1 所示放置管道,由 A 端放入 2～10 粒钢珠,每粒钢珠放入的时间间隔 $\leqslant 2$ s,要求装置能够显示放入钢珠的个数。

(2) 分别将管道放置为 A 端高于 B 端或 B 端高于 A 端,从高端放入 1 粒钢珠,要求能够显示钢珠的运动方向。

(3) 按照图 M-1 所示放置管道,倾斜角 α 为 $10°\sim80°$ 之间的某一角度,由 A 端放入 1 粒钢珠,要求装置能够显示倾斜角 α 的角度值,测量误差的绝对值 $\leqslant 3°$。

2. 发挥部分

设定传感器 1 和 2 之间的距离 l 为 20 mm,传感器 1 和 2 在管道外表面上安放的位置不限。

(1) 将 1 粒钢珠放入管道内,堵住两端的管口,摆动管道,摆动周期 $\leqslant 1$ s,摆动方式如图 M-2 所示,要求能够显示管道摆动的周期个数。

(2) 按照图 M-1 所示放置管道,由 A 端一次连续倒入 2～10 粒钢珠,要求装置能够显示倒入钢珠的个数。

（3）按照图 M-1 所示放置管道,倾斜角 α 为 10°～80°之间的某一角度,由 A 端放入 1 粒钢珠,要求装置能够显示倾斜角 α 的角度值,测量误差的绝对值≤3°。

（4）其他。

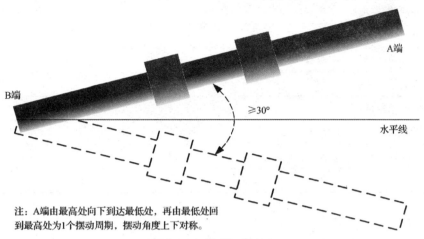

注:A端由最高处向下到达最低处,再由最低处回到最高处为1个摆动周期,摆动角度上下对称。

图 M-2　管道摆动方式

三、说明

（1）管道采用市售非透明 4 分(外径约 20 mm)硬塑料管材,要求内壁光滑,没有加工痕迹,长度为 500 mm。钢珠直径小于管道内径,具体尺寸不限。

（2）发挥部分(2),"由 A 端一次连续倒入 2～10 粒钢珠"的推荐方法:将硬纸卷成长槽形状,槽内放入 2～10 粒钢珠,长槽对接 A 端管口,倾斜长槽将全部钢珠一次倒入管道内。

（3）所有参数以 2 位十进制整数形式显示;基本要求(2)A 端向 B 端运动方向显示"01",B 端向 A 端运动方向显示"10"。

四、评分标准

	项　目	主　要　内　容	满分
设计报告	装置方案	总体方案设计	2
	理论分析与计算	测量方法的选择与工作原理分析 检测电路的原理分析计算 显示电路的原理与分析	9
	电路与程序设计	总体电路图;程序流程图	4
	测试方案与测试结果	调试方法与仪器 测试数据完整性 测试结果分析	3
	设计报告结构及规范性	摘要;设计报告正文的结构 图表的规范性	2
合　计			**20**

续表

	项 目	主 要 内 容	满分
基本要求	完成第(1)项		10
	完成第(2)项		10
	完成第(3)项		30
	合　计		**50**
发挥部分	完成第(1)项		5
	完成第(2)项		10
	完成第(3)项		30
	其他(4)		5
	合　计		**50**
总　分			**120**

报　告　1

基本信息

学校名称	南京铁道职业技术学院		
参赛学生 1	蒋政宏	Email	1005513260@qq.com
参赛学生 2	高婷婷	Email	1780020060@qq.com
参赛学生 3	张祚嘉	Email	932773412@qq.com
指导教师 1	刘　林	Email	295017303@qq.com
指导教师 2	王　欣	Email	849116889@qq.com
获奖等级	全国一等奖		
指导教师简介	刘林，博士，南京铁道职业技术学院讲师，研究方向为复合材料先进制造技术，主要研究内容为复合材料成型工艺及设备，纤维缠绕、自动铺放技术 CNC 数控系统及相关 CAD/CAM 软件。 　　王欣，南京铁道职业技术学院副教授。主要担任"电气控制技术""供配电技术""专业英语"等课程的教学工作。擅长手工制作、软件开发等。研究兴趣为图像识别技术。曾指导本校学生获 2013 年全国大学生电子设计竞赛全国一等奖。		

　　为了能够实现使用两个非接触式传感器配合信号处理电路以及显示电路来检测获得钢珠的运动参数功能，设计了以 MSP430F169 单片机为控制中心，选用两个电感式的环形接近开关以检测钢珠在管道中的运行情况，运用光耦转换电路以及 LM393 比较电路等信号处理电路处理接近开关的输出信号并传送给单片机，运用运动学知识及数据采集处理测出数据；单片机通过串口把数据信息传送给显示模块 TFT 显示屏，显示放入管道钢珠个数、钢珠运动方向、管

道倾斜角度,以及管道摆动周期个数等信息。经过多次试验测试表明,所采用的设计方案先进有效,达到了相关要求。

1. 方案设计及论证

1.1　预期实现目标定位

以 MSP430F169 单片机为核心控制器,使用电感式的环形接近开关,在非接触的模式下检测钢珠在管道中运行的相关参数,可以检测进入管道中的钢珠个数,以及在非透明的情况下通过信号处理判断钢珠运动的方向,运用受力分析以及能量守恒定律等相关知识间接测量管道的倾斜角,满足题目中要求的精度,能够在较短摆动周期中测量管道摆动周期个数,结合按键并将各个相关参数通过显示屏显示出来。

1.2　技术方案分析比较

根据题目的要求,本系统以下几部分需要进行分析论证:

(1) 控制器模块

方案 1：采用 MSP430 系列单片机。MSP430F169 单片机内外设备丰富,是一种 16 位超低功耗的处理器;具有强大的处理能力,处理速度快,在 8 MHz 晶体驱动下指令速度可达 8MIPS;具有高性能模拟技术及丰富的片上外围模块,汇编语言运用灵活;有定时比较功能,可有效控制电机速度,12 位 ADC 模块。

方案 2：采用 51 系列单片机。该单片机片内 RAM 区间具有一个双重功能的地址区间,使用灵活,价格成本实惠。但其 AD、E^2PROM 等功能需要靠扩展,增加了软硬件的负担,并且其高电平时无输出能力,运行速度慢。

综合比较分析,最终选用方案 1。

(2) 非接触式传感器的选择

方案 1：采用自制传感器。用漆包线缠绕在硬塑料管道上时产生电涡流以及电路板来构成传感器模块;但自制传感器模块不成熟,测试烦琐、稳定性较低,响应频率很难满足本系统。

方案 2：采用电感式环形接近开关。NPN 常开电感式环形接近开关可测外径为 20 mm 的塑料管道,能够灵敏地检测到金属物体,稳定性也较高,而隔着塑料等物体对该传感器检测金属几乎没有影响。

经过多次试验验证,将环形接近开关放在塑料管道上时,测钢珠灵敏度较高,稳定性也较高,所以采用方案 2。

(3) 管道摆动机构

方案 1：采用外径约为 20 mm,内径约为 17 mm 的非透明 4 分硬塑料管材,及直径为 14 mm 的钢珠,优点是环形接近开关对钢珠检测的灵敏度较高,结合传感器的宽度,能够符合检测要求。

方案 2：采用外径约为 20 mm,内径约为 13 mm 的非透明 4 分硬塑料管材,及直径约为 11.5 mm 的钢珠,优点是小球滚动速度较慢,可以很好地检测,缺点是传感器检测的灵敏度较低。

通过反复试验,方案 1 的方法相对来说比较好,所以采用方案 1。

(4) 抗干扰模块

经过测试,环形接近开关的输出信号中具有干扰信号,所以需要抗干扰。

方案1：采用光耦转换模块。能够实现外部环形接近开关高压电路与单片机低压控制电路相隔开，可以防止因有电的连接而引起的干扰。

方案2：采用光耦转换模块＋自制比较器。除了有方案1的功能，还能更加精确地屏蔽干扰单片机的低电平信号，防止误触发。

经过比较分析，方案2的功能齐全，所以最终采用方案2。

（5）显示模块

因为本系统要求显示钢珠的个数、运动的方向以及管道摆动的角度，所以采用显示模块合理地显示各种信息。

方案1：采用数码管。其成本低，亮度高，可显示数字，但若想显示更多信息，比如较多的汉字显示，则需要更多的数码管。

方案2：采用2.8寸TFT彩屏。TFT显示器可以做到高亮度、高对比度显示屏幕信息，且低压应用，低驱动电压，高可靠性，显示功能齐全，可以显示比较齐全的信息，符合题目要求。

综合考虑后，采用方案2

2. 系统理论分析与计算

2.1 系统结构工作原理

本系统主要由MSP430F169单片机系统板、环形接近开关、光耦转换模块、比较器模块、TFT显示屏、4×4按键、电源等部分组成。通过环形接近开关检测钢珠通过的情况，若无钢珠通过，接近开关输出高电平信号12 V；若有钢珠通过，接近开关输出低电平。运用公式测出角度，其要求精度较高，所以必须尽量排除干扰信号，所以接近开关输出的信号要经过光耦转换模块，再经过比较电路，将信号传送给单片机，然后通过显示屏将所测量的角度、方向等参数显示出来。系统控制原理图如图M-1-1所示。

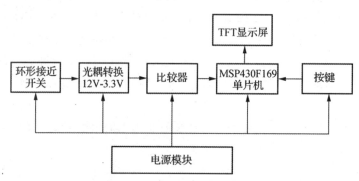

图M-1-1　系统控制原理图

2.2 测量方法的选择与工作原理分析

由于环形接近开关的宽度为20 mm，选用的钢珠为14 mm，那么接近开关可以检测到钢珠并将信号传送给单片机，单片机可以检测低电平信号的脉冲。

（1）钢珠个数的计数：时间间隔小于2 s投入钢珠的个数就是低电平脉冲信号个数的累计；

（2）运动方向的判断：安装的两个接近开关，分别靠近A端和B端，两个接近开关检测钢珠输出的信号就有先后顺序，对两个接近开关分别标记即可判别钢珠运动方向。

（3）角度的测量：根据低电平脉宽可知道钢珠通过接近开关 20 mm 距离的时间，钢珠分别通过两个传感器的时间差，以及两个传感器相隔的距离，这就可以计算出钢珠通过接近开关的瞬时速度。发挥部分由于两个接近开关相隔距离只有 20 mm，所以角度测量是在基本部分的基础上稍微改变测试方法，固定接近开关的位置，测量接近开关到端口的距离以及两个传感器之间的距离，得出三个角度取平均值即可得出精度较高的管道角度。

（4）摆动周期个数：管道上下摆动为一个周期，管道上有两个接近开关分别测试钢珠通过传感器的次数除以 2，不是 2 的倍数则取整数部分，分别得出数据进行比对，以提高精确度。

2.3　检测电路的原理分析计算

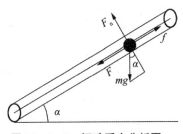

图 M-1-2　钢珠受力分析图

在本系统中，两个接近开关间距离为 l，假设钢珠通过 B 端接近开关的时间为 t_B，通过 A 端接近开关的时间为 t_A，则此时的平均速度 $v=\dfrac{l}{t_B-t_A}$。两个接近开关相隔的距离为 X_l，小球下落的高度为 $h=X_l\sin\alpha$，根据图 M-1-2 的受力分析可知，摩擦力 $f=\mu mg\cos\alpha$，其中 μ 为摩擦因数；在 X_l 长度比较长时有如下情况：

（1）理论上，运用以上相关数据，根据能量守恒定律可求得公式：
$$\begin{cases}\dfrac{1}{2}m\left(\dfrac{1}{v_t}\right)^2-\dfrac{1}{2}m\left(\dfrac{1}{v_o}\right)^2=mgX_l\sin\alpha-X_l\mu mg\cos\alpha\\ \sin\alpha^2+\cos\alpha^2=1\end{cases}$$
，只要知道摩擦因数 μ，即可知道 $\sin\alpha$ 的值，最终便可知道角度 α；

（2）实际上，因为摩擦力会随着管道摆动不同的角度而改变，所做的功也会改变，为了能很好地测不同角度，所以可以用一个变量来表示不断改变的摩擦力做的功，经过多次试验，合理地改变该变量，即可求出 $\sin\theta$ 的值，利用反函数即可求出转角 α 的值。

2.4　显示电路的原理与分析

本系统采用 TFT 显示屏显示各种信息。由于基本部分和发挥部分所求的问题一样，以防搞混，通过按键来改变基本模式、发挥模式的内容显示；基本部分显示的内容有：钢珠个数、运动方向、角度显示以及当前模式；发挥模式显示的内容有：周期个数、钢珠个数、角度显示，可以运用按键将之前的数据清零。

3. 核心部件电路设计

3.1　关键器件性能分析

（1）控制单元：MSP430F169 是一个 16 位、低功耗单片机，具有定时器、液晶驱动器。其中 P3 端口用于检测矩阵键盘，P4 端口用于屏幕的 8 位并行数据口，P5.5～P.7 用于屏幕的使能端和读写。

（2）传感器单元：环形接近开关是一个电感式、NPN、常开的传感器。无金属物体时输出高电平，有金属物体时输出低电平，灵敏度较高。

3.2　核心电路设计

比较电路：LM393 制作的比较电路能够排除比较低的电平信号的干扰，电路图如图 M-1-3 所示。

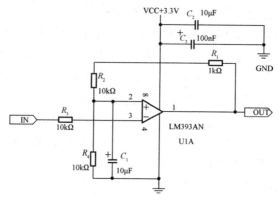

图 M-1-3　比较电路

4. 系统软件设计分析

本系统的程序流程图如图 M-1-4 所示。

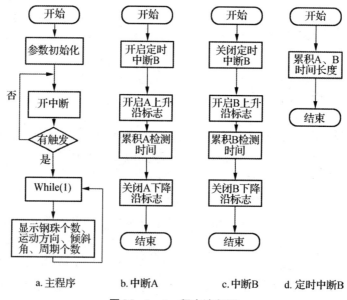

a. 主程序　　　　b. 中断 A　　　　c. 中断 B　　　　d. 定时中断 B

图 M-1-4　程序流程图

5. 测试方案与测试结果

5.1　调试方法与仪器

(1) 基本部分不断改变接近开关的安装位置以及两个传感器之间的距离,将接近开关刚输出的信号以及在单片机处接收的信号接入示波器,比较两个输出脉冲接收时间的情况,并且使用自制量角器在每个不同位置多次测试,记录脉宽数据,用以检测信号输出稳定性以及改变选取合适的摩擦力做功变量,最终选择合适的位置以完成测角度等功能。

(2) 发挥部分的要求对检测处理输出信号信息具有一定的难度,需要接通示波器显示信号寻找合适的位置,测试出周期个数以及钢珠个数,并采用三个角度取平均值的方式,较高精度地检测角度。

5.2 系统测试性能指标

（1）基本部分管道倾斜角的测量结果如表 M-1-1 所示。

表 M-1-1 基本部分管道倾斜角测量

理论值	10°	15°	20°	28°	35°	47°	60°	70°	77°	80°
测量值	10°	15°	20°	28°	35°	47°	60°	69°	76°	78°
	10°	15°	20°	28°	35°	47°	59°	68°	78°	80°

（2）发挥部分管道倾斜角的测量结果如表 M-1-2 所示。

表 M-1-2 发挥部分管道倾斜角测量

理论值	10°	15°	20°	30°	35°	50°	60°	65°	75°	80°
测量值	10°	15°	20°	29°	35°	50°	59°	65°	75°	80°
	10°	15°	20°	30°	36°	51°	60°	64°	76°	79°

5.3 测试结果分析

基本部分：能够准确测试放入钢珠的个数；也能够精确判断钢珠运动方向，测量的倾斜角误差在绝对值2°范围内。发挥部分：能够在1 s内准确测出摆动周期的个数；能够测出连续倒入小球的个数；通过取平均值，测量的角度在2°范围内。

6. 参考资料

[1] 沈建华,杨艳琴.MSP430系列16位超低功耗单片机原理与实践[M].北京:北京航空航天大学出版社,2008.

[2] 秦龙.MSP430单片机常用模块与综合系列实例精讲[M].北京:电子工业出版社,2007.

[3] 劳五一,劳佳.模拟电子技术[M].北京:清华大学出版社,2015.

[4] 黄智伟.全国大学生电子设计竞赛技能训练[M].北京:北京航空航天大学出版社,2007.

报　告　2

基本信息

学校名称	南京信息职业技术学院		
参赛学生 1	常　胜	Email	958759163@qq.com
参赛学生 2	田　旺	Email	820465100@qq.com
参赛学生 3	秦　雷	Email	1175497760@qq.com
指导教师 1	魏　欣	Email	weixin@njcit.cn
指导教师 2	李芳苑	Email	lify@njcit.cn

获奖等级	全国一等奖
指导 教师 简介	魏欣,男,副教授/高级工程师/高级技师。主要研究方向:嵌入式系统开发、电力电子技术和高职教育理论。近年来多次指导学生参加各级各类竞赛,并获得多个国家级和省级奖项,2015 年指导学生获得"瑞萨杯"。 李芳苑,女,助教。主要研究方向:智能产品开发、电子技术和高职教育理论。近年来多次参与教学成果奖申报及信息化教学大赛,2016 年 12 月获得南信院微课二等奖。

1. 设计方案工作原理

1.1 预期实现目标定位

根据赛题要求,所设计和制作的管道内钢珠运动测量装置,能够在钢珠以小于等于 2 s 的时间间隔放入管道时显示放入钢珠的个数;从管道高端放入钢珠时能显示钢珠的运动方向;并能通过放入一粒钢珠测定倾斜管道的倾斜角度值,且角度误差不超过 3°。在赛题发挥部分,需要设定两传感器距离为 20 mm,使钢珠以不超过 1 s 的摆动周期在被堵住端口的管道内来回摆动,能够显示管道摆动的周期个数;并能在一次连续倒入 2~10 粒钢珠时,显示钢珠个数;同时在将管道以 10°~80°之间某一角度倾斜时,放入一粒钢珠后显示管道倾斜角。

1.2 技术方案分析

在本设计中,利用钢珠经过电涡流传感器时,将引发脉冲信号由低电平变为高电平的原理,完成对钢珠个数、运动方向、摆动周期及角度的测量。电涡流传感器检测钢珠位置原理如图 M-2-1 所示。

(1) 钢珠个数的测量:只要传感器的脉冲信号变为高电平,则说明有钢珠经过,钢珠个数加 1,因此本方案选择传感器 1 进行钢珠个数的测量,如图 M-2-2 所示。

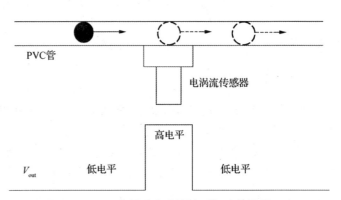

图 M-2-1 电涡流传感器检测钢珠位置原理

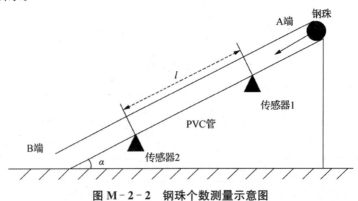

图 M-2-2 钢珠个数测量示意图

(2) 钢珠方向的测量:只要两个传感器的脉冲信号先后出现高电平,则说明有钢珠先后经过Ⅰ、Ⅱ两点,如图 M - 2 - 3 所示。如Ⅱ点先出现高电平,则钢珠的运动方向为 B→A,以"10"表示;如Ⅰ点先出现高电平,则钢珠的运动方向是 A→B,以"01"表示。

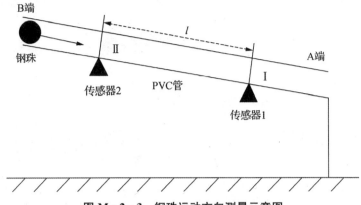

图 M - 2 - 3　钢珠运动方向测量示意图

钢珠摆动周期的测量:钢珠运动方向的两个数据"10"与"01"轮流出现,即表示钢珠的一个摆动周期,测量此数据对的出现次数即可得到钢珠摆动的周期个数,如图 M - 2 - 4 所示。

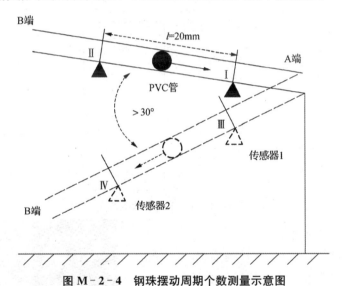

图 M - 2 - 4　钢珠摆动周期个数测量示意图

(3) 管道倾斜角 α 的测量:两传感器到钢珠运动起点的距离均可测量得出,再通过测量钢珠经过两传感器的时间间隔 t,可计算得出管道倾斜角 α 的值,如图 M - 2 - 5 所示。

由 $s_1 = \frac{1}{2}at_1^2$,$s_2 = \frac{1}{2}at_2^2$ 可得:

$$t = t_2 - t_1 = \sqrt{\frac{2s_2}{a}} - \sqrt{\frac{2s_1}{a}} \tag{1}$$

又由 $a = g \cdot \sin\alpha$ 可得:

$$\alpha = \arcsin\frac{a}{g} \tag{2}$$

t 可由两传感器测量得出,g 为重力常数,因此通过公式(1)、(2)可计算得出倾斜角 α 的值。

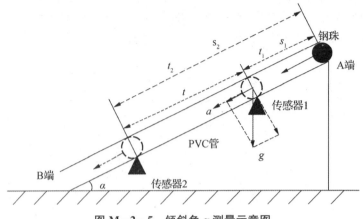

图 M‑2‑5　倾斜角 α 测量示意图

1.3　系统结构工作原理

本方案的系统硬件电路如图 M‑2‑6 所示。两个电涡流传感器分别将钢珠引起的信号变化经调理电路转换为高低电平的脉冲信号，送入以 STM32 单片机为核心的 CPU 模块，最终呈现到液晶屏上。

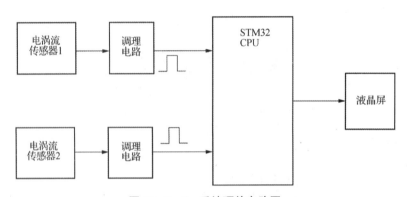

图 M‑2‑6　系统硬件电路图

1.4　功能指标实现方法

该装置属于典型的运动跟踪检测系统，采用单片机作为检测核心，利用电涡流传感器结合调理电路检测钢珠运动位置，从而完成对钢珠个数、运动方向的统计分析；通过测量钢珠通过两个传感器的时间并结合传感器间的距离数据，完成管道倾斜角度的计算。

钢珠运动检测硬件装置由电涡流传感器、PVC 管道、铝合金支架、管道与支架连接部件、传感器固定部件及量角器面板组成，如图 M‑2‑7 所示。

其中管道与支架连接部件与传感器固定部件均由团队自主设计模型并由 3D 打印成型。设计模型如图 M‑2‑8(a)、(b) 所示。

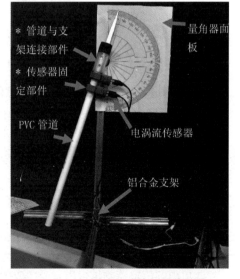

图 M‑2‑7　钢珠运动检测硬件装置

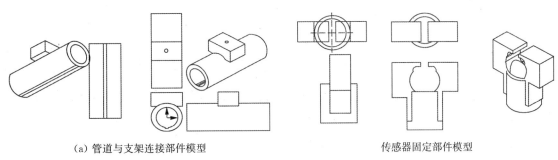

（a）管道与支架连接部件模型　　　　　　　　　传感器固定部件模型

图 M‑2‑8　设计部件模型图

2. 核心部件电路设计

本方案的系统硬件电路如图 M‑2‑9 所示。两个电涡流传感器分别将钢珠引起的信号变化经调理电路转换为高低电平的脉冲信号，送入以 STM32 单片机为核心的 CPU 模块，最终将检测结果呈现到液晶屏上。利用钢珠经过电涡流传感器时，将引发脉冲信号由低电平变为高电平的原理，完成对钢珠个数、运动方向、摆动周期及角度的测量。在电涡流传感器接收到信号时，信号通过调理电路将微小信号通过电路再发送给单片机，如图 M‑2‑10 所示。

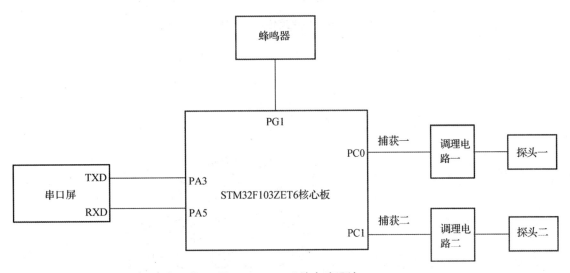

图 M‑2‑9　系统电路设计

3. 系统软件设计分析

电涡流传感器 A、B 分别将钢珠引起的信号变化经调理电路转换为高低电平的脉冲信号，触发相应的单片机外部中断，执行相应操作。系统程序流程如图 M‑2‑11 所示，程序见网站。

4. 竞赛工作环境条件

（1）设计分析软件环境：使用 Keil 5 进行程序编写及仿真；使用 Multisim 进行电路仿真与调试。

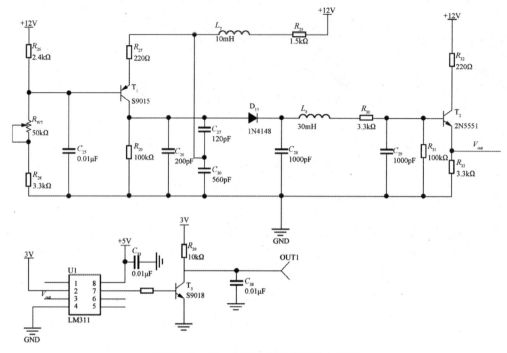

图 M‑2‑10　电涡流传感器调理电路图

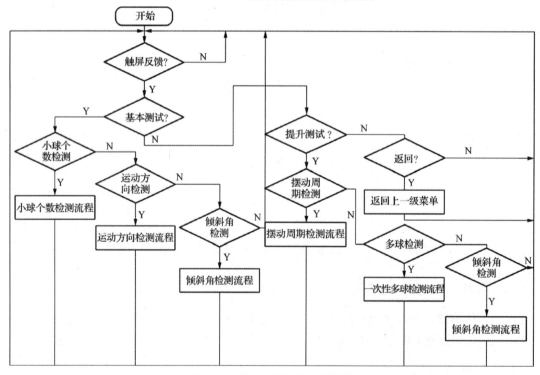

图 M‑2‑11　系统程序流程图

(2) 仪器设备硬件平台:直流稳压电源、函数信号发生器、示波器、万用表等。

(3) 配套加工安装条件:所需准备的材料有 STM32F103ZET6 单片机、串口触摸屏、涡流传感器、万用板、电子元器件、PVC 管、12 V 开关电源、铝合金方管、亚克力板等；所需工具有3D 打印机、电钻、螺丝刀等。

（4）前期设计使用模块：STM32F103ZET6 单片机、串口触摸屏、涡流传感器等。

5. 作品成效总结分析

5.1　系统测试性能指标

根据赛题要求，针对基本要求和发挥部分进行测试。基本要求部分，两传感器间距离 l 任意：（1）钢珠放入时间间隔≤2 s，测量钢珠个数，跟踪误差，重复测量；（2）管道倾斜，测量钢珠运动方向；（3）倾斜角 α 在 $10°\sim80°$ 之间，放入一粒钢珠，测量 α 值，记录选定角度与测量误差，重复测量。发挥部分，两传感器间距离固定为 $l=20$ mm：（1）摆动管道，摆动周期≤1 s，测量摆动周期个数，记录人工摆动次数与测量次数，跟踪误差，重复测量；（2）钢珠个数与管道倾斜角 α 的测量重复基本要求部分测量方式。

5.2　成效得失对比分析

经反复大量测试，钢球个数、方向及摆动次数均符合赛题要求，其中管道倾斜角 α 有一定误差。

角度 α 的测试数据如图 M-2-12 所示。测试起初误差较大，与忽略管道内壁摩擦力 f 有关。如图 M-2-13 所示，将角度 α 的计算公式（2）修正为

$$t=t_2-t_1=\sqrt{\frac{2s_2}{\sin\alpha g-\cos\alpha g\cdot k}}-\sqrt{\frac{2s_1}{\sin\alpha g-\cos\alpha g\cdot k}} \tag{3}$$

修正后进行反复测试，测量数据明显优化，更接近理论值。后期实测数据更接近理论数据。

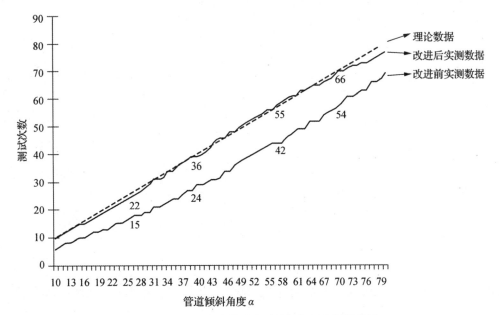

图 M-2-12　改进前后实测数据与理论数据曲线

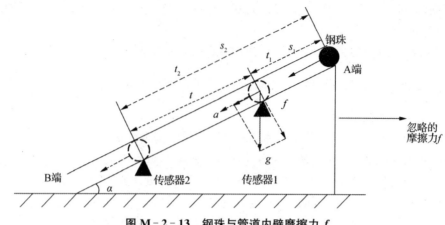

图 M‑2‑13　钢珠与管道内壁摩擦力 f

5.3　创新特色总结展望

此管道内钢珠运动测量装置的创新特色在于:

(1) 以 STM32F103ZET6 单片机为控制核心,采用两个电涡流传感器测量 PVC 管道内钢珠的运动情况,并通过触摸液晶屏实时显示。两个电涡流传感器分别将钢珠引起的信号变化经调理电路转换为高低电平的脉冲信号,送入 STM32 单片机,经过数据处理最终将所需检测的结果呈现到液晶屏上。

(2) 钢珠运动检测硬件装置中的管道与支架连接部件及传感器固定部件均由团队自主设计模型并由 3D 打印成型。

(3) 在进行数据处理时,我们考虑到了管壁的摩擦力等因素对加速度的影响,经过反复测试将管内的摩擦系数进一步校正,精确度得到进一步提高。

O 题　直流电动机测速装置

一、任务

在不检测电动机转轴旋转运动的前提下,按照下列要求设计并制作相应的直流电动机测速装置。

二、要求

1. 基本要求

以电动机电枢供电回路串接采样电阻的方式实现对小型直流有刷电动机的转速测量。

(1) 测量范围:600~5 000 rpm;

(2) 显示格式:四位十进制;

(3) 测量误差:不大于 0.5%;

(4) 测量周期:2 秒;

(5) 采样电阻对转速的影响:不大于 0.5%。

2. 发挥部分

以自制传感器检测电动机壳外电磁信号的方式实现对小型直流有刷电动机的转速测量。

(1) 测量范围:600~5 000 rpm;

(2) 显示格式:四位十进制;

(3) 测量误差:不大于 0.2%;

(4) 测量周期:1 秒;

(5) 其他。

三、说明

(1) 建议被测电动机采用工作电压为 3.0~9.0 V、空载转速高于 5 000 rpm 的直流有刷电动机。

(2) 测评时采用调压方式改变被测电动机的空载转速。

(3) 考核制作装置的测速性能时,采用精度为 0.05%±1 个字的市售光学非接触式测速计作参照仪,以检测电动机转轴旋转速度的方式进行比对。

(4) 基本要求中,采样电阻两端应设有明显可见的短接开关。

(5) 基本要求中,允许测量电路与被测电动机分别供电。

(6) 发挥部分中,自制的电磁信号传感器形状大小不限,但测转速时不得与被测电动机有任何电气连接。

四、评分标准

	项　目	主　要　内　容	满分
设计报告	系统方案	比较与选择、方案描述	3
	理论分析与计算	测速方式与误差	3
	电路与程序设计	电路设计、程序设计	8
	测试方案与测试结果	测试条件、测试结果分析	3
	设计报告结构及规范性	摘要、设计报告正文的结构、图表的规范性	3
	合　计		**20**
基本要求	完成第(1)项		15
	完成第(2)项		5
	完成第(3)项		15
	完成第(4)项		10
	完成第(5)项		5
	合　计		**50**
发挥部分	完成第(1)项		14
	完成第(3)项		15
	完成第(4)项		15
	完成第(5)项		6
	合　计		**50**
总　分			**120**

报　告　1

基本信息

学校名称	南京信息职业技术学院		
参赛学生1	戴　懿	Email	1343823056@qq.com
参赛学生2	陈　杰	Email	1404347465@qq.com
参赛学生3	葛文静	Email	1345551931@qq.com
指导教师1	尹玉军	Email	yinyj@njcit.cn
指导教师2	李　斌	Email	Libin.dz@njcit.cn

获奖等级	全国二等奖
指导 教师 简介	尹玉军,男,讲师/高级技师。主要研究方向:射频集成电路设计。近年来多次指导学生参加各级各类竞赛,并获得多个国家级和省级奖项。 李斌,男,副教授/高级工程师。主要研究方向:电子系统设计、道路及车辆安全警示研究。近年来多次指导学生参加各级各类竞赛,并获得多个国家级和省级奖项。

1. 设计方案工作原理

1.1 预期实现目标定位

根据赛题要求,设计和制作直流电动机测转速装置,基本功能以电动机电枢供电回路串接采样电阻的方式实现对小型直流有刷电动机转速测量,测量范围为 $600\sim5\,000$ rpm,显示格式是四位十进制,测量周期为 2 秒,且测量误差不大于 0.5%,采样电阻对转速的影响不大于 0.5%。发挥部分功能以自制传感器检测电动机壳外电磁信号的方式实现对小型直流有刷电动机的转速测量,测量范围为 $600\sim5\,000$ rpm,显示格式是四位十进制,测量周期为 1 秒,且测量误差不大于 0.2%。

该装置中被测电动机采用工作电压为 12 V、空载转速为 8 000 rpm 的直流有刷电动机,通过调压方式来改变被测电动机的空载转速。分别利用电流采样电路和磁通采样电路采集电动机变化的电流和磁通变化的信号,经过放大、取样比较,再由单片机采样处理进行转速显示。经过实际测试,本装置能够实现赛题规定的所有任务,满足赛题的指标要求。

1.2 技术方案分析

方案 1: 电路方案如图 O-1-1 所示,选用 1 Ω 采样电阻,经测试发现对转速影响大于 0.5%,设计要求不达标。

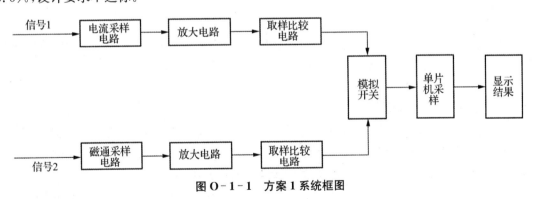

图 O-1-1 方案 1 系统框图

方案 2: 电路方案如图 O-1-2 所示,经反复测试与计算,选用 0.05 Ω 的采样电阻,可以满足对转速影响的设计要求,电路也得到进一步优化,因此选择方案 2。

本装置由电流采样电路、磁通采样电路、放大电路和取样比较电路组成。通过电流取样探头接入电路,实现基本要求。通过电感探头接入电路,实现发挥部分指标要求。经反复测试与计算,选用 0.05 Ω 的采样电阻,通过 1:1 隔离变压器取出变化电流变化量;选用 10 mH 的电感取出磁通的变化量。

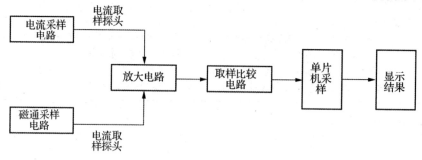

图 O-1-2　方案 2 系统框图

1.3　系统结构工作原理

当电刷为奇数对时，电机转速与电枢电流脉动频率之间的定量关系为：

$$f=2kn/60$$

当电刷为偶数对时，它们之间的关系为：

$$f=kn/60$$

式中，k 为换向片数；n 为电机转速；f 为电流脉动频率。

一个二极直流电机换向所产生的电流脉动频率为：

$$f=ckn/60$$

式中，c 为由 k 决定的奇偶系数，当 k 为奇数时，$c=2$；当 k 为偶数时，$c=1$。此公式对一对电刷以上的情况没有考虑。

如果设 c 为由 k 决定的奇偶系数，当 k 为奇数时，$c=2$；当 k 为偶数时，$c=1$，则总结出的关系式为：

$$f=ckpn/60$$

通过实测，每 6 转可以得到一个脉冲，通过测试脉冲就可以知道电机的转数，由此可得转速公式：

$$n=6f$$

1.4　功能指标实现方法

本装置由电流采样电路、磁通采样电路、放大电路、取样比较电路、单片机最小系统，及 12864 显示屏组成。通过电流取样探头接入电路，构成基本功能电路，实现基本要求；通过电感探头接入电路，构成发挥功能电路，实现发挥部分指标要求。

2. 核心部件电路设计

2.1　设计方案 1

基本功能电路如图 O-1-3 所示，由电流采样电路、放大电路和取样比较电路组成。通过采样电阻对电动机的电流信号进行采样，再经放大电路进行信号放大，最后通过比较电路，取出电压信号送给单片机最小系统进行采样，并由 128×64 LCD 显示屏显示结果。

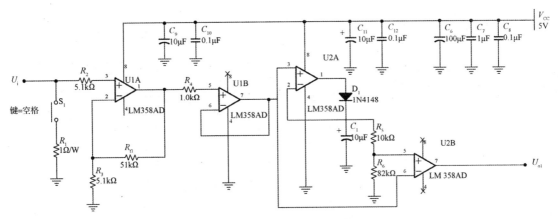

图 O-1-3　方案 1 基本功能电路原理图

发挥部分功能电路如图 O-1-4 所示,由磁通采样电路、放大电路和取样比较电路组成。其中 L_1 为电感,选用 10 mH 的电感取出磁通变化量。

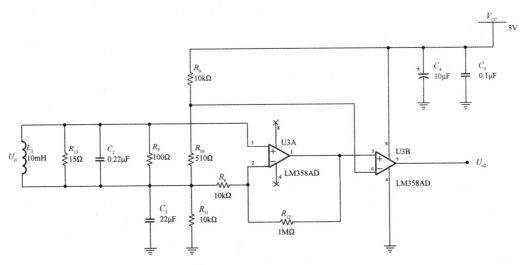

图 O-1-4　方案 1 发挥部分功能电路原理图

2.2　设计方案 2

方案 2 电路如图 O-1-5 所示,由电流采样电路、磁通采样电路、放大电路和取样比较电路组成。通过电流取样探头接入电路,构成基本功能电路,实现基本要求。通过电感探头接入电路,构成发挥部分功能电路,实现发挥部分指标要求。经反复测试与计算,选用 0.05 Ω 的采样电阻,通过 1∶1 隔离变压器取出变化电流变化量;选用 10 mH 的电感取出磁通的变化量。

本作品采用方案 2 的电路,实现电动机转速测量功能。

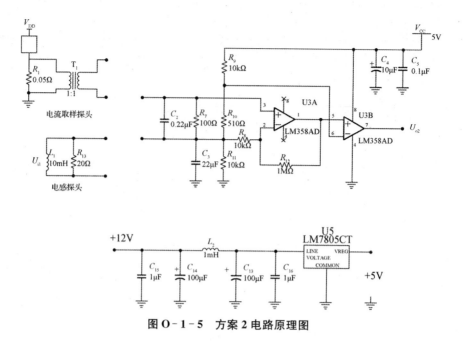

图 O-1-5　方案 2 电路原理图

3　系统软件设计分析

方案 1：直接采用定时器捕获模式,设置上升沿触发,捕获脉冲,脉冲计数,直接计算转速,转速＝6×脉冲数,显示结果。流程如图 O-1-6 所示。

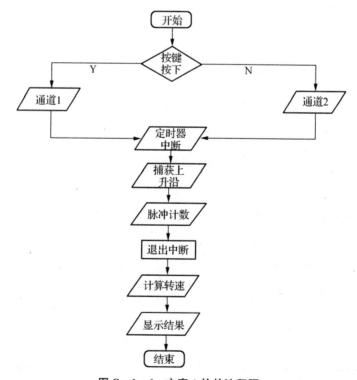

图 O-1-6　方案 1 软件流程图

方案2：采用外部中断,设置上升沿触发,进入中断,经短暂延时,然后再次判断脉冲信号的电平值,若仍为高电平,则捕获脉冲,脉冲计数;否则,退出中断。

采用定时器中断,设置采样时间为125 ms,利用滑动取平均算法,取8组脉冲值,平均后参与转速计算,转速＝6×(8组脉冲平均值),显示结果。125 ms×8＝1 s,确保改变转速后,1 s后转速趋于平稳。

程序流程图如图O-1-7所示。

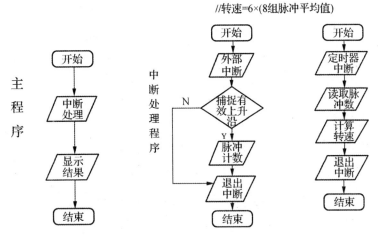

图O-1-7　方案2软件流程图

方案对比:方案1的不足之处在于捕获到的有效上升沿精准度不够,尤其在高频段,易受噪声信号脉冲的影响,产生误判,捕获脉冲数相差较大,所捕脉冲数未取平均,计算转速误差较大。方案2很好地消除了噪声信号的影响,能够捕获有效上升沿,进一步提高精确度,采用滑动取平均算法,也提高了计算转速的精确度,故本作品采用方案2实现电动机转速测量功能。

4. 竞赛工作环境条件

(1) 设计分析软件环境:使用 Keil 5 进行程序编写及仿真;使用 Multisim 进行电路仿真与调试。

(2) 仪器设备硬件平台:直流稳压电源、函数信号发生器、示波器、万用表等。

(3) 配套加工安装条件:所需准备的材料有 STM32F103ZET6 单片机、串口触摸屏、万用板、电子元器件、12 V 直流电机、12 V 开关电源;所需工具有烙铁、电钻、螺丝刀等。

(4) 前期设计使用模块:STM32F103ZET6 单片机、串口触摸屏等。

5. 作品成效总结分析

5.1　系统测试性能指标

(1) 测试方案

根据赛题要求,针对基本要求和发挥部分进行测试,采用调压方式改变被测电动机的空载转速,以市售光学非接触式计速仪测试转速作为标准,与我们设计的测速装置进行对比。

基本功能,通过采样电阻对电动机的电流信号进行采样,再经放大、取样比较、单片机采样显示。

发挥部分,通过自制传感器检测电动机壳外电磁信号,再经放大、取样比较、单片机采样显示。

(2)测试结果

经过多次验证和测试,本装置均能满足赛题基本功能和发挥部分的所有指标要求。基本功能测试结果如表 O-1-1 和表 O-1-2 所示,从数据上看,测量范围为 547.2~5 075 r/min,最大测量误差为 0.09%,采样电阻对转速的影响最大为 0.4%。

表 O-1-1　基本功能测试结果(利用电阻取样)

电压(V)	标准转速(r/min)	测量转速(r/min)	测量误差(%)
1.3	547.2	547	−0.04
2	878.6	878	−0.07
3	1 347	1 348	0.07
4	1 780	1 780	0
5	2 316	2 318	0.09
6	2 787	2 788	0.04
7	3 276	2 378	0.06
8	3 768	3 768	0
9	4 248	4 248	0
10	4 741	4 742	0.02
10.7	5 075	5 073	−0.04

表 O-1-2　采样电阻对转速的影响

电压(V)	采样测试转速(r/min)	短接采样电阻测试转速(r/min)	采样电阻对转速的影响(%)
1.3	547.2	549.5	0.4
10.6	5 025	5 035	0.2

发挥部分测试结果如表 O-1-3 所示,从数据上看,测量范围为 552.3~5 035 r/min,最大测量误差为 0.12%。

表 O-1-3　发挥部分测试结果(利用磁通取样)

电压(V)	标准转速(r/min)	测量转速(r/min)	测量误差(%)
1.3	552.3	553	0.12
2	920.0	921	0.11
3	1 350	1 349	−0.07
4	1 880	1 881	0.05
5	2 318	2 317	−0.04
6	2 693	2 692	−0.04

电压（V）	标准转速（r/min）	测量转速（r/min）	测量误差（%）
7	3 278	3 277	−0.03
8	3 768	3 766	−0.05
9	4 247	4 248	0.02
10	4 736	4 737	0.02
10.6	5 035	5 034	−0.02

5.2　成效得失对比分析

经反复、大量测试，修正后再进行反复测试，测量数据明显优化，更接近测速仪的值。

5.3　创新特色总结展望

本设计的创新特色在于：电路设计巧妙，结构简单，测试装置指标满足设计要求。

P 题　简易水情检测系统

一、任务

设计并制作一套如图 P-1 所示的简易水情检测系统。图 P-1 中,a 为容积不小于 1 升、高度不小于 200 mm 的透明塑料容器,b 为 pH 值传感器,c 为水位传感器。整个系统仅由电压不大于 6 V 的电池组供电,不允许再另接电源。检测结果用显示屏显示。

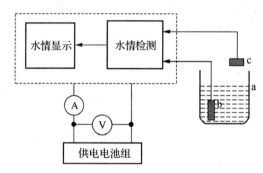

图 P-1　简易水情检测系统示意图

二、要求

1. 基本要求

(1) 分四行显示"水情检测系统"和水情测量结果。

(2) 向塑料容器中注入若干毫升的水和白醋,在 1 min 内完成水位测量并显示,测量偏差不大于 5 mm。

(3) 保持基本要求(2)塑料容器中的液体不变,在 2 min 内完成 pH 值测量并显示,测量偏差不大于 0.5。

(4) 完成供电电池的输出电压测量并显示,测量偏差不大于 0.01 V。

2. 发挥部分

(1) 将塑料容器清空,多次向塑料容器注入若干纯净水,测量每次的水位值。要求在 1 min 内稳定显示,每次测量偏差不大于 2 mm。

(2) 保持发挥部分(1)的水位不变,多次向塑料容器注入若干白醋,测量每次的 pH 值。要求在 2 min 内稳定显示,测量偏差不大于 0.1。

(3) 系统工作电流尽可能小,最小电流不大于 50 μA。

(4) 其他。

三、说明

(1) 不允许使用市售检测仪器。

(2) 为方便测量,要预留供电电池组输出电压和电流的测量端子。

(3) 显示格式:

第一行显示"水情检测系统";

第二行显示水位测量高度值及单位"mm";

第三行显示 pH 测量值,保留 1 位小数;

第四行显示电池输出电压值及单位"V",保留 2 位小数。

(4) 水位高度以钢直尺的测量结果作为标准值。

(5) pH 值以现场提供的 pH 计(分辨率 0.01)测量结果作为标准值。

(6) 系统工作电流用万用表测量,数值显示不稳定时取 10 s 内的最小值。

四、评分标准

	项 目	主 要 内 容	满分
设计报告	系统方案	方案比较,方案描述	3
	设计与论证	水情信号处理方法;电压检测方法	6
	电路与程序设计	系统组成,原理框图与各部分电路图,系统软件与流程图	6
	测试结果	测试数据完整性 测试结果分析	3
	设计报告结构及规范性	摘要,设计报告正文的结构 图表规范性	2
	合 计		**20**
基本要求	完成第(1)项		20
	完成第(2)项		10
	完成第(3)项		10
	完成第(4)项		10
	合 计		**50**
发挥部分	完成第(1)项		18
	完成第(2)项		18
	完成第(3)项		10
	完成第(4)项		4
	合 计		**50**
总 分			120

报 告 1

基本信息

学校名称	南通职业大学		
参赛学生 1	阚 宇	Email	1350686156@qq.com
参赛学生 2	钱清清	Email	2060680224@qq.com
参赛学生 3	张海峰	Email	1670697840@qq.com
指导教师 1	王 力	Email	877923797@qq.com
指导教师 2	居金娟	Email	26785270@qq.com
获奖等级	全国一等奖		
指导教师简介	王力,南通职业大学教师,致力于应用电子技术专业方面的教学工作,并能在课余时间辅导学生进行数字电路、模拟电路和单片机电路设计等。		

1. 设计方案工作原理

1.1 简易水情系统装置要求

本装置主要由液位传感器电路、pH 值传感器电路、液晶显示电路等部分构成,如图 P-1-1 所示,使用容积不小于 1 升,高度不小于 200 mm 的透明塑料容器,整个系统由电压不大于 6 V 的电池组供电,不允许再另接电源。检测结果用显示屏显示,系统工作电流不大于 50 μA。

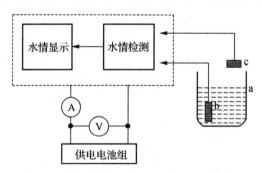

图 P-1-1 简易水情系统装置示意图

1.2 设计方案

方案 1:系统设计方案如图 P-1-2 所示,单片机选用 STC89C52R 芯片,不具有 SPI 和 I²C 通信方式,进行 A/D 转换时使用不方便。采用 LCD1602 显示模块,只能实现两行共 32 字符的显示,能表达的信息过少,不符合题目要求。选用 ADC0809 转换模块,转换精度不高。

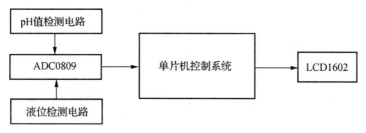

图 P-1-2　方案 1 结构设计框图

方案 2：系统设计方案如图 P-1-3 所示，单片机选用 STC15F2K60S2 芯片，具有 SPI 和 I²C 通信方式，可以配合多种芯片进行 A/D 转换，转换速度快。显示屏采用 Mini12864OLED，通过建立字模，可以显示 4 行汉字，满足题目要求。采用 TLC2543 芯片进行 A/D 转换，转换精度高，采用 CD4541 定时器电路能准确实现电路的工作与休眠状态转换，可以达到工作电流在 10 μA 以下。

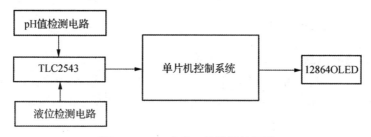

图 P-1-3　方案 2 结构设计框图

通过对方案 1 和方案 2 的综合对比论证，采用方案 2，单片机选用 STC15F2K60S2 芯片，外部 ADC 模块是 12 位的转换精度，满足 pH 值检测和液位检测的需要，检测结果无误差。采用 Mini12864OLED 显示信息，更加完整、美观。

2. 核心部件电路设计

2.1　电源供电电路

本装置采用 6 V 电池组供电，装置中的单片机需要 5 V 电源供电，液位传感器需要 12 V 电源供电，电源供电电路需要分别设计为 12 V 的升压电路给液位传感器供电，6 V 降压到5 V 的电路给单片机、TLC2543、pH 值检测传感器供电。

2.2　MC34063 升压电路

升压电路计算公式如下：

$$V_{out} = 1.25\left(1 + \frac{R_{14}}{R_{13}}\right)$$

根据 MC34063 的计算公式得到电路如图 P-1-4 所示的元件参数。最终实现了 6 V 电池电压转换为 12.1 V 的电源，供液位传感器工作。

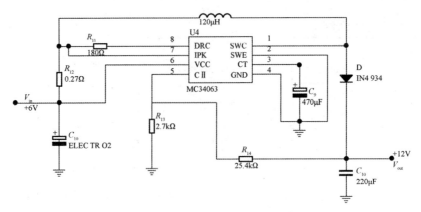

图 P-1-4　电池升压电路原理图

2.3　LM2596 降压电路

采用 6 V 电池组经过 7805 降压，不稳定，故选用 LM2596 芯片的降压电路得到 5 V 电源。

3.　系统软件设计分析

3.1　液位传感器电路

液位传感器的供给电压为 12 V，输出引脚为红和黑两线，红线为电源 12 V 连接引脚，黑线与地之间串联 510 Ω 的电阻，黑线的输出电压通过 TLC2543 进行转换后，由单片机处理数据。

3.2　pH 值检测电路

pH 值检测电路，选用雷磁电极 E-201-C 复合电极，经过检测电路转换为 0～5 V 的电压信号，输入到 TLC2543 的 AIN2 引脚，经过 A/D 转换，由单片机处理数据。

3.3　单片机最小系统工作原理

系统的核心处理器是基于 STC15F2K60S2 芯片所设计的最小系统，自带 SPI 通信方式，可以与 TLC2543、OLED 进行通信，数据处理速度快，存储容量大。

3.4　A/D 转换电路

电压转换电路选用 TLC2543 芯片，实现 12 位分辨率的高精度输出，传送给单片机，并采用 SPI 的通信方式，实现了对液位传感器、pH 值传感器、电池电压的三路信号采集，数据结果精准。转换电路的基准电压选用 4.96 V，作为芯片的转换参考电压。

3.5　显示电路

系统的显示电路采用 1.3 寸的 OLED 液晶屏，采用 4 行文字分别显示为"水情系统""水位测量高度""pH 值""电池电压"等信息，符合设计的要求。

3.6　低功耗电路

系统低功耗工作时，通过 MOS 管关闭外围所有设备，减少耗电量，单片机进入低功耗，进入休眠状态，采用 CD4541 定时电路产生触发信号唤醒单片机，系统工作电流最小不大于 10 μA。

4. 竞赛工作环境条件

4.1　仪器

水情检测系统所用的仪器有 pH-10meter 测量仪、校定仪、PHS-25 型 pH 计、钢直尺、数字万用表、示波器、DC 电源等。

4.2　液位检测传感器调试与测试结果

首先安装好调试电路,将 WTR-136 的黑线信号经过 A/D 转换,单片机数据处理后,得到液位数据;与钢尺测试液位高度做比较,误差几乎为 0,远远高于题目要求的标准,近乎完美的无误差。

4.3　pH 值检测传感器调试与测试结果

连接 pH 值检测模块电路,采用校对仪进行校对,将电极放入 pH6.86 的标准溶液中,调节模块电位器,使用万用表检测输出电压为 2.5 V。依次将电极放入 3 个标准溶液中,记录对应的输出电压,绘制出电压与 pH 值对应关系的标准曲线。将 pH 电极放入待测溶液中,采集输出电压,根据标准曲线,将输出电压计算为待测溶液的 pH 值。将输出电压值通过 A/D 转换,经过单片机数据处理,得到待测溶液的 pH 值,误差大约在 0.1 以下。由此完成了 pH 值的测量并实现了液晶屏的正确显示。

5. 作品成效总结分析

本作品完成了液位的准确测量,误差为 0,已经超过了题目的最高要求。pH 值测量误差在 0.1 之内,大部分测量状态无误差,精度非常高。系统工作电流不大于 10 μA,达到了题目的要求。本作品完成了题目的所有要求,电路简单,功能强大,是一个非常完美的作品。

6. 参考资料

[1] 周坚. 单片机 C 语言轻松入门[M]. 北京:北京航空航天大学出版社,2010.

[2] STC15S2052D 系列单片机器件手册

[3] 周惠潮. 常用电子器件及典型应用[M]. 北京:电子工业出版社,2015.

[4] 陈建元. 传感器技术[M]. 北京:机械工业出版社,2008.